中华
十大家训

陈延斌 主编

[卷
一]

教育科学出版社
·北京·

　　修身齐家、端蒙重教是中华民族的优良传统。早在三千多年前的《周易》卦辞中就形成了"正家而天下定"的思想。战国时期伟大的思想家、教育家、儒家学派的代表人物孟子也强调，"天下之本在国，国之本在家，家之本在身"。由于中国传统文化特别强调修、齐、治、平的联系，认为做到身修、家齐才能达到国治、天下平，故而我国历来重视家庭、重视家训教化。

　　家训，也称家诫、家范、家规、家约、家语等，主要是指父祖长辈对家人、子孙的训示教诲。中国家训教化传统源远流长，已有数千年的历史。经过历代的发展传承，传统家训资料卷帙浩繁，蕴含的思想内容极为丰富：既有家长治家处世的经验传授，也有其亲身经历的教训之谈；既有历代先贤大儒家教语录的汇编，也有一般百姓美德懿行的辑录。从家训的形式上看更是多种多样：既有君王帝后对皇室子孙的训谕，也有普通人家教导幼童稚子的启蒙读物；既有长篇专论，也有短篇家书和诗词歌诀的简明训诲；既有苦口婆心的说理规劝，也有礼法律令性质的家法、族规、家禁；等等。尽管家训内容不同、形式各异，但始终是围绕睦亲、齐家、教子、修身、处世等方面展开的。

　　近年来，中央一再强调"要弘扬中华文化，建设中华民族共同精神家园"。习近平总书记在2015年春节团拜会上也曾指出："不论时代发生多大变化，不论生活格局发生多大变化，我们都要重视家庭建设，注重家庭、注重家教、注重家风，发扬光大中华民族传统家庭美德，促进家庭和睦，促进亲人相亲相爱，促进下一代健康成长，促进老年人老有所养，使千千万万个家庭成为国家发展、民族进步、社会和谐的重要基点。"将家庭建设视为社会建设的"重要基点"，正是强调了家庭家教家风的重要，彰显了家庭建设任务之重。2016年12月13日，在会见第一届全国文明家庭代表时，他又再次强调了这一观点，并指出，中华民族历来重视家庭，"无论时代如何变化，无论经济社会如何发展，对一个社会来说，家庭的生活依托都不可替代，家庭的社会功能都不可替代，家庭的文明作用都不可替代"。今天的家虽然也小型化了，但家庭仍然是社会的细胞，是人生第一个课堂，治家教子仍然是每个家庭、每个为人父母者的必修课。

家训是我们的先人治家教子、立身处世经验的结晶，家训文化是中国传统文化中极具特色的内容，家训文献是儒学普及的重要载体。传统家训不因时代变化而失去其时代价值。传统家训中不少教化内容，如持家严谨、勤劳节俭、睦亲善邻、慎择交友、救难怜贫、蒙以养正、励志勉学、重视名节、报国恤民，以及教育方法途径等，仍可为当今家庭教育、家风培育和家庭建设提供极有价值的参考。

本书主编陈延斌教授和他的团队，在卷帙浩繁的家训文献中反复考量、仔细比较，精选出十部家训名篇，并加以注解、导读和评析，以方便广大读者对中国传统家训的了解。这些篇目的遴选既考虑不同时代，又考虑家训体裁、作者的代表性；既注重家训的社会影响度，又考虑家训的风格和形式；既选有作为的帝王官宦、社会精英的家规，也选士绅商贾、普通百姓的族训；既有"古今家训、以此为祖"的《颜氏家训》这类全面系统教诫子孙的长篇专书，也有区区数百字的警句体《治家格言》。

尤其值得肯定的是，作者选取这十篇家训时，将其对今天家庭家风建设和家庭教育的参考借鉴价值作为重要依据，不因人废言（如对曾国藩家书）。作者对这些家训文献的评析也鲜明地体现了这种导向。在点评原著时，他们注意挖掘传统家训的时代价值，注意辩证分析传统家训的精华和糟粕，以便更好地批判继承、古为今用，为今天的人们治家教子、修德处世提供学习借鉴。

基于上述理由，我认为这套传统家训读物，是近年来同类著作中不可多见的精品力作，故非常乐意向读者朋友推荐！

郭齐勇

郭齐勇教授
武汉大学国学院院长
中国哲学史学会副会长
中华孔子学会副会长

总目录

目录

颜氏家训

吉甫賢父也伯奇孝子也以賢父御孝子合得
終於天性而後妻間之伯奇遂放曾參婦死謂
其子曰吾不及伯奇汝不及王駿妻亦謂
此等足以為誡其後假繼慘虐孤遺離間骨肉
傷心斷腸者何可勝數慎之哉慎之哉

江左不諱庶孽喪室之後多以妾媵終家事疏
蚊蚤或不能免限以大分故稀闘鬩閨門之恥
河北鄙於側出不預人流是以必須重娶至於三
四母年有少於子者後母之弟與前婦之兄衣
服飲食爱及婚宦至于士庶貴賤之隔俗以為
常身没之後辭訟盈公門謗辱彰路子誣母

【顔】

為妾媵兄為傭播揚先人之辭迹暴露祖考
之長短以求直往往而有悲夫自古姦臣
佞妾以一言陷人者衆矣況夫婦之義曉夕
之姻僕妾求容助相說引積年累月安有孝子乎
此不可不畏

凡庸之性後夫必虐前妻之子後妻必虐前夫
之子非唯婦人懷嫉妬之情丈夫有沈惑之僻
亦事勢使之然也前夫之孤不敢與我子爭家
則父母被怨繼親虐則兄弟為讎家有此者皆
生之上官學婚嫁莫不爲防焉故繼母
攝撫鞠養積若生愛故寵之前妻之子每居已
門户之禍也

成其勳業梁元帝時有一學士聰敏有才爲父
所寵失於教義一言之是徧於行路終年譽之
一行之非掩藏文飾冀其自改年登婚宦暴慢
日滋以言語不擇為周逖抽腸釁鼓云
父子之嚴不可以狎骨肉之愛不可以簡簡則
慈孝不接狎則怠慢生焉由命士以上父子異
宮此不狎之道也抑搔癢痛懸衾篋枕此不簡
之教也或問曰陳亢喜聞君子之遠其子何謂
也對曰有是也蓋君子之不親教其子也詩有
諷刺之詞禮有嫌疑之誡書有悖亂之事春秋
有衺僻之譏易有備物之象皆非父子之可通
言故不親授公憶顧

【顔】

齊武成帝子琅琊王太子母弟也生而聰慧帝
及后並篤愛之衣服飲食與東宮相準帝每面
稱之曰此黠兒也當有所成及太后即位王居
别宮禮數優借不與諸王等大后猶謂不足常
以為言年十許歲驕恣無節器服玩好必擬乘
輿常朝南殿見典御進新水鈎盾獻早李還索
不得遂大怒詈曰至尊已有我何意無不知分
也行幸晉陽敕州吁之譏易李遠宰
相遂皆如此識者多有叔段州吁之譏
殿門不聞詔斬之父懼有不測惶恐自古及今
人之愛子罕亦能均自古及今此弊多矣賢俊
者自可賞愛頑魯者亦當矜憐有偏寵者雖欲

〔南北朝〕——颜之推

颜之推（五三一—约五九四），字介。琅邪临沂人。南北朝时期文学家。以儒家传统思想为立身治家之道。初仕梁元帝为散骑侍郎。江陵被西魏军所破，投奔北齐，官至黄门侍郎、平原太守。齐亡后入北周，为御史上士。隋开皇年间应隋文帝太子之召为学士。著有《颜氏家训》《还冤志》《集灵记》等。

颜之推生活在战乱频繁的南北朝时期，历经四国之变。他一生坎坷，目睹并认识到许多豪门大族的兴衰存亡与其子弟之贤与不肖有很大关系，于是以此为背景，并结合自己修身、处世经验，撰写了《颜氏家训》一书。该书内容极为广泛，对立身、治家、求学、处世等论述尤为详尽，是我国皇朝社会里第一部系统完整的家教著作。《颜氏家训》被历代学者推为"家训之祖"，认为"述立身治家之法，辨正时俗之谬，以训世人"（宋晁公武《郡斋读书志》）、"篇篇药石，言言龟鉴，凡为子弟者，可家置一册，奉为明训，不独颜氏"（清王钺《读书丛残》），对后世影响极大。

　　《颜氏家训》分《序致》《教子》《兄弟》《后娶》《治家》《风操》《慕贤》《勉学》《文章》《名实》《涉务》《省事》《止足》《诫兵》《养生》《归心》《书证》《音辞》《杂艺》《终制》二十篇，旨在教育子孙按照某种道德准则加强修养，做到诚孝、慎言、检迹、立身、扬名、耀祖光宗。其中虽杂有一些于今不合时宜的观点，但也有众多有恒久价值的内容。尤其关于家教的原则与方法、个人治学与道德修养等方面的论述，至今仍值得我们学习。颜氏认为家教特别是对子女早期教育是孩子成才的重要因素，因而主张根据儿童心理特点及早教育，甚至提倡胎教。他强调对孩子的道德教育，提出了关心爱护与

严格要求相统一的原则，反对一味溺爱子女。

书中还论述了许多治学之道，认为学习不是谋取做官的资本，而在于"开心明目""多智明达""利行济世"。书中极力提倡学以致用的原则，要求掌握"应世经务"的真本领，"积财千万，不如薄伎在身"，反对不学无术、游手好闲。他不仅提倡读儒家经典，还主张"涉百家之书"。作者还结合亲身见闻，就交友、治家、修身、处世等提出了一系列极有价值的见解。

颜之推以丰富的人生阅历、深厚的家学底蕴与长期进行家训活动的亲身体验，在晚年写成《颜氏家训》一书，改变了以前历代仕宦家训或仅针对一事，或局限某一方面而未形成完整体系的状况，在我国传统家训史上，第一次全面、系统、完整地论述了仕宦家训的目的意义、主要内容、基本原则与方法。该家训最可贵之处，是教育为官子孙要保持自己的人格尊严，不要为了高官厚禄而不择手段地走门子，到处钻营。他告诫子孙，"君子当守道崇德，蓄价待时，爵禄不登，信由天命"。

序致第一

　　《序致》主要阐述本书写作的缘起，指出此书的目的在于"整齐门内，提撕子孙"。作者总结自己在家庭中成长、社会里发展的经验得失，告诫子孙从小接受良好教育的必要性和重要性。

夫圣贤之书，教人诚孝即忠孝，慎言谨慎言语检迹检其行为，立身扬名，亦已备矣。魏晋已通"以"来，所著诸子，理重事复，递相交相模效，犹屋下架屋、床上施床耳。吾今所以复为此者，非敢轨物范世事物轨道、世人模范也，业从事以整齐门内，提撕tí sī。提醒、警示，教导子孙。夫同言而信，信其所亲；同命而行，行其所服衷心信服。禁童子之暴谑打架与戏谑。谑xuè，开玩笑，则师友之诚不如傅婢fù bì。亲近的侍女之指挥；止凡人之斗阋xì。争吵，则尧舜之道，不如寡妻之诲谕教诲。吾望此书为汝曹你们。多用于长辈称呼后辈之所信，犹贤于傅婢、寡妻耳。

圣贤的书籍，教人忠诚孝顺、言语谨慎、行为检点、立身扬名等方面的内容都已经很完备了。魏晋以来撰写的著作，道理重复，内容因袭，相互效仿，就像屋下架屋，床上叠床。我如今又来写这样的书，并不是说要给世人的行为做规范，只是用来整顿自家的门风、教育子孙而已。同样的一句话，人们总会相信和他亲近的人说的；同样的一个命令，人们就会按照他所敬重的人说的去做。要想禁止孩童过分顽皮，则师友的劝诫还不如侍女的指导；要想禁止兄弟之间的争斗，则尧舜的教导还不如妻子的规劝。我希望此书能为你们所信，还能胜过侍女对童子、妻子对丈夫的作用。

评析

人不是纯粹的自然人，也不是天生的好人或圣贤，人是环境的产物，人的品性德行首先是环境的产物，而最相近、亲近的人对教育效果最相关，所以最亲近者之间的家教也最重要。家人都不愿去教，谁教？此书是作者写给自己子孙看的，开篇就提出写此书的初衷在于家长以身作则、率先垂范地约束家庭、教育子孙。子孙坏了，家风败了，其家庭家族可想而知；家庭是社会的细胞，积少成多，社会或邦国的风气或风貌也可想而知。提升社会与振兴邦国，从整顿家风、教育子孙开始！

吾家风教，素为整密_{严整缜密}。昔在龆龀_{tiáo chèn。垂髫换齿之时。龆，通"髫"}，便蒙诱诲：每从两兄，晓夕_{早晚请安侍奉}温清_{冬温夏凉。清qìng，使凉爽}；规行矩步，安辞定色，锵锵翼翼_{行走时恭敬样}，若朝严君_{严父}焉。赐以优言，问所好尚_{喜好}，励短引长，莫不恳笃_{恳切。笃dǔ，诚恳}。年始九岁，便丁_{遭遇}荼蓼_{tú liǎo。苦菜。以苦辛喻处境艰苦}，家涂_{家道}离散，百口_{指全家}索然_{萧条}。慈兄鞠养_{抚养。鞠jū，抚育}，苦辛备至。有仁无威，导示不切_{不严厉}。虽读《礼》_{《礼记》。亦称《小戴礼记》或《小戴记》。是战国至秦汉年间儒家学者解释《仪礼》的文章选集。相传为西汉戴圣编纂。儒家经典著作}《传》_{《左传》。也称《左氏春秋》或《春秋左传》。是我国第一部完整的编年体史书。所记历史上起鲁隐公元年，下至鲁悼公四年。相传为春秋末期左丘明著}，微爱属文_{写文章。属zhǔ}，颇为凡人之所陶染，肆_{恣意。肆sì}欲轻言_{轻率发言}，不修

我家的家风家教，向来严整缜密。我很小的时候，就受到家里的引导与教诲，每每跟从两位兄长早晚侍奉父母。我们行动规矩，言辞安和，神色安定，小心翼翼，如同拜见严父一般。长辈好言劝教，根据我的喜好，诚恳地勉励我扬长避短。我刚九岁的时候，父母就离世了，家道衰落，生活困难。慈爱的兄长抚养我，十分辛苦。但兄长慈而不威，对我的教导不够严厉。虽然我读了《礼记》《左传》之类，喜欢写作文章，但是受了周围人熏陶的缘故，所以恣意率性、说话轻率，而且不

修边幅、不拘小节。到了十八九岁，我才稍知砥砺自己，但是习惯成自然，很多毛病终究难改。二十岁以后，大的过错是很少犯了，但是常常心口不一、性情冲突，常常晚上察觉到白天的错误，今天懊悔昨日的过失，自叹从小教养不足，以至于到如此地步。追思过去的立志，真的是刻骨铭心，绝非古书里的告诫只是过人耳目而已。所以，我留下此二十篇训言，以此作为你们的后车之鉴。

边幅。年十八九，少_稍知砥砺_{dǐ lì。磨砺，磨炼}，习若自然，卒_{终究}难洗荡。二十已_{通"以"}后，大过稀焉。每常心共口敌_{敌对}，性与情竞_争，夜觉晓非，今悔昨失，自怜无教，以至于斯。追思平昔之指_{通"旨"，志趣}，铭_{míng。在器物上刻字。比喻深刻记住}肌镂_{lòu。雕刻}骨，非徒_{不是仅仅}古书之诫_{训诫}经目过耳也。故留此二十篇，以为汝曹后车耳_{即"前车之辙，后车之鉴"的省略语。}

　　"梅花香自苦寒来"，德行与品性也是操练或修炼而来的，没有经过环境的磨难、贤达的引导、个人的自觉与超越（提升），就不可能脱离人性中的惰性或劣根性，就不可能懂得家庭与社会中的个人克制及相互友助。颜之推"现身说法"的成长经历，正是告诫家长要有家教，家教要靠行动训练，要靠洒扫应对、待人接物的训练或磨砺，要靠扬长避短，要靠克己复礼，当然也要靠孩子的自觉，靠内省，靠积极向上，如此才能达到"出类拔萃"或"随心所欲，不逾矩"。

教子第二

《教子》篇主要讲教子的方法。一是强调教育孩子要从小，甚至从胎教开始，否则迟了会后悔莫及；二是强调对待孩子不能溺爱，要辨别是非曲直，要让孩子树立正确的是非观，养成良好的心态；三是子女众多，不能偏心偏宠，强调公允之爱；四是强调教育孩子不要为求官而媚颜卑膝，而要自强不息、自食其力。

上智不教而成，下愚虽教无益，中庸（中等）之人，不教不知也。古者，圣王有胎教之法：怀子三月，出居别宫（正寝之外的居室），目不邪视，耳不妄听。音声滋味，以礼节之。书之玉版（玉片），藏诸金匮（guì。同"柜"）。子生咳嚏（hái tí。又作孩提。开始会笑的幼儿。咳，小孩笑），师保（古时负责辅佐帝王和教导王室子孙的官，有师有保，统称师保。后泛指老师）固明孝仁礼义，导习之矣。凡庶（平民百姓）纵（假使）不能尔（这样），当及婴稚（幼儿），识人颜色，知人喜怒，便加教诲。使为则为，使止则止。比及数岁，可省笞罚（体罚。笞chī，用鞭杖或竹板打）。

父母威严而有慈，则子女

上等智力的人，不用教他也会成才；下等智力的人，教他也没有什么用；但中等智力的人，不教导就不会明白事理。古时候，圣明的君王有胎教之法：妃嫔怀孕三个月，就移居到专门的宫院，眼不能乱看不宜看的东西，耳不能乱听不宜听的东西，音乐欣赏和日常饮食都要按照礼的要求来节制。这些胎教的方法，都写在玉版上，并藏在金柜里。孩子出生后，就要请明于孝悌仁爱礼义的老师（太师、太保；少师、少保）来引导孩子学习。平民百姓即使不能如此教子，也应该在孩子能够察言观色、知人喜怒的时候，予以施加教诲，使他们知道该做就做、不该做就不做。等孩子长到好几岁时，就不宜再用体罚的方式来教子了。

父母威严而有慈爱，则子女

就会敬畏而生孝心。我见到世间的父母对孩子，常常是教导少而溺爱多，这是我每每无法赞同的。孩子贪吃贪喝，放纵欲望，父母本应劝诫却反而褒奖，应该呵斥却反而赞笑，等到孩子懂事的时候，孩子就会以为理当如此。等到骄横傲慢的习气已成，再想去制止约束，就是鞭打至死，这时父母已无威严了，而且孩子的愤怒日多、怨恨日增，等到长大成人，终是败德坏家。孔子说："从小的养成就如天性，习惯了也就成为自然。"说的就是这个道理；俗话说："教媳妇要在初来时，教儿女要在婴孩时。"这真是至理名言！

畏慎 畏惧，谨慎 而生孝矣。吾见世间，无教而有爱，每不能然。饮食运为 行为，恣其所欲。宜诫翻 反 奖，应诃 同"呵"，呵斥 反笑。至有识知，谓法当尔。骄 骄横放纵 慢 胡乱，随意 已习 习惯，方复 又 制 制裁 之，捶挞 chuí tà。殴打 至死而无威 威严。忿怒日隆而增怨 怨恨，逮 到 于成长，终为败德。孔子 名丘，字仲尼。春秋时期思想家、教育家。儒家学派的创始人 云："少成 从小养成的习惯 若天性，习惯如自然。"是也。俗谚曰："教妇初来，教儿婴孩。"诚哉斯语！

"父母是孩子的第一任教师。"家教的重要性就在于家教是从孩子成胎开始并伴随终生，而且家教是越靠前越重要，越端正越有益。"小时偷针，大了偷金"的谚语说的就是这个道理；孔子"性相近也，习相远也""少成若天性，习惯如自然"的话说的就是这个道理；颜之推所引"教妇初来，教儿婴孩"的谚语说的也是这个道理。"上智下愚不移"有时是才智问题，有时是纯粹的习性问题。家庭与社会中的绝大多数孩子都是一般人、正常人，他们未来的贤与不肖，首在家教的时间与质量，而且好的家教一定是"刻不容缓""宜早不宜迟"。

一粥一飯
當思來處
不易

一粥一饭
当思来处
不易

凡人不能教子女者，亦非欲陷其罪恶，但重_难于诃怒，伤其颜色_{脸面}，不忍楚挞_{用棍杖殴打}惨_{伤害}其肌肤耳。当以疾病为谕_{比喻}，安得不用汤药、针艾_{针灸，艾熏}救之哉？又宜思勤_{勤于}督训者，可愿苛虐_{kē nüè。严厉残暴}于骨肉_{子女}乎？诚不得已也。

王大司马_{王僧辩。字君才。梁朝人}母魏夫人，性甚严正。王在湓城_{在今江西九江。湓pén}时，为三千人将_{统帅}，年逾四十，少不如意，犹捶挞之，故能成其勋业_{功勋业绩。勋xūn，特殊功劳}。梁元帝时，有一学士，聪敏有才，为父所宠，失于教义。一言之是，遍于行路_{路人}，终年誉之；一行之非，揜藏_{掩藏。揜yǎn，同"掩"}文饰_{粉饰}，冀_{希望}其

大凡没有教育好子女的人，并非是要陷孩子于罪恶之途，只是难于呵斥和发怒罢了。父母怕伤害子女的脸面，又不忍心鞭打以致伤害子女的肌肤。拿救人治病来比喻，治病如果不用汤药、针艾，那怎么能行呢？还应想想，那些勤于督促训导孩子的父母，是愿意虐待自己的骨肉吗？实在是迫不得已啊。

王大司马的母亲魏夫人，品性十分严厉端正。王大司马在湓城的时候，任三千人的统帅，当时已经年过四十，可是稍微不称母意，就会受到体罚，所以成就了他的勋业。梁元帝时，有一学士，聪明有才，父亲非常宠爱他，但是疏于管教。儿子说了一句好话，父亲就到处宣扬，终年赞誉；若做了一件错事，就替他掩藏

粉饰，希望儿子自己能改正。等到成年的时候，这学士暴躁、傲慢的习性日益滋长。最终因为口不择言，被周逖所杀，并开肚取肠放血来祭鼓了。

自改。及登到达婚宦此指成年时结婚和做官之时。，暴慢暴躁、傲慢日滋。竟最终以言语不择，为周逖即周迪。梁元帝时曾任高州刺史等抽肠剖腹取肠。谓杀戮衅鼓祭鼓。杀牲涂血谓衅。衅xìn云。

评析

"积善之家必有余庆，积不善之家必有余殃"，家庭如此，个人更如此。溺爱孩子、放任孩子而不及时端正孩子的错误行为或品行缺点，后患无穷，乃至酿成杀身之祸，包括咎由自取地造成子女反过来杀父母者有之。所以对于孩子，对于家教，真的应当是古人说的"战战兢兢，如临深渊，如履薄冰"才行，小处着手，防患未然，"勿以善小而不为，勿以恶小而为之"。

当然，有的家长是因为自身不辨是非、不分贤与不肖而放任孩子，这跟知道是非而溺爱孩子放任之是不一样的。对于那种不具备正常或合格家教资格的父母，那也真是"无可救药"了。他们孩子的"家教"只有靠孩子自觉及外面的师友去承担。所以没有良好家庭环境或家教条件的人，其成才概率要明显低得多。

父子之严，不可以狎_{xiá。亲近而态度不庄重}；骨肉之爱，不可以简_{简慢失礼}。简则慈孝不接，狎则怠慢生焉。由命士_{古时受有爵命的士}以上，父子异宫_{住所不同}，此不狎之道也。抑搔痒痛，悬衾箧枕_{把被子捆好悬挂起来，把枕头放进箱子里。指铺床叠被。衾qīn，大被；箧qiè，小箱子}，此不简之教也。或问曰："陈亢_{字子元，一字子禽，又名原亢。孔子弟子}喜闻君子之远其子，何谓也？"对曰："有是也。盖君子之不亲教其子也。《诗》_{《诗经》。又称诗三百。是我国第一部诗歌总集。收集了从西周初期到春秋中期的305篇民歌、庙堂宴饮歌和祭祀乐歌。儒家经典著作}有讽刺之辞，《礼》_{《礼记》}有嫌疑之诫，《书》_{《尚书》。又名《书经》。是中国上古时期的历史文献和部分追述史迹著作的汇编。所记之事上起尧舜，下至春秋中期。分《虞》《夏》《商》《周》四个部分。儒家经典著作}有悖乱之事，《春秋》_{中国现存最早的一部编年体史书。记载了从鲁隐公元年（前722年）至鲁哀公十四年（前481年）的历史。由孔子修订。儒家经典著作}

　　父子之间要严肃，不可亲近过分；骨肉之间要亲爱，不可简约疏远。简约疏远就不能父慈子孝，亲近过分就常常怠慢不恭。有爵位的士人以上者，父子的住所是不同的，这是为了使父子之间避免太亲近；父母身体疼痛瘙痒时要替他们按摩挠痒，父母起床后要为他们整理衣被，这是避免父母子女之间太疏远的教育。有人问：《论语》里说"陈亢听闻孔子远其子而感到高兴"，这是什么意思？我回答说："是有这事，这是因为君子不亲自教自己的孩子的缘故。《诗经》有讽刺劝喻的话语，《礼记》有回避嫌疑的告诫，《书经》有悖礼作乱的事情，《春秋》有歪邪怪僻的指责，《易

经》有备物致用的卦象，这些都不是父子之间可以传达通透的，所以不亲自传授给自己的孩子（即要'易子而教'）。"

北齐武成帝高湛的儿子琅邪王高俨，是太子高纬的同母弟弟。高俨从小聪慧，皇帝和皇后都十分宠爱他，他的穿着饮食都与太子高纬相同。武成帝常常当面赞誉高俨说："这么聪明的孩儿，以后当有大成。"等到太子高纬即位称帝后，高俨移居了他宫，但又僭越礼数，不与其他称王的兄弟相同等级，而且太后竟还说高俨待遇不够，常常拿此说事。琅邪王高俨十几岁的时候，骄横恣意，毫无节制，吃住穿用等都要攀比后主。有一次，他去南殿朝拜，见到典御官向皇上进献冰块，钩盾官向皇上进献李子，他回来后就派人去索取，但是没有获得，于是就大怒，骂说："皇上有了，

有邪僻之讥，《易》_{《周易》。又称《易经》。分为经部、传部。经讲占卦之术，传是对经的解释。儒家经典著作} 有备物_{备办各种器物}之象。皆非父子之可通言_{相互谈论}，故不亲授耳。"

齐武成帝子琅邪王_{高俨}，太子_{高纬}母弟_{同母弟弟}也，生而聪慧，帝及后并_{共同}笃_{dǔ。甚，很}爱之，衣服饮食，与东宫_{指太子}相准_{比照}。帝每_{每每面称}当面称赞之曰："此黠_{xiá。聪明而狡猾}儿也，当有所成。"及太子即位，王居别宫，礼数_{指礼仪的级别}优僭_{超出待遇。僭jiàn，超越}，不与诸王等。太后犹谓不足，常以为言。年十许岁，骄恣无节，器服玩好，必拟乘舆_{皇帝的车子。代指皇帝。舆yú，车厢。}常_{同"尝"，曾经}朝南殿，见典御_{古代主管帝王饮食的官员}进新冰，钩盾_{官署名。主管皇家园林}献早李_{李子}，还索不得，遂大怒，

曰:"至尊皇帝已有,我何意无?"
不知分齐分寸。齐jì,率皆如此。识
者多有叔段共叔段。春秋时
郑庄公同母弟、州吁卫州吁。春秋时
卫桓公
异母弟之讥。后嫌厌恶宰相,遂矫
诏jiǎo zhào。诈
称帝王的诏书斩之。又惧有救,乃
勒lè。强制,逼迫麾下部下。麾huī,古代
指挥军队的旗子军士,
防守殿门。既无反心,受劳慰劳而
罢。后竟坐由于,因为此幽幽禁薨hōng。
周代诸
侯死亡
的统称。

我怎么就没有?"不知道君臣之
间的礼义分际,大体上都是如此。
而明白事理的人,多讥讽他是《左
传》里的叔段、州吁一样。后来
高俨嫉恨当时的宰相,就假传圣
旨斩杀宰相,又惧怕救兵到来,
于是就下令手下的军士守住皇帝
的宫门。由于高俨本没有谋反之
心,受皇上安抚后就撤了兵,但
最后还是因为此事而遭秘密处死。

评析

　　对孩子，不严加管教，宠幸溺爱，放任自流，于是孩子成了一切都以自我为中心的人。予取予求，飞扬跋扈，后果当然"很严重"。前文学士被周逖杀而抽肠衅鼓的故事，这里皇帝宠儿"幽薨"丧命的故事，讲的就是家长"放任"孩子的结局，可谓"咎由自取"，"自作孽不可活"。

　　《礼记·中庸》说："凡事预则立，不预则废。"俗话则说："千里之堤，溃于蚁穴。"无论是出于本能溺爱还是愚昧无知，对于孩子放任自流，必是害人害己，必是后悔莫及、悔之晚矣。家长们戒之，将要成为家长的年轻人戒之！

人之爱子，罕亦能均。自古及今，此弊多矣。贤俊者自可赏爱，顽鲁者亦当矜怜怜悯。矜jīn，怜惜。有偏宠者，虽欲以厚之，更所以祸之。共叔叔段。春秋时期郑国郑武公幼子。逃亡至共，称共叔段。共gōng，古地名之死，母实为之；赵王刘如意。汉高祖刘邦幼子之戮，父实使之。刘表之倾宗覆族，袁绍之地裂兵亡，可为灵龟明鉴古人以龟壳占卜，以铜镜照形。比喻可资借鉴也。

齐朝有一士大夫，尝谓吾曰："我有一儿，年已十七，颇晓书疏指写作文章，教其鲜卑语及弹琵琶，稍欲通解，以此伏事服侍公卿，无不宠爱，亦要事也。"

人们对子女的爱是很难平均公允的，从古到今，由此而产生的害处很多啊。那些聪明漂亮的孩子，父母自然可以宠爱有加；而那些顽劣愚笨的，也应当受到父母的爱护怜惜。受到父母偏爱的，虽然父母想宠爱他，但却正在害他。共叔段的死，实际上是由他的母亲所造成的；赵王如意被杀，实际上是由他的父亲导致的。刘表的宗族倾覆，袁绍的领土分裂和兵力消亡，这些事例都可以成为神灵明鉴的经验教训啊。

齐朝有一位士大夫曾对我说："我有一个儿子，已经十七岁了，很擅长写书信、公文，又教他鲜卑语、弹琵琶，这些技能慢慢地也都已经通晓了，就以这些特长来侍奉公卿将相，没有不宠爱他的，这也是一件很重要的事啊。"

我当时低头没有回答。这个人的教子方法真怪异啊！假如靠这种职业能官至卿相之位，我也不愿意你们去做。

吾时偭[fǔ。同"俯"]而不答。异哉，此人之教子也！若由此业，自致卿相，亦不愿汝曹[尔等]为之。

评析

对待子女或亲人，"一碗水端平"谈何容易？偏爱或偏好是自然，一视同仁是自觉，自我觉醒才能明白及维护。宠幸孩子的不良、可悲之结局，从古到今一直在上演，不仅仅是共叔、赵王、袁绍这样可资借鉴或反省的古代人物，今天新闻媒体中就不时有"养而无教"而违法犯罪的青年。某些"坑爹"（败坏父亲名声）青年的故事，在家教根源上的"导演"正是他们的亲生父母。"养不教，父之过；教不严，师之惰"，此是互文修辞，过惰都在父与师，但首先在父！

兄弟第三

《兄弟》篇主要是论述兄弟之间的相处之道。作者根据自己的所见所闻，论述了一些影响兄弟友谊的不利因素，并提出了防范的办法。

本篇简介

夫有人民而后有夫妇，有夫妇而后有父子，有父子而后有兄弟。一家之亲，此三而已矣。自兹以往，至于九族^{高祖、曾祖、祖父、父亲、己身、子孙、曾孙、玄孙}，皆本于三亲^{夫妇、父子、兄弟}焉，故于人伦为重者也，不可不笃。

兄弟者，分形连气^{又称同气}之人也。方其幼也，父母左提右挈^{拉扯抚养}，前襟后裾^{指共同紧随父母。襟 jīn，上衣的前幅；裾 jūn，上衣的后幅}，食则同案，衣则传服^{指衣服递穿}，学则连业^{共享书籍}，游则共方^{相同的地方}。虽有悖乱之人，不能不相爱也。及其壮也，各妻其妻，各子其子，虽有笃厚之人，不能不少衰^{衰减}也。娣姒^{dì sì。即妯娌}之比兄弟，则疏薄^{淡薄}矣。今使疏薄之人，而节量^{节制度量}

有人类之后才有夫妇，有了夫妇之后才有父子，有了父子之后才有兄弟，一个家庭的至亲，不过就这三种关系罢了。从这三种关系类推出去，一直推到"九族"的关系，都是根源于"三亲"，因此，人们对于这三种人伦关系不能不重视。

兄弟是形体不同但又血气相连的人。当他们年幼的时候，父母左右扶持，前后牵拉，吃饭同桌，穿衣接用，上学是共用书籍，玩耍是同一地方。即使其中有违礼的人，兄弟之间也不会不相爱。但等到他们长大成人后，各自娶了妻子，各自有了孩子，即使兄弟间感情深厚，也不免有所疏远了。妯娌之间的关系和兄弟之情比起来，那就更疏远淡薄了。现在要让这种疏远淡薄关系的人去裁量决定兄弟间亲近深厚的恩情，就好比给方形的底座配上圆形的盖子，那一定是不合适的。唯有兄弟之情深厚至极，不因旁人而发生改变，才能避免兄弟关系的疏远淡薄。

亲厚之恩，犹方底而圆盖，必不合矣。惟友悌_{兄弟间相友爱。悌 tì，敬爱兄长}深至_{深厚至极}，不为旁人之所移者免夫！

评析

人类有三种至亲的关系：夫妇、父子、兄弟。兄弟之间幼年之时形影不离，彼此爱护，及至成年各自娶妻生子，兄弟之间的感情就往往容易受彼此妻子左右了，出现兄弟之间的感情远远不如各自夫妻间的感情情况。因妯娌之间不和而兄弟之间反目成仇的事例常见诸新闻，这既有妯娌的因素，也有兄弟感情不深厚的缘故，而感情深厚的兄弟是不容易被关系疏远的妯娌所左右的。

但是，人类的感情一般是以距离亲近来生发的，夫妻的亲近当然要甚于成年后的兄弟姐妹的亲近，甚至要甚于父子、母子之间的亲近，这也是人间常情常态。所以，做到"克己复礼"，在"顾小家"的同时"顾大家"，而如年少时一样，兄弟和睦或母子情深，这就更是难能可贵的感情及品质了。因素难行，所以可贵。

二亲父母既殁mò。去世，兄弟相顾，当如形之与影，声之与响。爱先人之遗体父母所给之身躯，惜己身之分气父母所分之血气，非兄弟何念哉！兄弟之际，异于他人，望深期望过深则易怨，地亲相处关系密切。地，居住、相处之意则易弭mǐ。消除。譬犹居室，一穴则塞之，一隙则涂之，则无颓毁之虑。如雀鼠之不恤，风雨之不防，壁陷楹沦柱子倾倒。楹yíng，堂屋前部的柱子，无可救矣。仆妾之为雀鼠，妻子之为风雨，甚哉！

兄弟不睦，则子侄不爱；子侄不爱，则群从堂兄弟及侄子辈疏薄；群从疏薄，则僮仆仆役为仇敌矣。如此，则行路路人皆踏jí。践踏其面而

父母去世后，兄弟间应相互照顾，如同身形与影子、声音与回响不弃不离一样。一起爱护先人所给予的身体，珍惜从父母那里所分有的血气，不是兄弟之间，怎会顾念这种情分？兄弟之间的关系，是不同于他人之间的关系的。兄弟之间相互期望过高，就易生怨；兄弟之间多交流，就易消除怨恨。就好像住的房子，有一个孔就赶快把它堵塞住，有一道缝隙就赶快把它涂抹掉，这样就无房屋倒塌的忧患了。如果对麻雀老鼠之危害不加考虑，对风雨的破坏不加防范，那么就会墙壁崩塌、楹柱折倒，无可挽救了。家里的仆妾、妻子对于家庭的危害，要比那危及房子的雀鼠、风雨更严重，不可不谨慎对待。

兄弟之间如果不和睦相处，那么家里的子侄辈就不会相互爱护；子侄辈不相互爱护，那么子侄辈的堂兄弟之间的关系就会疏远淡薄；堂兄弟之间疏远淡薄，那么各自家里的仆人就会成为仇敌了。如果这样，过往的路人都会欺侮他们，到

时谁能够救助他们呢？有的人能结交天下的志士，能够和他们友爱相处，然而却不能够尊敬自己的兄长。为什么和作为多数的朋友友爱，却不能与作为少数的兄弟友爱呢？有的人能统帅百万将士，能够获得下属的效死之忠，但得不到亲弟弟的恩爱。为什么对关系疏远的人能做到如此，对关系亲近的人却做不到呢？

　　妯娌之间，是非争执多生，即使是同胞姐妹的妯娌居住在一起，还不如她们各自嫁到远方。这反而会使她们感于霜露而互相思念，观于日月而遥相盼望。更何况本是路人一样的人，处在是非多生的妯娌关系中，能够没有嫌隙隔阂的，那一定非常少见了。之所以会出现这种情况，是因为她们面对家庭公事都各怀有私心，肩负着家庭重任却缺少道义。如果大家能够像宽恕自己一样宽待别人，能够像对待自己的孩子一样抚养别人的孩子，那么妯娌之间的这些问题就不可能产生了。

蹈其心，谁救之哉？人或交天下之士，皆有欢爱，而失敬于兄者，何其能多_{交友多}而不能少_{敬兄少}也！人或将_{jiàng。统帅}数万之师，得其死力，而失恩于弟者，何其能疏_{取信于关系不亲近的人}而不能亲_{取信于亲人}也！

　　妯娌者，多争之地也，使骨肉居之，亦不若各归四海。感霜露而相思，伫_{zhù。久立}日月之相望也。况以行路之人，处多争之地，能无间_{隔阂}者鲜_少矣。所以然者，以其当公务_{指大家庭里的公事}而执私情_{指小家室、个人的利益}，处重责而怀薄义_{道义}也。若能恕己而行，换子而抚，则此患不生矣。

评析

　　"清官难断家务事"，各怀私心但又是关系亲近的人居住在一起，尤其难以相处。兄弟之间不和睦，那么子侄之间也难和睦，妯娌之间也是如此，所以大家庭和睦关系首先在兄弟关系。如果"老吾老以及人之老，幼吾幼以及人之幼"，如果家人之间开诚布公、彼此谅解，多宽容，少计较，就能消除隔阂。如果大家都自徇私利，即使是同胞姊妹居住在一起，相互之间的纠纷有时也是不可避免的，更何况是没有任何血缘关系的妯娌呢。

半絲半縷
恒念物力
維艱

半丝半缕
恒念物力
维艰

人之事兄，不可[肯]同于事父，何怨爱弟不及爱子乎？是反照而不明也。沛国[今徐州沛县一带]刘琎[jìn]，尝与兄瓛[huán]连栋隔壁，瓛呼之数声不应，良久方答。瓛怪问之，乃曰："向来[刚才]未着[穿着]衣帽故也。"以此事兄，可以免矣。

江陵王玄绍，弟孝英、子敏，兄弟三人，特相友爱。所得甘旨[美食]新异[新鲜，奇异]，非共聚食必不先尝。孜孜[勤勉不怠]色貌[神色样子]，相见如不足者。及西台[西台指江陵宫城，中央机构称台省，宫城称台城。江陵曾是梁元帝都城，相对东台金陵，江陵称西台]陷没，玄绍以形体魁梧，为兵所围。二弟争共抱持，各求代死。终不得解[解围，突围]，遂[于是]并命[即同命，指共死]尔。

有人不能像对待父亲那样来对待兄长，那又何必抱怨他人爱弟不如爱子一样呢？如果反躬自照，就能看到自己的不明之处。沛国人刘琎和他的哥哥刘瓛，曾经在同一栋楼内隔墙而居，有一天刘瓛喊了刘琎几声，没人答应，过了很久才听到应声，刘瓛就很奇怪地问弟弟怎么没有立即答应，刘琎说："先前是没有穿好衣服，所以不敢立即应答哥哥。"如果能以刘琎这种态度来对待自己的哥哥，那么兄弟之间的隔阂或怨恨就能避免了。

江陵有一个人叫王玄绍，其弟弟王孝英、王子敏，三人非常友爱。无论谁得到了新鲜奇异的美食，除非是三个人一起共享，否则绝不会有谁先行品尝。他们兄弟三人勤勉相待，见面时仍感觉对兄弟做得还不够好。西台陷落，哥哥王玄绍由于身材魁梧被敌兵所围，他的两个弟弟争相抱住哥哥，请求代哥哥去死。最终没有消除厄运，兄弟三人一同被杀害。

评析

骨肉天亲，同枝连气。亲不亲，打断骨头连着筋。兄弟情深，血浓于水。在我们这样一个独生子女的时代，已经少了很多这种血浓于水的手足之情，以至于很多家庭的孩子个性较强，不能和别人和睦相处。随着"二胎"政策的全面放开，很多家庭将会告别独生子女时代，兄弟姐妹之间的感情问题又将成为一个中国社会必须面临的问题。人类的爱是"施由亲始"的（没有例外），兄弟姐妹之间都不能和睦相处，怎能希望自己的孩子能和其他没有血缘关系的孩子和睦相处呢？建设和谐社会，家庭和谐是基础，而家庭的和谐关键在兄弟姊妹之间的和谐。"兄弟睦，孝在中"，这样家庭才会美满幸福。

《中华十大家训》

颜氏家训

卷一

后娶第四

《后娶》篇主要论述了续弦一事。作者引用了大量的事例说明对待续弦一事一定要慎之又慎，如处理不当，可能会造成骨肉分离、家庭破碎的不幸。

吉甫 _{尹吉甫。字吉父，一作吉甫，兮氏，名甲。周宣王时大臣}，贤父也；伯奇 _{尹吉甫的长子}，孝子也。以贤父御 _{管制} 孝子，合得 _{应当} 终于天性，而后妻间 _{离间} 之，伯奇遂放 _{被放逐}。曾参 _{曾子。名参，字子舆。春秋时期思想家。孔子的学生。儒家学派重要代表人物} 妇死 _{妻死}，谓其子曰："吾不及吉甫，汝不及伯奇。"王骏 _{西汉成帝时大臣} 丧妻，亦谓人曰："我不及曾参，子不如华、元 _{指曾参的两个儿子曾华、曾元}。"并终身不娶。此等足以为诫。其后，假继母 _{指后母、继母} 惨虐孤遗 _{指前妻留下的孩子}，离间骨肉，伤心断肠者，何可胜数。慎之哉！慎之哉！

吉甫，一位贤明的父亲；伯奇，一个孝顺的儿子。贤明的父亲来教导孝顺的儿子，按理来说合乎天性，但是由于吉甫后妻离间，伯奇被放逐。曾参的妻子去世后，他对儿子说："我不如吉甫贤明，你们也不及伯奇孝顺。"王骏的妻子去世后，他也对别人说："我没有曾参贤明，儿子也没有曾华、曾元孝顺。"二人终身没有再续娶。这些足以让人们引以为戒。在他们以后，继母虐待前妻留下的孩子，离间父子骨肉，那些令人伤心断肠的事是数也数不完。一定要谨慎啊！一定要谨慎啊！

评析

自古以来，后母虐待继子，离间骨肉的事情数不胜数，二十四孝中也有很多这样的事例。像吉甫那样贤明的父亲，伯奇那样孝顺的儿子都难以抵挡后母的离间，以至于这么孝顺的儿子也被疏远，可见后母离间的作用有多大。所以曾参、王骏这样的贤者从吉甫续娶中吸取教训，终身不再续娶。父母的离异，受伤害最大的是孩子，一旦父母再婚，孩子难免要受歧视或漠视等，这不能不引起我们的警惕。那么贤明的父亲都经不住后母的离间，更何况平凡人呢，人性真是孔子说的"吾未见好德如好色者也"。

江左^{即江东。指长江在今芜湖至南京一段,长江在此为东北流向。旧时地理上东为左,西为右,因此称为江左}不讳^{hui。避忌}庶孽^{妾生的子女。孽niè,庶子,非嫡妻所生之子},丧室^{死了妻子}之后,多以妾媵^{正妻外的婢妾。媵yìng}终^{继续管下去}家事。疥癣蚊虻^{指家庭内部的一些小的矛盾纠纷。疥jiè,疥疮;癣xuǎn,皮肤病名;虻méng,蚊类小虫},或未能免,限以大分^{名分},故稀斗阋^{家庭内兄弟之间的争执。阋xì,争吵}之耻。河北^{黄河以北}鄙于侧出^{指婢妾所生子女},不预人流^{指有某种社会地位的同类人}。是以必须重娶,至于三四,母年有少于子者。后母之弟,与前妇之兄,衣服饮食,爰^乃及婚宦^{旧时指做官},至于士庶^{士族和庶族}贵贱之隔,俗以为常。身没^{同"殁",死亡}之后,辞讼^{诉讼}盈^满公门,谤辱彰^现道路。子^{指前妻之子}诬母^{指后母}为妾,弟^{指后母之子}黜^{chù。贬}兄^{指前妻之子}为佣。播扬先人之辞迹^{言语行迹},暴

江南一带,不歧视侍妾所生的子女,正妻去世后,大多是由侍妾来主持家事。有些小事,兄弟间可能无法避免摩擦,但由于侍妾较高的名分,兄弟相斗的这种耻事还是比较少见的。黄河以北地区,则鄙视侍妾所生的子女,把他们看成低人一等,所以正妻死后必须再续娶,有时甚至续娶到三四次,以至于有后母的年龄比前妻的儿子还小的。后妻所生的弟弟与前妻所生的哥哥,在衣服、饮食以及婚事和做官上,竟然有如士庶贵贱的等级之分,而当地的习俗竟以为常态。一旦父母去世,兄弟之间的纠纷便闹到公堂,相互辱骂之声更是传于道路。前妻的儿子诬蔑后母是小妾,后妻的儿子贬前妻的儿子为佣人。甚至还宣扬先人的隐私秘事,暴

露祖先的是非长短，以此来证明自己正直无私，这种人往往多见，真是悲哀啊！自古以来，那些奸邪之臣、谄媚之妾，用一句话来陷害人的事情很多啊！更何况夫妇之间的这种情义，早晚都可能改变，而家里的婢女男仆为讨得主人的欢喜，又帮着劝说引诱，日积月累，哪还有什么孝子？这不能不让人心生恐惧！

露祖考_{指祖先。考，对已去世的父亲的称呼}之长短，以求直己者，往往而有。悲夫！自古奸臣佞_{ning。花言巧语谄媚他人}妾，以一言陷人者众矣！况夫妇之义，晓夕移_{改变}之，婢仆求容，助相说引，积年累月，安有孝子乎？此不可不畏！

评析

这里讲的是古代续娶的问题。说长江南和黄河北两个地方对待续娶的风俗不同，所带来的后果也不相同。江南不强调续娶，所以很少有兄弟不和的情况；而河北一带的风俗则不同，他们非常强调续娶，有时甚至娶三四次，以至于后母的年龄比前妻的儿子还小，一旦父亲去世，不可避免地会导致兄弟相争、家庭失和等严重后果。曹禺的话剧《雷雨》给了我们一个很好的实例，亲兄妹之间偷吃禁果，后母和前妻的儿子之间有不正当的关系，这些都是续娶造成的悲剧！

凡庸普通人之性品行，习性，后夫多宠前夫之孤，后妻必虐前妻之子。非唯妇人怀嫉妒之情，丈夫有沉惑沉溺，迷惑之僻通"癖"，癖好，不良嗜好，亦事势使之然也。前夫之孤，不敢与我子争家，提携鞠养，积习生爱，故宠之；前妻之子，每居己生之上，宦学做官和进学婚嫁，莫不为防焉，故虐之。异姓指前夫之子。因子女从父姓，和继父不同姓，故称宠，则父母被怨；继亲指后母虐，则兄弟为雠chóu。同"仇"。家有此者，皆门户之祸也。

思鲁字孔归。颜之推之子等从舅母亲的叔伯兄弟殷外臣，博达之士也。有子基、谌chén，皆已成立长大成人。而再娶王氏。基每拜见后母，感慕思念呜

普通人的秉性，后夫大多宠爱前夫的孩子，而后妻大多虐待前妻的孩子。这并非是只有女人怀有嫉妒之心，丈夫都有听信后妻的毛病，也是时势发展的必然结果。前夫的孩子是不敢跟自己的孩子争家产的，况且从小抚养他，日积月累也会产生感情，所以会宠爱他；前妻的孩子事事居于自己孩子之上，在做官、学习和婚嫁上处处都要提防，所以会虐待他。前夫之子受宠则父母就要被后夫之子怨恨；后母虐待前妻的孩子，则兄弟就会变成仇人。哪家有了这样的情况，那都是家门不幸啊。

思鲁他们的舅舅殷外臣，是一位博学通达之士。他有两个儿子，叫殷基和殷谌，都已经长大成人了。而殷外臣又续娶了王氏。殷基每次拜见后母时，由于思念

生母而痛哭流涕，不能自控，家里的人也不忍心看他这个样子。王氏也很悲伤，不知道该怎么做，才过门一个月就要求退婚，殷家只好按照礼节把王氏送回了娘家。这也是一件让人懊悔的事。

咽，不能自持[自我克制]，家人莫忍仰视。王亦凄怆[凄苦悲伤。怆chuàng，悲伤]，不知所容，旬月[满一个月]求退，便以礼遣。此亦悔事也。

评析

后夫多爱前夫的孤儿，后母多恨前母的孩子，这似乎是人之常情，原因是很复杂的，根本上是利益或利益威胁的结果。在离婚率不断上升的今天，无论单亲或是再婚，对孩子的伤害都是很大的，其幼小心灵所受创伤或将伴随一生。那些将要离婚或将要再婚的父母们不可不谨慎啊！父母在为自己的人生做选择时也一定要考虑到自己的孩子，一定要对孩子的人生负责。孩子是最无辜的，不要让孩子成了父母自由选择、自由婚姻的牺牲品。

《后汉书》纪传体史书。南朝时期历史学家范晔撰 曰："安帝东汉安帝刘祜时，汝南今属河南驻马店薛包孟尝姓薛名包，字孟尝，好学笃行，丧母，以至孝闻。及父娶后妻而憎包，分出之。包日夜号泣，不能去，至被殴杖。不得已，庐结庐。指搭建草棚于舍外，旦入而洒埽即洒扫。洒水扫地。埽sǎo，古同"扫"，打扫。父怒，又逐之，乃庐于里门乡里之门。古人聚族列里而居，里，昏晨《礼记·曲礼上》："凡为人子之礼，冬温而夏清，昏定而晨省。"定，安其床席，即铺床；省，问候、探望。后以"晨昏"指侍奉父母的日常礼节不废停止、中止。积岁余，父母惭而还之。后行六年服，丧过乎哀守丧超过了哀礼的限制。既而不久弟子求分财异居，包不能止，乃中分其财。奴婢引其老者，曰：'与我共事久，若代词。你不能使也。'田庐取其荒顿者，曰：'吾少时所

《后汉书》记载："汉安帝时，汝南人薛包，字孟尝，忠实好学，母亲已去世，以非常孝顺闻名于乡里。等到他的父亲娶了后母，就开始讨厌薛包，让他分家别住。薛包日夜哭泣，不肯离去，以致被父亲用棍棒殴打。薛包不得已，在家的外面搭了一间草棚暂住，清晨就进家打扫房屋。父亲很愤怒，又驱逐他，薛包于是就在里门处搭了一间草棚住在那里，但是早晨和晚上都要回家跟父母请安。过了一年多，他的父母感觉愧疚，就让薛包搬回家里住。父母死后，薛包为父母守了六年丧，超过了丧礼的要求。不久以后，弟弟要求分家，薛包不能劝止，就把家产平均分配。奴仆中他只要那些年迈的，说：'这些人和我一起做事很久了，你们是使唤不便的。'田地和房屋也要那些荒芜破败的，说：'这些是我小时候治

理，意所恋也。'器物取其朽败者，曰：'我素所服食，身口所安也。'弟子数破其产，还复赈给。建光中，公车_{汉代的官署名}特征_{特别征召}，至拜侍中_{古代官职名}。包性恬虚_{恬淡虚静}，称疾不起，以死自乞。有诏赐告_{汉制，官吏病满三月当免，天子特赐其保留官职，回家养病，称赐告}归也。"

理过的，心里有特别的情感。'家里的日用器具要那些破旧的，说：'这些都是我平常用惯的，给了我，我的身体口腹都踏实。'弟弟的儿子数次败光家业，薛包每次都会给予救济。汉建光年间，朝廷特别征召他做侍中。薛包生性恬淡虚静，称病卧床不起，乞求回家终老。于是朝廷只好下诏书，让他回家养病去。"

评析

"精诚所至，金石为开。"薛包遭受后母百般虐待仍不改初心，尽自己所能顺从、侍奉、孝敬父母，最终感动了他的后母。父母去世后，薛包对他的同父异母的弟弟极尽友于之道，分家时把好的都让给弟弟，并且还时常救济弟弟的儿子，直至今天，也不失为我们学习的榜样。

"亲爱我，孝何难；亲憎我，孝方贤。"薛包如此，舜亦是如此。舜也是因为孝顺憎恨自己的后母才被尧认为是贤者的，最后选择舜作为自己的继承人。人心都是肉长的，为人子女者应用真心去对待父母长辈，对待继父母也应像对待自己的生身父母一样，怀着感恩的心，设身处地、将心比心，多些理解、少些抱怨。家庭和睦、父母幸福才是子女最大的福气。

治家第五

《治家》篇主要探讨了治家的一些基本原则和方法。身为父母应该怎么做？子女又应该怎么做？作者对此一一做了总结。同时，作者还特别强调指出：治家要从小事做起，不能有一丝一毫的马虎。

本篇简介

夫风化_{风俗，教化}者，自上而行于下者也，自先_{前人}而施于后_{后人}者也。是以父不慈则子不孝，兄不友则弟不恭，夫不义则妇不顺矣。父慈而子逆，兄友而弟傲，夫义而妇陵_{通"凌"，欺凌}，则天之凶民，乃刑戮之所摄_{通"慑"，使人畏惧}，非训导之所移也。笞怒废于家，则竖子之过立见_{语出《吕氏春秋·荡兵》："家无怒笞，则竖子、婴儿之有过也立见。"笞chī，用鞭、杖、竹板抽打；怒，斥责；竖子，未成年人}；刑罚不中，则民无所措手足_{语出《论语·子路》。中，恰当；措，安放}。治家之宽猛，亦犹国焉。

教育感化的事是从上向下推行，前人影响后人的。因此，父亲不慈爱则儿子就不孝顺，哥哥不友善则弟弟就不恭敬，丈夫不仁义则妻子就不和顺。如果父亲慈爱而儿子叛逆，哥哥友善而弟弟傲慢，丈夫仁义而妻子凶悍，那是天生的凶恶之人，只能用刑罚杀戮来使他们畏惧，而不是用训导就能改变的。家庭中取消体罚，那么孩子们的过错马上就会出现；国家的刑罚施用不当，那么老百姓就不知道怎么做才好。治家的宽严标准其实和治国是一样的。

评析

父慈子孝、兄友弟恭、夫仁妇顺，这是家庭最基础的三种伦理关系，上行下效，家庭自然和睦。治家如同治国，当宽则宽，当严则严，要宽严相济。在对子女慈爱的前提下也应严格要求，不能让子女胡作非为，让子女明白在充实完善自身的同时不能有丝毫的松懈。然而现在，特别是在独生子女的家庭，孩子俨然成了"小皇帝"，一家人都围着他转，"捧在手心怕掉了，含在嘴里怕化了"。"小皇帝"们关乎国家的未来，父母的一举一动都将影响着孩子性格、习惯的养成，以及未来的人生发展。由此可见，孩子的教育影响着国家的前途和命运，为人父母者不可不谨慎啊！

孔子曰："奢奢侈则不孙xùn。同"逊"，恭顺，俭节俭则固简陋。与其不孙也，宁固。"又云："如有周公周公旦。西周时期政治家、思想家之才之美，使骄且吝，其余不足观也已。"然则可俭节俭而不可吝吝啬已。俭者，省约节约为礼之谓也；吝者，穷急不恤体恤之谓也。今有施则奢，俭则吝。如能施而不奢，俭而不吝，可矣。

生民之本，要当稼穑jià sè。农事的总称。而食，桑麻指种植桑麻以衣。蔬果之畜通"蓄"，蓄积，园场之所产；鸡豚tún。小猪之善通"膳"，膳食，坫圈指鸡窝。坫shí，古代称墙壁上挖洞做成的鸡窝之所生。爰及栋宇器械，樵苏柴草。樵qiáo脂烛古时用束麻蘸油做

孔子说："奢侈了就会越礼，节俭了就会寒酸。与其越礼，宁可寒酸。"又说："假若有周公的才能和美德，但表现出来的是骄傲而悭吝，那他的其他方面就不值得看了。"这么说来，一个人可以节俭但不可以吝啬。节俭，是按照礼来节约的；吝啬，是指对那些穷苦、急需帮助的人也不体恤。现在的人是施舍时比较奢侈，节俭时过于吝啬。如果能做到施舍而不奢侈，节俭而不吝啬，这就可以了。

老百姓生存的根本，关键在于耕种庄稼获得粮食，种植桑麻得到衣服。瓜果蔬菜的积蓄，靠菜圃果园的种植；鸡肉猪肉等美味，靠鸡窝猪圈里产生。至于房屋和日常用具，柴草和脂烛，没

有一样不是种植得来的。只要守住自己的家业，即使闭门不出，维持生计的必需品也齐备了，仅是家里没有盐井而已。现在北方的风俗，大都能够做到勤俭节约，满足自己的衣食之用。而江南风俗奢侈浪费，大多不能达到这种程度。

成火炬，用来照明，谓之脂烛，莫非种殖即种植。殖，通"植"之物也。至能守其业者，闭门而为生之具维持生计的必需品以足，但只是家无盐井产盐之井耳。今北土风俗，率shuài。皆能躬俭节用，以赡shàn。供给衣食。江南奢侈，多不逮dǎi。及焉。

评析

"由俭入奢易，由奢返俭难。""锄禾日当午，汗滴禾下土。谁知盘中餐，粒粒皆辛苦。""一粥一饭当思来处不易，一丝一缕恒念物力维艰。"无论家长还是孩子都应克勤克俭，不能奢侈浪费。我们一直在提倡"光盘行动"，因为浪费会成为一种习惯，一旦养成将会一发而不可收。另外，奢侈浪费还会败坏社会风气，因为你的奢侈浪费占用了更多的社会资源，这会让很多人心里不平衡，从而产生嫉妒心，那危险就容易降临到你身上。历史上的这种教训实在是太多了，不能不引起我们的警惕。

梁孝元[梁元帝萧绎]世，有中书舍人[官名]，治家失度，而过严刻[严厉苛刻]，妻妾遂共货[买通]刺客，伺[sì。等待]醉而杀之。世间名士，但务[追求]宽仁。至于饮食饷馈[xiǎng kuì。军粮]，僮仆减损，施惠然诺[应允诺言]，妻子节量，狎侮宾客，侵耗[侵吞克扣]乡党[周制，以五百家为党，以一万二千五百家为乡。后以乡党泛指乡里]，此亦为家之巨蠹[dù。蛀虫]矣。

齐吏部侍郎[官名]房文烈，未尝嗔[chēn。生气]怒。经霖雨[连绵大雨]绝粮，遣婢籴[dí。买]米，因尔逃窜，三四许[左右]日，方复擒之。房徐[缓，慢慢地]曰："举家无食，汝何处来？"竟无捶挞[chuí tà。杖击，鞭打]。尝寄[借]人宅，奴婢彻屋[拆屋。彻，毁坏]为薪[柴火]

梁朝孝元帝的时候，有一位中书舍人，治家有失法度，又过于严苛，他的妻妾就合伙买通刺客，趁着他喝醉时把他杀了。社会上的一些名士，一味追求宽容仁慈，以至于食物和馈赠的东西都被家里的仆人私下克扣，应允接济亲友的东西，也被妻子限制，有时还会发生妻妾侮辱宾客，侵害克扣乡邻的事，这些也都是家里的大蛀虫。

齐国有一个吏部侍郎叫房文烈，从来不生气发怒。有一次，连绵的大雨使家里断了粮食，就让家里的一个婢女去买米，这个婢女却趁机逃跑了，过了三四天才抓了回来。房文烈心平气和地问道："一家人都没有粮食吃了，你到哪里去了？"居然没有捶打鞭挞她。房文烈曾经把房子借给别人住，那人的仆人将房屋拆了当柴烧，差不多都要拆光了，他听说后也只是皱了一下眉头，最终没有说一句话。

裴子野的一些远亲故旧，凡是生活困难不能自救的，他都收留他们。他的家里向来清贫，当时碰上了水灾和旱灾，他用二石米熬成稀粥，这样仅仅能够使每人喝上一点，他自己也和他们一样，从来没有厌烦的神色。

略尽将尽，闻之颦蹙 pín cù。皱眉头，不高兴的样子，卒无一言。

裴子野字儿原。南朝史学家、文学家有疏亲远亲故属故旧，饥寒不能自济者，皆收养之。家素清贫，时逢水旱，二石容量单位。十斗为一石米为薄粥，仅得遍焉，躬自身自同之，常无厌色。

评析

治家一定不能失去法度。如果治家太严，就会惹来杀身之祸；如果治家太宽容，就会被下面的人把持住，或者会使自己的生活难以为继。作为父母应该努力营造宽容、温馨、轻松的家庭氛围，让子女愉快自信成长，子女有优点时要及时表扬并鼓励其继续发扬，子女有过错时也应对其进行适当批评并帮其改正，而不是整日对子女嘻嘻哈哈，失去做长辈应有的威严。

邺下今河南安阳、河北临漳一带。邺yè有一领军，贪积已甚过甚，太过，家童八百，誓满一千。朝夕每人肴膳指饭菜。肴yáo，用鱼肉等做的荤菜，也指精美的菜，以十五钱为率lù。标准，遇有客旅客人，更无以兼jiān。加倍。后坐事因事获罪伏法处死，籍登记家财，予以没收其家产，麻鞋一屋，弊通"敝"，破旧衣数库，其余财宝，不可胜言。

南阳今河南南阳有人，为生奥博指深藏广蓄，积累厚，性殊特别俭吝节俭吝啬。冬至后，女婿谒yè。拜访之，乃设一铜瓯ōu。盅酒，数脔luán。切成小块的肉獐肉。婿恨其单率简单草率，一举尽之。主人愕然，俛仰即俯仰、应付。俛fǔ，同"俯"命益添加，如此者再再三。退而责其

邺下有一位领军，非常贪财，家童已经八百了还发誓要满一千。早晚每人的饭钱都以十五钱为标准，有时遇到有客人来也不增加。后来因为犯事被处死，在收没他的家产时，发现麻鞋堆了一屋，破旧的衣服有几大库，其他的财宝，说都说不完。

南阳有一个人，家业富足，生性特别节俭吝啬。冬至后，他的女婿来看他，吃饭时只摆了一小铜盅酒，几小块獐子肉。女婿嫌他太过简慢，一下子把酒肉吃光。这个人很惊讶，勉强又让人添酒加菜，这样添过几次。吃罢退下来就斥责女儿说："你丈夫

太爱喝酒了，所以你们家里总是那么贫穷。"等到这个人死后，他的几个儿子争夺家产，结果哥哥把弟弟给杀了。

女曰："某郎好酒，故汝常贫。"及其死后，诸子争财，兄遂杀弟。

评析

儒家经典《大学》中有一句话："言悖而出者亦悖而入，货悖而入者亦悖而出。"治家最忌讳贪财，贪财最终会让人身败名裂，人财两空。节俭吝啬积攒的钱财，会给子孙带来无穷的危害，甚至会造成兄弟相残的悲剧。"授人以鱼不如授人以渔"，"人遗子，金满籝，我教子，惟一经"，这些都是前人留给我们的生活智慧。教会子女自谋生活的能力，勤劳节俭的品质，比给子女再多金钱财物都强，"一技在手，一生无忧"。

妇主_{操持}中馈_{家中饮食之事}，惟事酒食衣服之礼耳，国不可使预政_{干预政事}，家不可使干蛊_{主事。蛊gǔ，事}。如有聪明才智，识达古今，正当辅佐君子_{这里指妇女的丈夫}，助其不足，必无牝鸡晨鸣_{母鸡报晓。语出《尚书·牧誓》："牝鸡无晨。牝鸡之晨，惟家之索。"大意是：母鸡本来不会在早晨鸣叫。如果这样，这个家庭就萧条了。此指妇女不能代替丈夫当家做主。牝pìn，雌}，以致祸也。

江东妇女，略无交游，其婚姻之家，或十数年间，未相识者，惟以信命_{派人传送音信}赠遗_{wèi。赠予，送给}，致殷勤_{情谊}焉。邺下风俗，专以妇持门户_{掌管家庭事务}，争讼曲直，造_{到，至}请逢迎，车乘_{车辆。乘shèng}填街衢_{qú。大路}，绮罗_{华贵的丝织品或丝绸衣服。此指穿绮罗的妇女。绮qǐ}盈府寺_{官署}，代子求官，为夫诉屈。此乃恒_{恒州}、代_{代郡}之遗风乎？南间_{南方}贫素，皆

妇女操持家事，指的只是做饭、酿酒、缝制衣服方面的礼仪而已。对于国家，妇女不能干预政事；对于家庭，妇女不能干预家中大事。如果她们有聪明才智，能通达古今，就应当辅助自己的丈夫，弥补他们的不足，一定不能有"牝鸡晨鸣"的事，以免招致灾祸。

江东的妇女很少和别人有交往，即使是亲家之间，也有十几年没有谋面的，只是让人送信或送礼品来表示自己的情义。邺下的风俗则是妇人完全主持家事，打官司、论是非，登门求人、迎来送往。乘车的妇女把街巷都塞满；穿绸着缎的妇女挤满官署，替儿子求官，代丈夫诉冤。这难道是恒州、代郡的北魏遗风吗？南方的清贫人家，都注重排场，

车马衣着，一定讲究整齐，因而家中的妻子儿女难免要忍饥挨饿。黄河以北地区交际应酬，大多是妇女主持，绫罗绸缎金银珠宝，一点也不能缺少，而家中那些瘦弱的马匹和衰弱的奴仆仅仅是凑数而已。夫妇之间的礼节，有时"你""妳"相称。

事外饰外表的修饰，车乘衣服，必贵整齐，家人妻子，不免饥寒。河北人事交际应酬，多由内政家庭内部事务。借指主持家务的妻子，绮罗金翠指用黄金和翡翠制成的女用饰物，不可废阙，羸léi。瘦弱马悴cuì。衰弱奴，仅充充数而已。倡和也作"唱和"。指夫唱妇随之礼，或尔汝指夫妻间互相不尊重的称谓之。

评析

《周易·家人·彖》曰："女正位乎内，男正位乎外。男女正，天地之大义也。"家庭成员之间，妻子所居之正位在内，丈夫所居之正位在外，这样丈夫和妻子在家庭内外各有其正当的位置，这是天地之间人们必须遵循的道理。当然，地区不同，风俗也不同，妻子和丈夫在日常活动和家庭中的地位是有所不同的，要视情况而定。现代社会虽说男女有别，但在人格上享有平等的权利，在一个家庭中应建立和谐平等的关系。"家和万事兴""礼之用和为贵"。

河北妇人，织纴（织布帛。纴rèn）组紃（编绳。紃xún）之事，黼黻（fǔ fú。古代礼服上的花纹）锦绣罗绮之工，大优于江东也。太公（姜尚。字子牙，世称姜太公。商末周初军事家）曰："养女太多，一费也。"陈蕃（东汉大臣）曰："盗不过五女之门。"女之为累，亦以深矣。然天生蒸民（百姓，众民），先人传体，其如之何？世人多不举（生育，抚养）女，贼行（残害）骨肉，岂当如此，而望福于天乎？吾有疏亲，家饶（多，富）妓媵（jì yìng。姬妾），诞育将及，便遣阍竖（守门童仆。阍hūn）守之。体有不安，窥窗倚户，若生女者，辄（zhé。立即，就）持（抢。这是指抢走并杀害）将去，母随号泣，使人不忍闻也。

黄河以北的妇女织布编绳的本事、刺绣等手工技巧，都大大胜过江东妇女。姜太公说："养女儿太多，是家里的一项耗费。"陈蕃说："盗贼也不去有五个女儿的人家偷窃。"女儿所带来的拖累，也太深重了。然而女儿也是天生众民之一，也是祖先传下的骨肉，能怎么样呢？老百姓大多都不愿意养育女儿，生下女儿就随意杀害，怎么能这样做呢？这样做还期望上天给你赐福吗？我有一个远房的亲戚，家里有很多侍妾，有谁快要生了，就派遣仆人去守着。临近分娩，便从门窗窥视，靠在门边等待。如果生的是女孩，就立即将她抢走，母亲随即号啕大哭，真让人不忍心听下去。

评析

由于姓氏的观念，中国社会一直"重男轻女"，把生养迟早要出嫁他人的女儿视作家庭负担，这是很要不得的势利思想，既违背权利观念，也背叛骨肉感情，必须予以批判。直至今天，重男轻女的封建思想仍是造成中国男女比例失衡的最主要原因，而男女比例的失调，也会随之带来一系列复杂的社会问题。这种重男轻女、男尊女卑的封建思想是要予以彻底摒弃的。

妇人之性，率_{shuài。通常}宠子婿_{女婿}而虐儿妇_{儿媳}。宠婿，则兄弟之怨生焉；虐妇，则姊妹之谗行焉。然则女之行留_{出入。即嫁娶}，皆得罪于其家者，母实为之。至有谚云："落索_{冷落，萧索}阿姑_{婆婆}餐。"此其相报也。家之常弊，可不诚哉！

婚姻素对_{对当。指婚姻讲求门当户对}，靖侯_{颜之推九世祖颜含的封号}成规。近世嫁娶，遂有卖女纳财，买妇输绢_{指娶亲时向女方送厚礼，等同买媳妇}。比量_{比较}父祖，计较锱铢_{zī zhū。计量单位。旧制，锱为一两的四分之一，六铢为一锱。比喻极细微的事物}，责_{求索}多还_{还报}少，市井_{即市场}无异。或猥_{wěi。鄙陋，下流}婿在门，或傲妇擅_{shàn。专揽，占有}室。贪荣求利，反招羞耻，可不慎欤？

妇人的本性，大多是宠爱女婿而虐待儿媳。宠爱女婿，那女儿的兄弟们就会产生不满，虐待儿媳，那儿子的姐妹们就会进谗言。这样看来，女的不论出嫁还是娶进都会得罪家里的人，而这些都是当母亲的一手造成的。以至于有谚语说："婆婆吃饭，冷冷清清。"这是对她的报应。这是家庭里常常出现的问题，不可不警诫啊！

男女的婚姻一向要求门当户对，这是我们的先祖靖侯立下的规矩。现在嫁娶，竟然有卖女儿捞钱财，用财礼买媳妇的。比较对方父辈祖先的权势地位，斤斤计较彩礼多寡，索取多而回报少，讨价还价和商贩没什么区别。因此，有的招的女婿猥琐下流，有的娶的媳妇凶悍擅权。贪荣求利，反而招致家庭的差辱，能够不谨慎吗？

男女婚姻应当以平等和感情为基础，对待女婿和儿媳不能有所差别，都应当作自己亲生孩子一样来对待，不能把婚姻当成市井上的买卖。卖女买媳，是严重的侵权行为及陋习，隐藏着巨大的社会隐患，不可不慎。现代社会的这种"卖女"风气有蔓延的趋势，特别是在农村，娶媳妇的"彩礼钱"竟流传着这样的一句话："万紫千红一片绿。"意思是：一万张五元（紫色）的，一千张一百（红色）的，再加上一大片五十（绿色）的……可见风俗之陋！另外，婚姻也应讲究门当户对。抱有"干得好不如嫁得好"思想的女性须知，以钱财维系的婚姻是不牢靠的，夫妻双方应该平等协力、和睦相处，家庭才会安定幸福。

借人典籍，皆须爱护，先有【原有】缺坏，就为补治，此亦士大夫百行【旧时士大夫订立的立身行己之道，共有百事，谓百行】之一也。济阳【古县名。今河南兰考一带】江禄，读书未竟，虽有急速，必待卷束【唐以前的书皆为卷轴形式】整齐，然后得起，故无损败，人不厌其求假【借】焉。或有狼籍【同"藉"，践踏】几案，分散部帙【指书籍。帙zhì，古人用以装书卷的书套】，多为童幼婢妾之所点【通"玷"】污，风雨虫鼠之所毁伤，实为累德【德之所累。犹言于道德有损】。吾每读圣人之书，未尝不肃敬对之。其故纸有五经【儒家典籍《诗经》《尚书》《礼记》《周易》《春秋》的合称】词义及贤达姓名，不敢秽用也。

吾家巫觋【旧时称女巫为巫，男巫为觋。觋xí】祷请，绝于言议；符书【道士所画用来消灾求福之图】章醮【僧道称给

借别人的书籍，都应当爱惜，如果借的书原来就有破损，就要替别人修补好，这也是士大夫做人处世的一条原则。济阳有一个叫江禄的人，他读书没看完的时候，即使有急事，也一定要把书整理好后才起身，所以看的书籍没有什么破损，大家也都愿意借书给他看。而有的人桌子上非常脏乱，书籍和书套四处散落，很多都被家里的幼童或者奴仆侍妾弄脏，有的还被风吹雨淋毁坏，被虫子和老鼠咬坏，这样做实在是败坏自己的德行。我每次读圣人的书籍，没有不恭敬对待的。如果废纸上有五经的词句和圣贤的姓名，都不敢把它用在污秽的地方。

我们家对于请巫婆、神汉来消灾这种事，从来不谈及；也不请道士设坛献祭、求符驱鬼来消

灾免祸。这些你们是看到的，不要为这些装神弄鬼的虚妄之事浪费钱财。

天曹上奏章做祈祷的活动。醮jiào，道士设坛念经做法事

，亦无祈焉。

并汝曹所见也，勿为妖妄之费。

评析

"列典籍，有定处，读看毕，还原处。虽有急，卷束齐，有缺损，就补之。"这是《弟子规》给我们的教育。我们要养成爱惜书，爱读书的好习惯，父母也应帮助子女养成爱阅读的好习惯，坚持每天读书。另外，还要爱惜书，特别是借阅别人的书籍更应该爱惜，不然的话，别人还怎么会再把书借给你呢？对于那些圣贤们写的书应该心存一种敬畏，哪怕是一张写有圣人之言的废纸，都要怀有一种恭敬之心，这样你才能真正地提升自己的修养，提高自己的涵养。读书使人优雅，读书使人明智，希望大家能多读书，读好书！一个阅读的民族，才是一个有希望的民族。

风操第六

　　《风操》篇主要论述了封建士大夫的门风和操守。颜之推从传统的经学出发，从当时的社会风气出发，详细地论述了对"孝""名讳""称谓"等社会风气的看法。他认为，那些为了博得个人的荣誉或名声而耽误了要做的事是非常不可取的，也是应该批判的。

吾观《礼经》_{本指《仪礼》，亦称《士礼》，这里指《礼记》。西汉戴圣编定}，圣人之教：箕帚匕_{勺子}箸_{zhù。筷子}，咳唾唯诺，执烛沃盥_{wò guàn，浇水洗手}，皆有节文_{礼节，仪式}，亦为至_{完备}矣。但既残缺，非复全书。其有所不载，及世事变改者。学达君子，自为节度_{调度，权衡}，相承行之，故世号士大夫风操_{风度节操}。而家门_{家族}颇有不同，所见互称长短。然其阡陌_{田间纵横小路。此代指途经}，亦自可知。昔在江南，目能视而见之，耳能听而闻之，蓬生麻中_{语出《荀子·劝学》："蓬生麻中，不扶而直。"大意是：蓬蒿生长在麻丛中，不用扶持就长得挺直。比喻人受环境的影响}，不劳翰墨_{笔墨}。汝曹生于戎马之间，视听之所不晓，故聊记录以传示子孙。

我看过《礼经》，上面都是圣人的教诲：在长辈面前，怎样使用撮箕扫帚、勺子筷子，咳嗽吐痰应答，执蜡照明、端盆送水应该注意什么，书中都有规定的礼节，说得已经很完备了。但这部书已经残缺，不再是全本。有些礼仪规范，书上没有记载，有些是随着世事的变化而发生了改变。那些博学通达的君子，就自行制定了一些规范准则，传承施行，因此世人就把这些礼仪规范称为士大夫的风度节操。由于各家族的情况不太相同，故而对礼仪规范的看法也有所不同。不过，这些礼仪规范的基本脉络自然是很清楚的。以前在江南的时候，对这些礼仪规范我目睹耳闻，深受其熏染，就像蓬蒿生长在麻中，不需要扶它就能长得很直一样，用不着花费笔墨去记录。你们都生长在战乱年代，对这些礼仪规范自然不能听到、看到，因此我姑且把它们记录下来，传给子孙后代观看。

评析

《礼记》中所记载的礼仪规范有些已经散失，而且有些礼仪规范会随着时代的发展而改变，大家对礼的看法不同，也都有各自实现礼的方法和途径。但是，万变不离其宗，一些日常的礼仪，如洒扫、应对、进退这些最基本的礼仪应该没有太大的变化。我们现在的教育在这些方面是有很大缺失的，大学生竟然不会叠被子、洗衣服，甚至连洗碗都不会，这本来是在幼儿园时就应该学会的基本生活技能。我们的家长们应该承担起这个责任，在日常的生活、学习和工作中应该教会孩子最基本的生活技能和待人处事的礼节，让他们尊礼、守礼，按照礼仪规范做事，形成良好的家风并代代延续。

《礼》《礼记·杂记》曰："见似目瞿（jù。惊恐的样子），闻名心瞿。"有所感触，恻（cè。悲痛）怆（chuàng。伤悲）心眼。若在从容平常之地，幸（正，本）须申（伸张）其情（情感）耳，必不可避，亦当忍之。犹如伯叔兄弟，酷类先人，可得终身肠断，与之绝耶？又："临文不讳，庙中不讳，君所无私讳。"（语出《礼记·曲礼上》。临文，写文章；讳，避讳；庙，家庙，此指祭祀；君所，此指臣言于国君时）益知闻名，须有消息（斟酌），不必期（一定要）于颠沛（倾跌。此指匆忙）而走（避匿）也。

梁世谢举（南朝梁大臣），甚有声誉，闻讳必哭，为世所讥。又有

《礼记·杂记》上说："看到与亡父亡母面貌相似的人就目惊，听到和亡父亡母相同的名字就心惊。"这主要是因为有所感触，引发了内心的哀伤。若是在一般情况下，在平常的地方，自然可以说明情况以避讳，如果避免不了的时候，就应当克制一下。比如自己的叔伯兄弟，相貌都和去世的父母相似，难道因此要一辈子悲伤，与他们断绝来往吗？《礼记·曲礼上》上还说："写文章的时候不必避讳，在宗庙祭祀的时候不必避讳，面见国君的时候不必避讳。"这就让我们明白在听到先人的名字时，应该斟酌一下自己应取的态度，不必一遇到这种情况就匆忙回避。

梁朝的谢举，声誉很好，但听到别人提及自己父母的名讳时就大哭，引来世人的讥讽。还有

一位臧逢世，是臧严的儿子，学问和修养都很好，不失仕宦人家门风。孝元帝治理江州，派他前往建昌督办公事。郡县的老百姓纷纷给他上书，日夜不停，信件集中到官署，堆满了案桌。只要信函中有"严寒"字样，他定要对着痛哭流涕，不再察看处理，因此经常耽误公事。大家对此非常不满又感到诧异，最后因办事不力而被召回。这些都是做得太过分的例子。最近在扬州，有一个读书人避讳"审"字，但是他和一个姓沈的朋友交情深厚，姓沈的给他写信，署名时只写名而不写姓，这就不合情理了。

臧逢世，臧严字彦威。南北朝文士之子也，笃学修行，不坠丧失门风。孝元即梁孝元帝萧绎经牧经略治理江州今江西九江，遣往建昌县名督事，郡县民庶百姓，竞修写笺书书信，朝夕辐辏fú còu。同"辐凑"，比喻聚集，几案案桌盈积。书有称"严寒"者，必对之流涕，不省xǐng。察看，检查取记，多废公事。物情即人情怨骇，竟以不办而还，此并过事也。近在扬都南朝都城建康。因系扬州治所，故称扬都，有一士人讳审，而与沈氏交结周厚，沈与其书写信，名而不姓，此非人情也。

　　"父母恩情似海深，人生莫忘父母恩。"作为子女，在父母生前应极尽孝道，父母身后仍应深切缅怀，要做到心中常常有父母，时刻不能忘父母。但是，如果因避父母讳而影响了正常的生活和工作，那就不应该提倡了。凡事都应该有一个度，更何况这也不是深爱着我们的父母愿意见到的。《礼记》中也记载了三种无须避讳的情况：临文不讳，庙中不讳，君前无私讳。面对这些情形应该适当有所权变，不能因为有所避讳而不近人情，那是不可取的。对于那些避讳的事情，重要的不是表面，而是在我们的内心，若因避讳而耽误了正事，那就本末倒置了。

凡是要避讳的字，都必须用同义词来替换：齐桓公名白，所以五白这种棋就有了"五皓"的称呼；淮南厉王名长，所以琴的长短就称为"修短"了。但是还没有听说过把布帛称为布皓，把肾肠称为肾修的。梁武帝的小名叫阿练，因此其子孙都把练称为绢。然而把销炼物称为销绢物，恐怕这就有悖于这个词的含义了。有的人避讳云字，把纷纭称为纷烟；有避讳桐字的，把梧桐树称为白铁树，这就有点像开玩笑了。

周公给儿子取名叫禽，孔子给儿子取名叫鲤，这些名字只与被命名的人相关，自然不必禁止。至于像卫侯、魏公子、楚太子都以"虮虱"为名，司马相如名叫"犬子"，王修名叫"狗子"，这就

凡避讳者，皆须得其同训 同义词以代换之：桓公 齐桓公名白，博 博戏有五皓之称；厉王名长 刘长。谥厉王。汉高祖刘邦少子，琴有修 长，高短之目。不闻谓布帛为布皓，呼肾肠为肾修也。梁武 萧衍。字叔达。南朝梁的建立者小名阿练，子孙皆呼练为绢，乃谓销炼 冶炼物为销绢物，恐乖 违反其义。或有讳云者，呼纷纭为纷烟；有讳桐者，呼梧桐树为白铁树，便似戏笑耳。

周公名子曰禽，孔子名儿曰鲤，止在其身，自可无禁。至若卫侯、魏公子、楚太子，皆名虮虱 jī shī。虱及其卵；长卿 司马相如。西汉辞赋家名犬子，王修 东晋书法家名狗子，上

有连及_{联系涉及}，理未为通。古之所行，今之所笑也。北土多有名儿为驴驹、豚子者，使其自称及兄弟所名，亦何忍哉？前汉有尹翁归，后汉有郑翁归，梁家亦有孔翁归，又有顾翁宠；晋代有许思妣_{bǐ。死去的母亲}、孟少孤，如此名字，幸当避之。

牵连到他们的父辈，这在情理上是讲不通的。古人这样命名的方式，今天看来是很可笑的。北方有很多人给儿子取名叫驴驹、豚子，这如果让他们自称或被兄弟们这样称呼他，怎么能受得了呢？西汉有个人叫尹翁归、东汉有个人叫郑翁归、梁代也有个人叫孔翁归，还有个叫顾翁宠；晋代有人叫许思妣、孟少孤的，像这样的名字，还是避开为好。

避讳原是人们由于某些原因不愿听到或说到会引起不愉快的字眼,而换用其他方式进行表达的行为。恰到好处的避讳固然能皆大欢喜,倘若因此而带来麻烦则大可不必。对于避讳应严肃对待,可以有避讳,但不能随意避讳,更不能毫无避讳。对于取名,也是有很大的学问,有时也应有所避讳,像秦桧的"桧"字,自秦桧杀害岳飞以后,历史上再也没有一个名叫"桧"的了,如果你不信的话,那就把你孩子的名叫作"桧",你看看会有什么后果。对于圣人的名也是应该有所避讳的,像圣人孔丘的"丘",亚圣孟轲的"轲",后人也是几乎没有以此为名的。像这样的事,我们做父母不能不警惕而有所避讳啊!以前农村还有这样的风俗,要给孩子取一个贱名,认为这样孩子好养活。这主要是以前的农村医疗条件有限,要把一个孩子养活是很不容易的,故而有这样的风俗。现在随着医疗条件和水平的提高,大可不必如此。

今人避讳，更急严格，严厉于古。凡名子者，当为孙地为孙辈留有余地。吾亲识亲友中有讳襄、讳友、讳同、讳清、讳和、讳禹，交疏交情疏远造次仓促，急遽，一座百犯一人犯百。指张口犯众忌，闻者辛苦，无憀赖无所依从，精神无所寄托。憀liáo，依赖，寄托焉。

昔司马长卿慕蔺相如战国时期政治家、外交家。蔺lìn，故名相如，顾元叹慕蔡邕字伯喈。东汉时期文学家、书法家。邕yōng；喈jiē，故名雍，而后汉有朱伥chāng字孙卿即荀况。名况，字卿。战国时期思想家、文学家、政治家、许暹xiān字颜回字子渊，尊称颜子。孔子的学生，梁世有庾晏婴、祖孙登晏婴，即晏子。名婴，字仲，谥平。春秋时期政治家、思想家、外交家；孙登，字公和，号苏门先生。魏晋时期隐士，连古人姓为名字，亦鄙事也。

昔刘文饶刘宽。字文饶。东汉人不忍骂奴为畜产畜生，今世愚人遂以相戏，或

现在的人避讳比古人更严格。那些给儿子取名字的人，要为孙子留有余地。我的亲友中有讳襄字的、有讳友字的、有讳同字的、有讳清字的、有讳和字的、有讳禹字的。交情疏远的人不知道这些避讳，稍不留神，张口就犯忌讳，听到的人内心痛苦，让人无所适从。

从前，司马长卿仰慕蔺相如，于是就改名叫相如，顾元叹仰慕蔡邕，于是就改名叫雍。而东汉有个叫朱伥的，他给自己取的字叫孙卿，许暹给自己取的字为颜回，梁代还有人叫庾晏婴、祖孙登的，这些人竟然把古人连名带姓当作自己的名字，也是庸俗浅薄的做法。

从前，刘文饶都不忍心骂奴仆为畜生，而现在那些愚蠢的人却用畜生这个词相互开玩笑，还

有指名道姓叫别人小猪、小牛的。在一旁的有识之士都想捂住耳朵，更何况那些被叫的人呢？

最近在议曹，大家在一起商议百官俸禄的标准。有一个显贵，是当时的名臣，认为大家定的俸禄过于优厚了。有一两个原属齐朝士族的文学侍从，对这位显贵说："现在天下统一了，应当为后世树立典范，怎么还能沿袭关中旧规呢？那您一定是陶朱公的大儿子吧！"说完彼此哈哈大笑，并不感到厌恶。

有指名为豚犊_{小牛}者。有识傍观，犹欲掩耳，况当之者乎？

近在议曹_{官署名}，共平章_{商议}百官秩禄_{俸禄}。有一显贵，当世名臣，意嫌所议过厚。齐朝有一两士族文学之人，谓此贵曰："今日天下大同，须为百代典式_{范例}，岂得尚作关中旧意_{陈旧的观念}？明公定是陶朱公大儿_{据《史记·越王勾践世家》，春秋时期的范蠡辅佐越王勾践灭掉吴国后，归隐经商，富甲天下，称陶朱公。陶朱公次子杀人，被囚于楚，其长子执意前往楚国营救，携千金而往，因自命不凡而又吝惜钱财，终致其弟被杀}耳！"彼此欢笑，不以为嫌。

讲究避讳本无对错，然而太多的避讳也会造成一系列的问题，有些甚至使人与人之间无法正常交往，这就违背了避讳的本意。另外，有些父母直接用古代圣人或贤人的名字作为自己孩子的名字也是不太恰当的。对于古代的这些圣贤，我们是不能直接称名的，以示我们对圣贤的尊重。当然，平时和别人交往，他们有所避讳，我们也是要尊重的，尽量不要去随意冒犯别人、揭别人的短处，否则不但会让听的人难堪，而且还暴露出我们的浅薄和无知。

凡
事
當
留
餘
地

昔侯霸 _{字君房。东汉人。官至大司徒} 之子孙，称其祖父曰家公；陈思王 _{曹植。字子建，谥思，封陈王，人称陈思王。三国曹魏诗人} 称其父为家父，母为家母；潘尼 _{字正叔。西晋文学家} 称其祖曰家祖。古人之所行，今人之所笑也。今南北风俗，言其祖及二亲，无云家者。田里 _{乡里} 猥人 _{鄙陋之人。猥wěi} ，方有此言耳。凡与人言，言己世父 _{伯父} ，以次第 _{排行} 称之，不云家者，以尊于父 _{伯父较父亲年长，故云} ，不敢家也。凡言姑姊妹女子子 _{女孩，女儿} ，已嫁则以夫氏称之，在室 _{未嫁} 则以次第称之。言礼成他族 _{女子出嫁到婆家，成为男家之人} ，不得云家也。子孙不得称家者，轻略 _{轻视} 之也。蔡邕书集，呼其姑姊为家姑家

从前侯霸的子孙，称他们的祖父叫家公；陈思王称他的父亲为家父，母亲为家母；潘尼称他的祖父为家祖。旧时的人就是这样称呼的，而在今天的人看来就成为笑话了。现在南北的风俗，称呼自己的祖父和父母，没有称"家"的。只有乡里的那些鄙陋之人，才这样称呼。和别人谈话，凡是提到自己的伯父，就按父辈排行的顺序来称呼。不冠以"家"字的原因，是因为伯父尊于父亲，不敢称"家"。凡是提及姑表姐妹，已出嫁的要以她丈夫的姓氏称呼她，没有出嫁的就按排行的顺序称呼。这意味着女子行婚礼就是夫家的人了，不能再称"家"。子孙也不能称"家"，以示对他们的轻略。蔡邕在他的书集中称呼自己的姑姑、姐姐为家姑、家

姊；班固的书集中，也称家孙。现在已经不这样称呼了。

凡是跟别人说话，称他们的祖父祖母、伯父伯母、父母及长姑时，都应加个"尊"字，自叔父叔母以下的都应在前面加一个"贤"字，这是为了区别尊卑。在王羲之的书信中，他称呼别人的母亲与称呼自己的母亲相同，前面并不加"尊"字，现在看来也是不对的。

姊；班固 _{字孟坚。东汉时期史学家、文学家} 书集，亦云家孙。今并不行也。

凡与人言，称彼祖父母、世父母、父母及长姑，皆加尊字，自叔父母已下，则加贤字，尊卑之差也。王羲之 _{字逸少。东晋时期书法家} 书信，称彼之母与自称己母同，不云尊字，今所非也。

南人冬至岁首_{一年开始的时候，一般指第一个月。此指农历正月的第一天}，不诣_{到……去}丧家。若不修书，则过节束带_{整饬衣冠，束紧衣带。表示恭敬}以申慰_{表示慰问}；北人至岁_{冬至、岁首或满年}之日，重行吊礼_{吊丧的礼制}，礼无明文，则吾不取。南人宾至不迎，相见捧手_{即拱手。双手在胸前相合，以示敬意}而不揖_{yī。两手抱拳高拱，身子略弯，或拱手自额及地，都是表示敬意}，送客下席而已；北人迎送并至门，相见则揖，皆古之道也，吾善其迎揖。

南方地区的人在冬至和年初，是不会去有丧事的人家里的。如果不写封信去致哀，那就必须在过节后穿戴整齐亲往吊唁，以示慰问；北方地区的人在冬至和年初，特别重视吊丧活动，这种做法礼书上没有相关的记载，我不采用北方地区的人的做法。南方地区的人在客人来时是不去迎接的，相见的时候也只是拱手而不弯腰作揖，送客的时候也只是离开席位而已；北方地区的人迎送客人到门口，见面的时候相互作揖。这些都是古人尚礼之道，我非常赞同北方人的做法。

评析

"百里不同风，千里不同俗"，"入乡随俗"。南方人和北方人在吊丧和迎送客人时的礼仪各不相同。中华民族素以礼仪之邦闻名于世，源远流长、博大精深的礼仪文化是先人留给我们的一笔丰厚遗产。现代社会的礼仪充斥于生活的方方面面，无论父母还是孩子都应该好好学习和掌握现代礼仪的规范，了解不同地区的风俗习惯，这样才能更好地运用礼仪行事，促进与他人的交往。

昔者，王侯自称孤、寡、不毂 gǔ。善。不毂，亦谦称。 自兹 此 以降 犹言以后，虽孔子圣师，与门人言皆称名也。后虽有臣仆之称，行者 行使此称者 盖亦寡焉。江南轻重 这里指地位高低 各有谓号 别名，具诸《书仪》书信仪礼方面的书籍；北人多称名者，乃古之遗风，吾善其称名焉。

过去，王公诸侯都自称孤、寡、不毂。自此以后，即使是至圣先师孔子，在与门人弟子谈话时都称自己的名字。后来虽然有人自称臣、仆，但是这样做的人很少。江南地区的人无论地位高低，都有自己的称谓，这在《书仪》中都有记载；北方地区的人大多称自己的名字，这是古人的遗风。我赞许自称名字的做法。

谦称自己、敬称对方是说话者谦逊和良好修养的表现，而出言不逊、大言不惭则会暴露出讲话者的轻浮和浅薄。文明的语言和得体的称谓既是中华文化的重要组成部分，也是礼仪的一个重要方面。交往中使用谦辞和敬辞既是良好的礼节，也被视为一种美德。无论家长还是孩子，都应对称谓有所了解和把握，在待人处事中显示出自身的涵养和修养，同时又能表现出对对方的敬重和尊重。

言及先人，理当感慕，古者之所易，今人之所难。江南人，事不获已 不得已，须言阀阅 指家世。等级曰阀，经历曰阅，必以文翰 书信，罕有面论者；北人，无何 无故 便尔 便，就；尔，助词 话说，及相访问。如此之事，不可加于人也。人加诸己，则当避之。名位未高，如为勋贵 功臣权贵 所逼，隐忍方便，速报取了，勿使烦重，感辱祖父。若没 去世，言须及者，则敛容肃坐，称大门中 对别人称自己已故的祖父和父亲。门中，称家族中的死者，世父、叔父则称从兄弟门中，兄弟则称亡者子某门中，各以其尊卑轻重为容色

提及去世祖先的名字时，应当产生感伤仰慕之情，这在古人很容易做到，但今人做到却很难。江南地区的人，除非事不得已，当须说自己的家世时，定要以书信形式，很少有当面说的；北方人无故就攀谈，相互登门拜访。像当面谈论家世这样的事就不能强加给别人。如果别人施加给你自己，你就应该设法回避。名位不高的人，如果被权贵所逼迫要言及家世，要尽量忍耐，随便地应付一下，一定不要说太多，尽快结束，不要烦琐重复，以免辱没自家的先祖。如果自己的祖父、父亲已经去世，谈话中又必须提及他们，那么一定要正襟危坐，称父亲为"大门中"，去世的伯父、叔父则称为"从兄弟门中"，对已去世的兄弟，则称他的儿子为"某门中"，并且根据他们的尊卑和

地位高低来确定自己表情的分寸，都要与平时不同。如果跟君主谈话，虽然表情有变化，但谈到自己去世的长辈，还是可以称亡祖、亡伯、亡叔。我见过有一位名士，和国君谈话，称呼他死去的兄弟为兄子"某门中"或弟子"某门中"的，这样称呼也是不妥的。北方地区的风俗，就完全不是这样。泰山有一个人叫羊侃，梁朝初年来到南方。我最近到建邺，他兄长的儿子羊肃向我询问羊侃的近况，我回答说："您的从门中在梁朝时，是这样这样的。"羊肃说："他是我排行第七的亲亡叔，不是堂叔。"当时祖孝徵也在场，他很了解江南的风俗，于是就对羊肃说："就是指贤从弟门中，为什么不明白呢？"

　　古时候的人都称伯父叔父，而现在的人大多都只单称伯或叔。

之节，皆变于常。若与君言，虽变于色，犹云亡祖、亡伯、亡叔也。吾见名士，亦有呼其亡兄弟为兄子、弟子门中者，亦未为安贴也。北土风俗，都不行此。太山〔即泰山〕羊侃，梁初〔梁朝初年〕入南。吾近至邺，其兄子肃访〔询问〕侃委曲〔详情〕，吾答之云："卿〔古代君对臣、长辈对晚辈的称谓〕从门中在梁，如此如此。"肃曰："是我亲〔自汉、魏以来，人们习惯在亲戚称谓前加"亲"字，以示其为直系的或最亲近的亲戚关系。此用法延续至今〕第七亡叔，非从也。"祖孝徵〔祖珽。字孝澂。北齐文学家。时为尚书左仆射〕在坐，先知江南风俗，乃谓之云："贤从弟门中，何故不解？"

　　古人皆呼伯父叔父，而今世多单呼伯叔。从父〔古称父亲的同胞兄弟（伯父、叔父）为从父〕兄弟姊妹已孤，而对其前，呼其母为伯叔母，此不可避者也。兄弟之子已孤，与他人言，对孤者前，呼为兄子、弟子，颇为不忍。北土人多呼为侄。案 考证，依据《尔雅》 中国最早的一部训诂专书。是中国词典的雏形 《丧服经》 《礼仪·丧服》篇。是中国现存最早最完整反映宗法制度的文献 《左传》，侄虽名通男女，并是对姑之称。晋世已来，始呼叔侄，今呼为侄，于理为胜也。

伯叔兄弟、姊妹丧父后，在他们面前，称呼他们的母亲为伯母叔母，这是不可回避的。如果兄弟的儿子死了父亲，在和别人谈话时，当着他们的面，称他们为兄之子或弟之子，真让人于心不忍。而北方地区的人大多称自己兄弟的儿子为侄。依据《尔雅》《丧服经》《左传》的记载，侄的称呼虽说男女都可通用，但都是相对于姑姑来称呼的。晋朝以来，才开始称作叔侄，现在称侄，从情理上讲是恰当的。

　　曾子曰："慎终追远,民德归厚矣。"提及祖先时,我们要对祖先产生感伤和仰慕之情,对已故亲人的称呼要有所讲究,不能乱用。在如今"我爸是科长","我爸是主任"等的"拼爹"时代,也应努力做到像古人那样对家人,特别是对尊长要时刻保持尊重,不能用尊长的名字或级别来炫耀自己。无论是"官二代""富二代"或"贫二代"都应该对自己的出身安之若素,踏实勤勉,安守本分,靠自己能力吃饭。"拼爹"不如拼自己。

别易会难，古人所重。江南饯送，下泣言离。有王子侯，梁武帝弟，出为东郡，与武帝别，帝曰："我年已老，与汝分张分离，甚以恻怆。"数行泪下。侯遂于是密云无泪。指故作悲伤之态而不掉泪。语出《周易》："密云不雨"，赧然羞愧样子。赧nǎn，因羞惭而脸红而出。坐此由此被责，飘飏即飘摇。飏yáo，飘动舟渚船只停泊处。渚zhǔ，水中的小块陆地，一百许日，卒不得去。北间风俗，不屑此事，歧路言离，欢笑分首分手。然人性自有少涕泪者，肠虽欲绝，目犹烂然明白、清楚的样子。此指无泪。如此之人，不可强责。

别时容易见时难，所以古人对离情很重视。江南地区在为人饯行时，都挥泪而别。梁武帝的弟弟，将到东边的郡去任职，前来与武帝告别，武帝对他说："我年纪已经很大了，又和你分离，很是伤心。"说着流下了眼泪。梁武帝的弟弟也做出悲伤的样子，但没有一丝眼泪，只好满脸羞愧地出去了。他因为这件事受到指责，在渡口往返徘徊了百余日，最终也没有离去。北方地区的风俗，不屑于这样做，他们在路口谈起别离，就高高兴兴地分手。当然，有的人天生不爱流眼泪，虽然悲痛欲绝，眼中还是没有泪。像这样的人，不可过分责备他。

评析

自古悲伤多离别，有时候的离别可能就是永别，故而在古代诗词中有很多表达离别时的伤感之情，如"劝君更尽一杯酒，西出阳关无故人""执手相看泪眼，竟无语凝噎"等让人感伤的诗句。孔子也说："父母在，不远游。"你的一次远游，可能就是父母和你的永别。

但是，不同的地方，大家对离别的态度不同、心情不同。礼仪规范是在社会生活中约定俗成的，讲礼首讲真诚。待人处事要诚心诚意，言行合一，将心比心，即使有些行为不那么符合礼仪规范，只要是本着一颗诚心，也是可以原谅的。

凡亲属名称，皆须粉墨_{黑白}分明，不可滥也。无风教_{风俗，教化。此指教养}者，其父已孤，呼外祖父母与祖父母同，使人为其不喜闻也。虽质于面，皆当加外以别之。父母之世叔父_{父母的伯父和叔父，即自己的伯祖父和叔祖父}，皆当加其次第以别之；父母之世叔母_{父母的伯母和叔母，即自己的伯祖母和叔祖母}，皆当加其姓以别之；父母之群从世叔父母_{即自己的堂伯父母和堂叔父母}及从祖父母，皆当加其爵位若_{连词。和，及}姓以别之。河北士人，皆呼外祖父母为家公家母，江南田里间亦言之。以家代外，非吾所识。

凡宗亲世数，有从父，有从祖_{父亲的堂兄弟}，有族祖_{祖父的堂兄弟}。江南风俗，自兹已往，高秩者_{高俸禄的官员。借指职位或品级较高的官吏}，

凡是亲属的称谓，都必须准确清晰，不能滥用。没有教养的人，祖父、祖母去世后，称呼外祖父、外祖母与称呼祖父、祖母一样，这让人听了不舒服。即便是当面称呼，也应该加上"外"字以示区别。父母亲的伯父、叔父，都应当加上排行来区别；父母的伯母、叔母，都应当加上他们的姓氏以示区别；父母的堂伯父母、堂叔父母以及堂祖父母，都应当加上他们的爵位与姓氏以示区别。北方士人都称外祖父、外祖母为家公、家母，江南乡间的风俗也有这样的叫法。用"家"来代替"外"，这不是我所能理解的。

凡是宗族亲属的世系辈分，有伯父、叔父，有堂伯父、堂叔父，有堂祖父。江南地区的风俗，自此而外，官职高的在称呼上加"尊"

字；同一个祖宗的，即使相隔一百代，仍互称为兄弟，如果对他人谈到，都称为族人。黄河以北地区的士人，即使相隔二三十代，也仍然称为从伯、从叔。梁武帝曾经问一个中原人，说："你是北方人，为什么不知道有"族"这一称呼呢？"那个人答道："骨肉的关系容易疏远，不忍心用"族"字来称呼。"在当时虽然是机智的回答，但从礼法上来说是讲不通的。

通呼为尊；同昭穆者^{同宗族的同一辈分}，虽百世犹称兄弟，若对他人称之，皆云族人。河北士人，虽三二十世，犹呼为从伯从叔。梁武帝尝问一中土人^{这里指南朝梁大臣夏侯亶。今安徽亳州人。中土，中原}曰："卿北人，何故不知有族？"答云："骨肉易疏，不忍言族耳。"当时虽为敏对，于礼未通。

评析

对亲属的称呼应尊卑、长幼、内外有别，江南地区和北方地区对宗族世系辈数的称呼不尽相同，我们有时也不能一概而论。但是，这种有着独特中华文化的称谓在独生子女的时代将面临消失的危险。现在的家庭大多都只有一个孩子，家庭成员的关系越来越简单，称谓也越来越少，像姥爷（外公）、姥姥（外婆）、伯伯、舅舅、堂伯、堂叔、婶子、大娘、侄子、外甥、堂兄等的称呼也将消失，而只剩下"叔叔、阿姨"和"爷爷、奶奶"。家长在教育孩子过程中一定要把这种亲戚关系厘清，否则以后真要"六亲不认（识）"了。

吾尝问周弘让^{梁元帝时国子祭酒}曰："父母中外^{又称中表，即内外之义。姑之子为外兄弟，舅之子为内兄弟}姊妹，何以称之？"周曰："亦呼为丈人。"自古未见丈人之称施于妇人^{此应为颜之推之误。王充《论衡·气寿》："人形一丈，正形也。名男子为丈夫。尊公妪为丈人。"故丈人也可用于女性}也。

吾亲表所行，若父属者，为某姓姑；母属者，为某姓姨。中外丈人之妇^{指父母的兄弟之妇}，猥俗^{俚俗}呼为丈母，士大夫谓之王母、谢母^{王姓母、谢姓母}云。而《陆机集》^{陆机的著作集。陆机，字士衡。西晋文学家、书法家}有《与长沙顾母书》，乃其从叔母也，今所不行。

齐朝士子，皆呼祖仆射^{祖珽。射 yè}为祖公，全不嫌有所涉也，乃有对面以相戏者。

我曾经问周弘让说："父母的姐妹该怎样称呼呢？"周弘让说："应该称为丈人。"从古至今，我从来没有见过称呼妇人为"丈人"的。我的表亲们所奉行的称呼是：如果是父亲的姐妹，就称为"某姓姑"；如果是母亲的姐妹，则称为"某姓姨"。父母的兄弟的妻子，俗称为"丈母"，士大夫称为"王母""谢母"，等等。而《陆机集》中有一篇《与长沙顾母书》，里面的"顾母"就是他的堂叔母，现在都不这样称呼了。

齐朝的读书人都称祖仆射为祖公，完全不顾忌这称呼会和自己祖父的称呼相混，甚至还有当着祖珽面以此来开玩笑的。

古者，名以正体_{表明自身}，字以表德_{表示德行}，名终则讳之，字乃可以为孙氏_{指用"字"作为孙辈的氏}。孔子弟子记事者，皆称仲尼；吕后_{吕雉。字娥姁。汉高祖刘邦之妻}微_{微贱}时，尝字高祖为季_{刘邦。字季}；至汉爰种_{爰盎的侄子}，字其叔父_{指爰盎。字丝。西汉大臣}曰丝；王丹_{字仲回。东汉人}与侯霸_{字君房。东汉人}子语，字霸为君房。江南至今不讳字也。河北士人全不辨之，名亦呼为字，字固呼为字。尚书王元景_{王昕。字元景。北朝齐人}兄弟，皆号名人，其父名云，字罗汉，一皆讳之，其余不足怪也。

古时候，名是用来表明自身的，字是用来表示自己的德行的，先祖死后，子孙要避讳他的名，而他的字却可以用来作为子孙的氏。孔子的弟子记录孔子的言行时，都称孔子的字"仲尼"；吕后贫贱的时候，曾称汉高祖刘邦的字，叫他"季"；到汉代的爰种，也称呼他叔父的字为丝；王丹和侯霸的儿子说话时，也称侯霸为君房。江南地区的人到现在也不避讳称别人的字。黄河以北地区的人则完全不区别名和字，名也被称为字，而字还是称为字。尚书王元景兄弟二人，都是知名人士，他的父亲名叫云，字罗汉，兄弟二人对父亲的名和字全都避讳，那其他人不能分辨名与字的区别就不足为怪了。

评析

　　名以正体，字以表德。江南与北方习惯不同，江南人不避讳称字，而北方人则完全不区分名和字。在古代，"名"和"字"是非常重要的，里面有很大的学问。"名"和"字"是不同的，"名"是父母给取的，只有自己的父母或尊长能叫，别人是不能随便叫的；而"字"是成年进学以后，自己给自己取的一个名号，是让别人来叫的，让"字"通"志"，也即是通过"字"来表达自己的志向。古人都是有"名"有"字"的，如至圣先师孔子就是：姓孔，名丘，字仲尼。但是，随着时代变迁，现在已不做"名"和"字"的区分，以至于如今很多人有"名"而无"字"。

《礼·间传》云："斩缞丧服的一种。古时根据与死者关系亲疏，丧服分为斩缞、齐缞、大功、小功、缌麻五等。斩缞是"五服"中最重的丧服。缞cuī，古代用粗麻布制成的丧服之哭，若往而不反比喻悲伤已极，只想哭得一死了之；齐缞zī cuī。丧服的一种。次于斩缞。以粗麻布做成，因其缉边缝齐，故称。服期一年之哭，若往而反；大功丧服的一种。以熟布做成，比齐缞的细，比小功的粗。服期九个月之哭，三曲而偯yǐ。哭的余声；小功丧服的一种。以熟布做成，较大功的细，比缌麻的粗。服期五个月缌麻五服中最轻的一种。用细麻布制成。服期三个月。缌sī。细的麻布，哀容可也。此哀之发于声音也。"《孝经》儒家经典之一。作者不详。全书以阐述儒家孝的伦理思想为主要内容云："哭不偯。"皆论哭有轻、重、质、文之声也。礼指礼制以哭有言者为号，然则哭亦有辞也。江南丧哭，时有哀诉之言耳；山东指太行、恒山以东，即河北一带重丧，则唯呼苍天，期功期与功皆古丧服名。期，即齐

《礼记·间传》上记载："穿斩缞丧服人的哭，要哭至气竭，好像再也回不过气来似的；穿齐缞丧服人的哭，悲声阵阵连续不停；穿大功丧服人的哭，哭声一波三折；穿小功、缌麻丧服人的哭，只需脸上的表情哀伤就可以了。这就是哀伤之情在声音上的表现。"《孝经》上说："孝子哭的声音气竭而后止，不能有余声。"这些话都是说哭的声音有轻微、沉重、质朴、和缓之分。礼制中把边哭边哀诉称为号，这样哭时也有言辞了。江南地区的人在哭丧时，常带有哀诉的言语；河北一带服重丧的人，哭的时候只呼天抢地，穿齐缞、大功、小功以

下丧服的人，就只需哭诉自己的悲痛，这叫作哀号而不哭泣。

缞，为期一年之服；功，指大功、小功以下，则唯呼痛深，便是号而不哭。

评析

儒家对丧礼中不同等级的服丧人都有严格的要求，孔子就是这方面的专家，并且在《礼记》和《孝经》中都有对丧礼详细的记载和要求。不同血缘关系的服丧人，可以通过不同的哭声、脸上的表情以及哭诉的内容来表达自己的哀伤和悲痛。现代人却不同了，父母去世后，没有人去哭，竟然去雇人哭自己的父母，而且还很流行。社会上竟还有这种"哭丧"的职业，听说收入还很可观，真是让人匪夷所思。

江南，凡遭重丧，若相知者，同在城邑，三日不吊则绝之_{断绝往来}；除丧_{脱去丧服。指丧期过后}，虽相遇则避之，怨其不已悯也。有故及道遥者，致书可也；无书亦如之。北俗则不尔_{这样}。江南凡吊者，主人之外，不识者不执手；识轻服_{五种丧服中较轻者}而不识主人，则不于会所_{指灵堂}而吊，他日修名_{名片}诣_到其家。

在江南地区，遭遇重丧的人家，如果是与他家相识的人，又住在同一个城里，三日内不去吊丧，丧家将要和他断绝交往；丧期过后，即使在路上相遇也会躲开他，痛恨他不同情自己。如果有事情或者路途遥远而没能来的，可写信慰问；没有写信慰问的，丧家也会和他断绝交往。北方地区的风俗却不同于此。江南地区凡来吊唁的人，除了丧主外，不跟不相识的人握手；不认识主人而只认识穿较轻丧服的人，就不用去现场吊唁，改日写一张名片送到丧家表示悼念就可以了。

评析

对于吊丧，江南地区和北方地区的礼节也不同。在江南地区如果超过了吊丧的时间，或者没能表达哀悼，就可能导致两家的断交。在现代社会，随着时代的前进和社会的发展，生活节奏加快和工作压力加大，使很多人都无精力顾及这些亲戚朋友的丧事。当然，"礼"是随着社会的发展而变化的，但是像吊唁这样的礼节，我认为在自己的精力所及的情况下还是要去向丧家表达哀悼之情的，一则是对他人一种心理上的安慰，二则是自己也会不可避免碰到这样的事，你慰问了别人，到时别人同样会来慰问你，这是人之常情。

阴阳_{即阴阳家}说云："辰_{朔日。农历每月初一}为水墓，又为土墓，故不得哭。"王充_{字仲任。东汉唯物主义哲学家}《论衡》_{王充代表作。中国历史上一部无神论著作}云："辰日不哭，哭则重丧。"今无教者，辰日有丧，不问轻重，举家清谧_{安静。谧mì}，不敢发声，以辞吊客。道书_{泛指道家的书}又曰："晦_{农历每月的最后一天}歌朔_{农历每月初一}哭，皆当有罪，天夺其算_{寿命}。"丧家朔望_{农历每月的初一日和十五日}，哀感弥深，宁当惜寿，又不哭也？亦不谕_{明白}。

偏傍_{旁门左道}之书，死有归杀_{也作归煞、回煞。指旧时迷信认为人死之后若干日灵魂回家一次叫归杀。杀，同"煞"}。子孙逃窜，莫肯在家，画瓦书符，作诸厌胜_{古代方士的一种巫术，说是能以诅咒制服人或物。厌yā，通"压"}。丧出之日，门前然火_{即燃火}，户外列

阴阳家说："辰日既是水墓又是土墓，所以不能哭丧。"王充在《论衡·辩祟》中说："辰日不能哭丧，要是哭丧就会再死人。"现在那些缺乏教养、不懂礼数的人，在辰日遇到丧事，不管穿什么孝服的人，全家都静悄悄的，不敢发出哭声，谢绝来吊唁的人。道家又说："晦日唱歌，朔日哭泣，都是有罪的，上天会缩短你的寿命。"如果在朔望之日遇丧事，心里万分悲痛，难道为了惜寿就强忍悲痛而不哭丧吗？这也让人难以明白。

旁门左道的书说，死者灵魂会在某一天回家。这一天，子孙都要躲到外面，没人敢待在家里，并且还要画瓦书符，用巫术来镇邪消灾。出丧的那天，要在门前烧火，在屋外撒灰，举行仪式送

走鬼魂，上祷章祈求上天阻止死者祸及家人。凡是这类做法，不近人情，是儒学雅道的罪人，应该受到指责。

灰^{在房子外面撒上灰，据说可看到死者灵魂的足迹}，被^{fú。用斋戒沐浴等方法除灾求福。此}^{指举行除灾祈福的仪式}送家鬼，章断注连^{指向天上呈祷章，以求送走家宅瘟神，断绝祸殃。注连，连属，接连不断}。凡如此比，不近有情，乃儒雅^{儒学正统}之罪人，弹议所当加也。

100
.
101

评析

　　丧礼中的哭丧本是生者对死者深切思念及哀悼的表达，有些阴阳家和旁门左道的书籍却对丧礼进行曲解，以致有些人死守这些教条，如在辰日、朔望之日不能哭丧而强忍悲痛不能表达哀伤之情。孟子说："尽信书不如无书。"对死者的哀伤是人之所以为人的感情流露，如若相信书本上的那些旁门邪说，强忍悲痛，这样做不但是对人性的扭曲，而且还有些不近人情。进入现代社会，像这种歪门邪说，我们应本着科学的态度坚决予以摒弃。

己孤 指失去父亲或母亲，而履岁 履端岁首，即元旦 及长至 冬至。冬至后日渐长，故称长至 之节，无父，拜母、祖父母、世叔父母、姑、兄、姊，则皆泣；无母，拜父、外祖父母、舅、姨、兄、姊，亦如之。此人情也。

江左 江东地区。这里指南朝统治范围，代指南朝 朝臣，子孙初释服 服丧期满，除去丧服，朝见二宫 指天子和太子，皆当泣涕，二宫为之改容。颇有肤色充泽，无哀感者，梁武薄其为人，多被抑退 贬退降谪。裴政 字德表。隋朝大臣 出服 指居丧期到，除去丧服，问讯 僧尼等向人曲躬合掌致敬叫"问讯"。因为梁武帝信佛，所以裴政以僧礼拜见 武帝，贬瘦 消瘦 枯槁，涕泗滂沱。武帝目送之曰："裴之礼 字子义。裴政之父 不死也。"

失去了父亲或母亲，在元旦和冬至这两个节日里，如果没了父亲，在拜见母亲、祖父母、世叔父母、姑母、兄长、姐姐时都要哭泣；如果没了母亲，在拜见父亲、外祖父母、舅舅、姨母、表兄、表姐时也要哭泣。这是人之常情。

南朝的大臣亡故后，子孙刚除去丧服，朝见天子和太子时都要哭泣，天子和太子也会因感动而改变脸色。如果除去丧服后，肤色光滑润泽，没有表现出哀伤之情的人，梁武帝会鄙视他们的为人，他们大多被贬退降官。裴政除去丧服后，以僧礼朝拜梁武帝，他身体消瘦，容貌枯槁，当着武帝的面痛哭流涕。梁武帝目送着他离去，说："裴之礼没有死啊！"

评析

父母之恩是怎样也还不完的。双亲去世后，子女一定要痛哭流涕，以表达对父母的哀思，在拜见父母双方亲属的时候也要哭，并且在守丧期间也应充满悲伤，面容枯槁，这样才被认为是真正孝。如果除丧后，气色很好，就会被认为不孝。儒家一直强调，在父母去世后一定要给父母守三年的丧，不但要迁居粗衣，而且还要清心寡欲，做官的还要辞官守丧。《弟子规》中说得很清楚："丧三年，常悲咽，居处变，酒肉绝。丧尽礼，祭尽诚，事死者，如事生。"我们现在这方面已经有很多的缺失了，一个人如若对自己的父母都不能爱，还怎么能指望他去爱别人呢？

二亲既没，所居斋寝_{斋戒时居住的房屋}，子与妇弗忍入焉。北朝顿丘_{古郡名}李构_{北朝齐人}，母刘氏，夫人亡后，所住之堂，终身锁闭，弗忍开入也。夫人，宋广州刺史纂之孙女，故构犹染江南风教。其父奖_{李奖，字道穆。北魏大臣}，为扬州刺史，镇寿春_{古县名}，遇害。构尝与王松年、祖孝徵数人同集谈燕_{边宴饮边叙谈。燕，同"宴"}。孝徵善画，遇有纸笔，图写为人。顷之，因割鹿尾，戏截画人_{斩断画像上的人}以示构，而无他意。构怆然动色，便起就马_{骑马}而去。举坐惊骇，莫测其情。祖君寻_{随后，不久}悟，方深反侧_{惶恐不安}，当时罕有能感此者。吴郡陆襄_{字赵卿。南朝梁人}，父

父母去世以后，他们生前斋戒时所居住的房间，儿子与媳妇都不忍心进去。北朝顿丘有一个叫李构的人，母亲刘氏去世后，他就把母亲所住的房间锁住，终身不开，不忍心再进去。刘氏是南朝宋时期广州刺史刘纂的孙女，所以李构受了江南风俗的影响。李构的父亲李奖，为扬州刺史，在镇守寿春时遇害。李构曾经和王松年、祖孝徵等人在一起宴饮闲谈。祖孝徵善于画画，看到有纸笔，就画了一幅人的肖像。宴饮刚一会儿，因割鹿尾，祖孝徵就用刀开玩笑斩割画上的人让李构看，并没有其他意思。李构却突然悲痛地变了脸色，起来骑着马就走了。在座的人都很吃惊，却猜不出其中的原因。祖孝徵很快就醒悟，内心深感不安，当时在座的人很少能够理解。吴郡有一个人叫

陆襄，他的父亲陆闲被别人杀害，于是陆襄终身穿粗布衣服、吃素食，即使是姜，只要是用刀切过，都不忍心食用，家里的人只有用手掐摘蔬菜供厨房之需。江宁有一个人叫姚子笃，母亲被火烧死了，于是他终身不忍心吃烤肉。豫章有个叫熊康的，他的父亲因为喝醉了酒被家奴杀了，所以熊康终身不再喝酒。然而礼要根据人之常情来制定，恩情如和义理冲突，当断恩情以存义理，如果父母因吃饭被噎死，也不应当因此而绝食吧。

闲被刑被杀，襄终身布衣蔬饭，虽姜菜有切割，皆不忍食，居家惟以掐摘供厨。江宁姚子笃，母以烧死，终身不忍啖dàn。吃炙烤肉。豫章古地名熊康，父以醉而为奴所杀，终身不复尝酒。然礼缘人情，恩由义断，亲以噎死，亦当不可绝食也。

评析　　　孝道是中国传统社会十分重要的道德规范，也是中华民族的传统美德。李构、陆襄等对父母极尽孝敬，在父母亡故后仍深切怀念，凡是他们认为与父母的死有一点点关系的东西就终身绝不触碰。然而，父母的恩情绝不是如此这般即可报答，只要心中有父母，时刻挂念着父母，在儒家看来这就是孝，而不是表面上对父母的死因有所关联的东西有所忌讳。礼节是为适应人的正当情感来设立的，而世上的事情也绝不可一刀裁断，我们在任何情形下都应慎重思索、理性对待。

《礼经》《礼记·王藻》："父之遗书，母之杯圈即杯棬。木质饮器。棬 quān，感其手口之泽手汗和口泽之气，不忍读用。"政通"正"，只为常所讲习，雠校校雠，校勘。雠 chóu，校对缮写，及偏遍加服用使用，有迹可思者耳。若寻常坟典三坟五典的并称。三坟，指伏羲、神农、黄帝之书；五典，指少昊、颛顼、高辛、唐、虞之书。后为古代典籍的通称，为生营生什物各种物品器具，安可悉废之乎？既不读用，无容不免散逸散失，惟当缄保封存。缄 jiān，封闭，以留后世耳。

思鲁等第四舅母，亲吴郡张建女也，有第五妹，三岁丧母。灵床上屏风，平生旧物，屋漏沾湿，出曝晒之，女子一见，伏床流涕。家人怪其不起，乃往抱持，荐席垫席。荐 jiàn，草席淹渍被泪打湿。渍 zì，浸泡，

《礼经》上记载："父亲遗留下来的书籍，母亲用过的茶杯，因为子女感于这些物品的上面有父母亲的气息，所以不忍心去读这些书或使用这些东西。"书是亡父经常诵读、亲手校对誊抄的，还有其他常用的东西，上面留有的痕迹能引发儿女对他们的思念。假如是一般的书籍，以及各种日用品，哪能都废弃不用呢？这些父母的遗物既然不去使用，就不要让它们散失，应当封存保护，留给后代子孙。

思鲁的四舅母是吴郡张建的亲生女儿，她的五妹在三岁时母亲就去世了。放在灵床上的屏风是亡母用过的旧物，一次屋漏淋湿了，家人拿出来晒，她的五妹一看到屏风，就趴在床上哭泣。家里人都奇怪她为什么趴在床上一直不起来，就过去抱她起身，下面的垫席已经被泪水浸湿了，

她的神情忧伤，不能饮食。请来医生为她诊治，医生诊过她的脉后，说："肠子已经断了！"因此便吐血，不几日就死了。家人和外人都怜惜她，没有不为她哀伤叹息的。

精神伤悯_{忧伤。悯dá，悲苦}，不能饮食。将以问医，医诊脉云："肠断矣！"因尔便吐血，数日而亡。中外_{家人和外人}怜之，莫不悲叹。

评析

《礼经》上记载了子女为纪念亡故双亲，珍藏他们的遗物，来留给子孙后代。子女看到父母的遗物就伤心断肠，悲痛致死，其至情至孝让人动容。然而，哀伤过度以致丧命也不免让人惋惜。"子欲养而亲不待"，与其在父母身后哀伤苦痛，不如在父母生前多尽孝心，"至于犬马，皆能有养，不敬，何以别乎？"除了为父母提供物资享受，还应敬重父母，使其精神得到满足，这才是真正的孝啊！

现在很多人都认为，只要我让父母吃得好、穿得好、住得好，这样就足够了，故而出现了很多空巢老人，他们享受着丰富的物质生活，但精神上是空虚的，甚至有些老人什么时候在屋里死去，子女都不知道，这难道也叫孝吗？关于"孝"的这个话题，我们现代人真的应该好好反省反省了！

《礼》《礼记·檀弓》云："忌日 旧指去世的日子 不乐。"正以感慕 感念仰慕 罔极 没有尽头。罔wǎng，无，恻怆无聊 无所依赖，故不接外宾，不理众务耳。必能悲惨自居，何限于深藏也？世人或端坐奥室 深隐之室，不妨言笑，盛营甘美，厚供斋食；迫有急卒 同"猝"，突然，密戚至交，尽无相见之理：盖不知礼意乎！

魏世王修 字叔治。三国北海郡营陵人 母以社日 祭祀社神之日。立春后第五戊日为春社，立秋后第五戊日为秋社 亡。来岁社日，修感念哀甚。邻里闻之，为之罢社。今二亲丧亡，偶值伏腊 伏日、腊日、分至 春分、秋分、夏至、冬至 之节，及月小晦后，忌之外，所经此日，犹应感慕，异于余辰，不预饮燕闻声乐及行游也。

《礼记》上说："忌日不宴饮作乐。"正是因为对亡故的父母有说不尽的感伤思慕，悲痛哀伤，所以不能接见客人，也不能处理各种事务。如果真正怀有悲伤凄恻之情，又何必一定要把自己关在密室里？世间有的人端坐在密室中，但照样谈笑风生，置办丰富的美食，对亡者也供奉丰厚的斋食，遇到紧迫之事，或亲友至交拜访，为守礼法也不出来相见：他们是不明白礼法的本质吧！

魏朝的时候，有一个人叫王修，他的母亲在社日那天去世了。第二年的社日，王修思念母亲，十分哀痛。邻里听说后，为他停止了社日活动。假如父母亲去世的日子，恰巧碰上伏日、腊日、秋分、春分、夏至、冬至这些节日，以及每月小晦后的那一天。这些日子虽然都在忌日之外，但遇上这些日子，仍然应该感怀思慕父母，这些日子与其他时日不同，不能饮宴、娱乐或者出去游玩。

评
析

在逝者的祭日及传统节日进行祭奠以表达对逝者的哀思与缅怀，是中华孝道的内涵与礼数，是代代相传的美德。"子食于有丧者之侧，未尝饱也。""子于是日哭，则不歌。""丧尽礼，祭尽诚。"都是表达对逝者的哀思和怀念。现在的清明节我们都要放假来祭祀祖先，这是一种传承，即孔子讲的"慎终追远"。只有这样，我们的这个民族才能传承下去，才能走得更远。

刘绍 tāo、缓、绥 suí，兄弟并为名器 指有才干声誉者的人，其父名昭，一生不为照字，惟依《尔雅》火旁作召耳。然凡文与正讳 指人的正名相犯，当自可避，其有同音异字，不可悉然。刘字之下，即有昭音 刘字繁体作劉，下从釗，釗、昭同音。吕尚之儿，如不为上，赵壹 字符叔。东汉辞赋家 之子，傥 tǎng。同"倘"，假如 不作一，便是 凡 下笔即妨，是书皆触也。

尝有甲设燕席 即宴席，请乙为宾。而旦于公庭 公署 见乙之子，问之曰："尊侯 对他人父亲的尊称。在此文中，"尊侯"被乙子理解为"恭敬等候" 早晚顾 光顾 宅？"乙子称其父已往。时以为笑。如此比例 类比，触类慎之，不可陷于轻脱 轻佻。

刘绍、刘缓、刘绥兄弟三人是名人，他们的父亲叫刘昭，他们兄弟三人一生不写"照"字，只是依据《尔雅》用"火"字旁加"召"来代替。然而，凡是文字与人的正名相同的，自然要加以避讳，如果是同音异字，就不该全部避讳了。"刘"字之下的"釗"就有"昭"的读音。吕尚的儿子如果不能写"上"字，赵壹的儿子如果不能写"一"字，那便会凡一下笔就有妨碍，一写字就犯忌讳了。

曾经某甲设宴请客，请某乙赴宴。早晨某甲在公署看见了某乙的儿子，就问他说："您父亲什么时候光临寒舍？"某乙的儿子说他的父亲已经去了。当时大家都把这件事当成笑话讲。类似的事情，碰上了就要谨慎应对，不可那样不稳重。

评析

有些时候，避讳是不可避免的，但也不要一味地避讳，要有意义才对，不然的话，那就是处处使自己为难。写文章时要对父母的名字有所避讳，但也不可处处避讳，如果对一些常用文字也加以避讳，写文章时就会有妨碍。另外，为人处世也不可轻佻，否则会闹笑话，无论家长还是孩子都应引以为戒。我们现在都喜欢搞笑，这对养成孩子正确的价值判断是有很大影响的。以前舞台上只要是小丑出来，所有的孩子都知道那是小丑，不应该去学。但是现在不同了，搞笑使得孩子真假难辨，如果学到了不好的东西，那不是太危险了吗？我们一定要谨慎啊！

　　江南风俗，儿生一期_{一周年。期亦}，为制新衣，盥浴装饰。男则用弓矢纸笔，女则刀_{剪刀}尺针缕，并加饮食之物，及珍宝服玩，置之儿前，观其发意所取，以验贪廉愚智，名之为试儿。亲表_{亲属中表。中表，姑母的子女叫外表，舅父姨母的子女叫内表，互称中表}聚集，致燕享_{宴食}焉。自兹已后，二亲若在，每至此日，尝有酒食之事耳。无教之徒，虽已孤露_{孤单无所荫庇。魏晋时，人以父亡为孤露}，其日皆为供顿_{设宴待客}，酣畅声乐，不知有所感伤。梁孝元年少之时，每八月六日载诞之辰_{指生日}，常设斋讲_{斋素讲经}。自阮修容_{阮令嬴。梁孝元帝萧绎生母。修容，后宫官名}薨之后，此事亦绝。

　　人有忧疾，则呼天地父

　　江南地区的风俗，小孩出生一周年时，要给他们缝制新衣服，梳洗打扮。如果是男孩就用弓、箭、纸、笔，如果是女孩就用剪刀、尺子、针、线，另外再加上一些食物，以及珍玩宝物，放置在他的面前，看孩子随意抓取，以此来验证孩子今后是贪婪还是廉洁，是愚笨还是聪明，称为"试儿"。这一天，亲戚朋友都会来，并且还要举办宴会。从这天以后，只要他的父母还在世，每到这一天，都会举行宴会。没有教养的人，虽然父亲已经去世，每到这天仍然设宴待客，肆意享乐，不知道还应该因怀念父亲而感伤。梁朝孝元帝年少的时候，每到八月六日生日这天，经常斋素讲经。自他母亲阮修容去世后，就不再做这件事了。

　　人碰到忧愁疾病，就呼叫

天地父母，自古以来就是这样。现在的人避讳，处处都比古人更讲究。江东的士大夫和老百姓，病痛时都呼喊"祢"。祢是指父亲的庙号。父亲在世时不允许称呼庙号，父亲去世后又怎么能随便称呼呢？《苍颉篇》有"侑"字，《训诂》说："这是痛苦时发出的声音，读作羽罪反。"而今北方人痛苦时就这样叫。《声类》中说这个字读于耒反，现在南方地区的人痛苦时也这样喊。"侑"字的这两种读音随乡俗的不同而不同，但都可以运用。

母，自古而然。今世讳避，触途 _{亦作"触涂"。} 急切。而江东士庶，痛 _{处处，各处} 则称祢 _{nǐ。古代对已在宗庙中立牌位的亡父的称谓} 。祢是父之庙号。父在无容 _{不允许，不让} 称庙，父殁何容辄呼？《苍颉篇》 _{秦统一后介绍}

小篆楷范的字书。包括李斯的《苍颉》、赵高的《爱历》、胡毋敬的《博学》。汉代合此三书为一，称《三苍》，也统称《苍颉篇》 有侑 _{yáo} 字，《训诂》 _{解释《苍颉篇》的书。汉}

代扬雄的《苍颉训纂》、杜林的《苍颉训纂》《苍颉故》，皆是《苍颉篇》之《训诂》 云："痛而謼 _{hū。同"呼"，大声呼喊} 也，音羽罪反 _{此为反切注音法。} _{如，"甲乙反"即甲声母加乙韵母和声调。} "今北人痛则呼之。《声类》 _{我国最早的韵书。三国时魏人李登撰} 音于耒 _{lěi} 反，今南人痛或呼之。此二音随其乡俗，并可行也。

"周岁试儿"是我国最早对婴儿的发展方向进行测验的一种方法，至今，江南一带还存有父母在孩子一周岁时进行试儿的风俗。社会上还流传着这样一句话："三岁看大，六岁看老。"说的也是这个事情。小时候是一个孩子品德养成的关键期，父母一定要给予孩子正确的引导，三岁和六岁并不是看孩子的学识，而是看孩子的品德。

得意不
宜再往

得意不
宜再往

梁世[梁世祖孝元帝萧绎]被系[拘囚]劾[hé。定罪，判决]者，子孙弟侄，皆诣[yì。到，往]阙[què。帝王所居之处，朝廷]三日，露跣[披发赤脚。跣xiǎn，光着脚]陈谢[表示谢罪]。子孙有官，自陈解职。子则草屩[草鞋。屩juē]麤衣[即粗布衣。麤cū，同"粗"]，蓬头垢面，周章[惊惧的样子]道路，要候[中途等候，迎候。要yāo，半路拦截]执事，叩头流血，申诉冤枉。若配徒隶[服劳役的犯人]，诸子并立草庵于所署门，不敢宁宅[安住]，动经旬日，官司驱遣，然后始退。江南诸宪司[御史的别称]弹人事，事虽不重，而以教义见辱者，或被轻[轻率]系而身死狱户[监狱]者，皆为怨雠[仇敌]，子孙三世不交通[往来结交]矣。到洽[字茂㳠。南朝梁代大臣]为御史中丞，初欲弹刘孝绰[本名冉，字孝绰。南朝时期文学家]，其兄

在梁世祖孝元帝时，官员如果因犯法被拘禁，他们的子孙弟侄们都要连续三天赶赴朝廷，免冠赤脚，陈述请罪。子孙中有做官的，也要主动要求解除官职。他的儿子则要穿上草鞋布衣，蓬头垢面，诚惶诚恐地守候在道路上，迎候执事官员，叩头流血，为父亲申诉冤屈。如果犯人被发配去服役，他的儿子们要在公署门前搭建草棚栖身，不敢在家中安住，住上十来天，直到被官府驱赶才离开。江南地区诸位御史有弹劾纠察官吏的权力，有时案情虽不严重，如果那人因为教义而受弹劾之辱，或者被轻率拘囚而死于狱中，这些人家和御史就会结为仇敌，子孙三世不相往来。到洽为御史中丞的时候，一开始想要弹劾刘孝绰，他的兄弟到溉和刘孝绰交情

甚好，苦苦劝谏到洽不要弹劾刘孝绰，但是未能遂愿，于是往刘孝绰处，流着泪与他告别。

溉 到溉。字茂灌。南朝梁代官员、学者、文学家先与刘善友好，苦谏不得，乃诣刘涕泣告别而去。

评析

《孟子》一书中讲了这样一个故事：有人问孟子，如果舜的父亲瞽叟犯罪了，舜该怎么办？孟子说，舜一方面会让人去捉拿自己的父亲，另一方面舜会舍弃天子之位，带着父亲逃到一个无人知晓的地方生活，每天侍奉父亲而没有什么忧愁，这就是舜在父母获罪时给我们提供的一种方法。现在的人却大不同了，父母有些过错，生怕牵连到自己而有所谓的大义灭亲。孔子最反对这样的做法，孔子说："吾党有直躬者，父为子隐，子为父隐，直在其中矣。""隐"就是沉默的意思。

兵凶战危，非安全之道。古者，天子丧服以临师，将军凿凶门向北的门。将军出征时，凿一扇向北的门，由此出发，以示必死之决心 而出。父祖伯叔，若在军阵，贬损抑制，压低自居，不宜奏乐燕会及婚冠婚礼、冠礼。冠guàn，古代男子二十岁举行冠礼，表示已成人 吉庆事也。若居围城之中，憔悴容色，除去饰玩，常为临深履薄语出《诗经·小雅·小旻》："如临深渊，如履薄冰。"喻谨慎戒惧 之状焉。父母疾笃，医虽贱虽少，则涕泣而拜之，以求哀也。梁孝元在江州，尝有不豫帝王有病称为不豫。意即不能再处理政务，世子方太子萧方等 亲拜中兵参军李猷焉。

兵器是凶器，战争是危险的事，都不是安全之道。古时候打仗前，天子视察军队都要穿着丧服，将军要凿开凶门率军出发。如果自己的父亲、祖父、伯伯、叔叔都在军队中，在家就要自我约束，不奏乐不参加宴会以及婚礼冠礼等喜庆之事。如果他们被围困在城中，自己就要面色憔悴，摘去饰品玩物，时时显出如临深渊、如履薄冰的样子。父母病重，医生即使位卑年少，也要哭泣跪拜，以此求得他的怜悯。梁朝孝元帝在江州时，曾经身体不适，太子萧方等就亲自拜求过下属中兵参军李猷。

评析

　　"子之所慎，斋、战、疾"，对待战争，圣人也认为要严肃、庄重、谨慎，因为战争无论胜负都要死人，故而不可轻视。父母病重时，应常常在身边伺候，要请医术高明的医生为父母治病，对待医生也应竭尽诚意，使其能更好地为父母诊治。"久病床前无孝子"，这是一句流传很久的话。现在有很多家庭儿女一大堆，但是却无一人赡养父母，把父母像皮球一样踢来踢去，有些时候，兄弟姐妹竟为了谁来赡养父母而对簿公堂，这真是人间的悲剧啊！特别是我们的父母，一定要以身作则来教育自己的子女，因为我们也有老的那一天，你都不赡养老人，怎么能要求你的孩子来赡养你呢？

四海之人，结为兄弟，亦何容易轻易，轻率。必有志均义敌匹配，令终如始善始善终，始终如一者，方可议之。一尔一旦如此之后，命子拜伏，呼为丈人古时对长辈的称呼，申申明，表述父友之敬。身事彼亲，亦宜加礼。比近日，近来见北人，甚轻此节，行路相逢，便定昆季兄弟。长为昆，幼为季，望年观貌，不择是非，至有结父为兄，托子为弟者。

来自四海的人，大家结为兄弟，也不能随便。必须是志同道合，对朋友始终如一的人，才可能谈及此事。一旦结为兄弟，就要让自己的孩子向他跪拜，称他为"丈人"，以示对父亲朋友的敬重。自己对对方的双亲也应以礼相待。近来见到一些北方人，很轻率地对待此事，在路上遇见，就结拜为兄弟，只问问年龄看看相貌，不斟酌一下是否妥当，甚至有结父辈为兄，结子辈为弟的。

评析

　　提到结拜，我们很自然地就会想到《三国演义》中刘备、关羽、张飞的桃园三结义。这是义之所在，是为了一个共同的目标来结拜的，故而能流芳百世。与人结拜一定要以礼相待，是不可随意的。现在有些人却不重视这些，和不同辈分的人随意结交，结果闹出了很多的笑话。家长在教导子女结交朋友时，应以共同进步、提高修养为宗旨；交友应交志同道合者，而非名大财多者。朋友之间应该相互督促，互帮互助，这样才能在前进的路上走得更远。

昔者，周公一沐三握发，一饭三吐餐，以接白屋[用茅草盖的屋子。旧时也指没有做官的读书人住的屋子]之士，一日所见者七十余人。晋文公[名重耳。春秋时晋国国君]以沐辞竖头须[宫中一个名叫头须的守藏小吏。竖，旧时称未成年的童仆、小臣]，致有图反之诮[据《左传》僖公二十四年，晋文公的童仆头须在文公出逃国外后，将库中财物偷了逃走，但他把这些财物都用在争取文公回国的活动上。文公回国后，头须求见，文公以正在洗头为由拒绝。头须说："沐则心覆，心覆则图反，宜吾不得见也。"大意是：洗头的时候头低着，心的位置就倒过来了，心倒过来，想法自然也反常，难怪我不被接见。诮qiào，讥讽，责备]。门不停宾，古所贵也。失教之家，阍寺[守门人。阍hūn]无礼，或以主君寝食嗔怒，拒客未通[不予通报]，江南深以为耻。黄门侍郎裴之礼，号善为士大夫，有如此辈，对宾杖之。其门生[此指门仆役]僮仆，接于他人，折旋[曲行。古代行礼时的动作]俯仰，辞色应对，莫不肃敬，与主无别也。

从前，周公洗头时多次挽发停下来，吃饭时多次吐出还在咀嚼的食物，以接待来访的贫寒的士人，曾经一天接见七十多人。晋文公以洗头为借口不接见下人头须，最终招致他的嘲笑。不让宾客在门前等待，这是古人所看重的。没有教养的家庭，守门人也很无礼，有的以主人正在睡觉、吃饭、发脾气为由，将客人拒之门外不予通报，江南地区的人深以此事为羞。黄门侍郎裴之礼，被称为士大夫的典范，如果有这样的看门人，他就会当着宾客的面用棍子抽打。他家的仆人在接待来客时，进退礼仪，言语表情，应酬答对，无不严肃恭敬，和主人没有什么不同。

评析

曹操说："周公吐哺，天下归心。"周公和晋文公对来访人士的态度不同，结果也不相同。上行下效，言传身教。家长教育孩子，首先要教育好自己，家长的言谈举止，一举一动都是孩子学习效仿的对象。作为孩子的第一个启蒙老师，家长一定要认清自己身上的责任，努力完善自己，好好教育子女。

慕贤第七

本篇简介

　　《慕贤》篇，即阐述作者仰慕贤才的篇章。文章论述了怎样去接触有德的君子，怎样陶冶自己的性情，怎样提高自己的德行。对那些有德有才的人，我们应该怎样尊敬他们，怎样向他们学习。

古人云："千载一圣，犹旦暮也；五百年一贤，犹比^{靠近}髆^{bó。肩膀}肩^{肩膀}也。"言圣贤之难得，疏阔^{久隔}如此。傥遭不世^{一世所无。意为极不平凡，非常了不起}明达君子，安可不攀附景仰之乎？吾生于乱世，长于戎马，流离播越^{离散，流亡}，闻见已多；所值名贤，未尝不心醉魂迷向慕之也。人在年少，神情未定，所与款狎^{亲昵}，熏渍陶染^{熏炙、渐渍、陶冶、濡染}，言笑举动，无心于学，潜移暗化，自然似之。何况操履^{操守德行}艺能^{技能}，较^{通"皎"，明显}明易习者也？是以与善人居，如入芝兰^{芝兰。芷和兰都是香草名。古时比喻君子德操之美或友情、环境的美好。芝，通"芷"}之室，久而自芳也；与恶人居，如入鲍鱼^{用盐腌制的鱼}之肆，久而自臭

古人说："一千年出一位圣人，已近得像从早到晚那么快了；五百年出一位贤人，已密得像肩碰肩一样了。"这是说圣贤难得，那么长时间才出现一位。如果能遇上世上少有的贤明君子，怎能不亲近仰慕他们呢？我生逢乱世，成长于兵荒马乱之间，流离失所，听过和见过的事情很多。每当遇到名人、贤士，未尝不心醉神迷、向往倾慕。人在年轻时，思想性情还未定型，与人密切交往，就会受到熏染，其一言一笑一举一动，即使无心效仿，但潜移默化之中就很相似了。何况操守和德行，是更为明显易于学习的呢？所以与德行好的人相处，就像走进了满是芝兰的屋子，时间久了自己也变得芬芳；与德行差的人相处，就像进了卖鲍鱼的店铺，时间久了自己也会变得腥臭。墨

子看到染丝的情况大为悲叹，也是这个道理。因此，君子与人结交一定要慎之又慎，孔子说："不要和不如自己的人做朋友。"像颜回、闵子骞这类贤人，一辈子也难得遇上一位！只要有比我强的，就值得敬重他。

也。墨子_{名翟。春秋战国时期思想家、政治家。墨家创始人。翟dí}悲于染丝_{见《墨子·所染》："墨子见染丝者而叹曰：'染于苍（深蓝色）则苍，染于黄则黄，所入者变，其色亦变，五入必，而已则为五色矣。故染不可不慎也！'"}，是之谓矣。君子必慎交游焉，孔子曰："无友不如己者。"颜_{颜回。字子渊。孔子弟子}、闵_{闵子。名闵损，字子骞。孔子弟子}之徒，何可世得_{常有，常得}！但优于我，便足贵之。

评析

"近朱者赤，近墨者黑。""性相近，习相远。"环境的影响和作用，对于一般人而言是非常重要的。所以孔子说"无友不如己者"，就怕交友不慎被带入误区，甚至进入歧途。交往贤能之人，你就会在潜移默化中受其熏陶，使自己的修养和德行得到提高；交往不如自己的人，结果则相反。所以荀子说："蓬生麻中不扶而直，白沙在涅与之俱黑。"家长虽不能干涉孩子的交友自由，但应注意观察孩子的交友倾向，引导他们和品行好的孩子交友，只有这样，孩子才能有进步。

世人多蔽{蒙蔽。引申为壅蔽不能通晓明达}，贵耳贱目，重遥轻近。少长{从小长到大}周旋{此指交往}，如有贤哲，每相狎侮{轻慢}，不加礼敬；他乡异县，微藉{略借}风声{名声}，延颈{伸长脖子}企踵{踮起脚跟。踵zhǒng}，甚于饥渴。校其长短，核其精麤，或彼不能如此矣，所以鲁人谓孔子为东家丘{孔子名丘，是鲁国人，又住在东边，故当地人就随便称他为"东家丘"，说明孔子的乡人们并不尊重他}。昔虞国宫之奇{春秋时虞国大夫}，少长于君，君狎之，不纳其谏，以至亡国，不可不留心也。

用其言，弃其身，古人所耻。凡有一言一行，取于人者，皆显称之，不可窃人之美，以为己

世人大多有所壅蔽不能通明，重视传闻却轻视自己亲眼所见，重视远方的人而鄙薄身边的人。从小一起长大往来的人，如果当中有贤能之士，也往往被揶揄怠慢，缺少礼数和敬重；他乡异县之人，略微有点名声，大家就对其翘首以待，如饥似渴地想见一见。比较二者的长短，审察二者的优劣，或许远处那位贤士还不如自己身边的这位呢，所以鲁人会把孔子称为"东家丘"。从前，虞国的宫之奇比国君略年长一点，国君对他很随便，因而听不进他的谏言，最终导致亡国。这个教训我们不可不多加注意啊。

采用了别人的言论，又不厚待这人，古人认为这种行为是可耻的。凡是一言一行，有借鉴别人的，都应公开弘扬，不可掠人

之美，当作自己的功劳。即便是地位低下者，也要把功劳归还给他。偷盗别人的钱财，就要受到刑律的处罚；偷取别人的功绩，就会遭到鬼神的谴责。

梁朝孝元帝在荆州时，有一个叫丁觇的洪亭人，很擅长写文章，尤其擅长草书和隶书。孝元帝的所有文书抄写，全都由他负责。军府里的人认为他地位低下，大都看不起他，耻于让自己的子弟去临习他的书法，当时流行的说法："丁觇写十张纸，也比不上王褒的几个字。"我非常喜欢他的书法作品，经常把它们珍藏起来。孝元帝曾经让典签惠编送文章给萧祭酒子云看，萧子云问："君王近来赐给我的书信，还有诗歌文章，真出于好手，此人姓什么叫什么？怎么会没有名声

力。虽轻虽贱者，必归功焉。窃人之财，刑辟_{刑罚}之所处；窃人之美，鬼神之所责。

梁孝元前在荆州，有丁觇_{南朝梁洪亭人。善著文，工草隶，与智永齐名，世称丁真永草。官至尚书曹郎。觇chān}者，洪亭民耳，颇善属文_{写文章。属zhǔ}，殊工_{特别擅长}草隶。孝元书记_{文书抄写}，一皆使之。军府_{将帅的府署}轻贱，多未之重，耻令子弟以为楷法_{效法}，时云："丁君十纸，不敌王褒_{南朝时文学家}数字。"吾雅爱其手迹，常所宝持。孝元尝遣典签_{官名。南朝地方长官身边掌管文书的小吏}惠编_{人名}，送文章示萧祭酒_{萧子云。字景齐。官至侍中、国子祭酒。南朝史学家、文学家、书法家}，祭酒问云："君王比_{近来}赐书翰_{书信}及写诗笔_{诗文。六朝人以诗笔对言，笔指无韵之文，}，殊为佳手，姓名为谁？那得都无

声问_{声誉}？"编_{即惠编}以实答。子云叹曰："此人后生无比，遂不为世所称，亦是奇事。"于是，闻者稍复刮目_{刮目相看。改变以前的看法}。稍_{渐渐}仕至尚书仪曹郎_{官名}，末为晋安王_{梁朝简文帝萧纲}侍读，随王东下。及西台陷殁_{指江陵沦陷}，简牍湮散_{湮没散佚。湮yān，埋没}，丁亦寻_{不久}卒于扬州。前所轻者，后思一纸，不可得矣。

呢？"惠编如实相答。子云感叹道："此人在后生中没有谁能够比得上，却不被世人称道，真是奇怪。"于是，听到这话的人才稍稍对丁觇刮目相看。丁觇逐步官至尚书仪曹郎，最后又做了晋安王侍读，跟随晋安王东下。到江陵沦陷时，写的那些文书信札都散失埋没，不久丁觇也在扬州去世。以前看不起他的人，想再得到他的一张手迹，也是得不到了。

评析

"外来的和尚好念经"，世人总对远方陌生的贤士充满好奇，而对身边的俊才视而不见、听而不闻。殊不知，远方的、不常见的所谓大名人或许并没有理想中的优秀，且不易结交，而近在咫尺的贤人却能上知天文、下知地理，并且还能方便随时请教，实应是"身边的和尚会念经"。借用他人的劳动成果应明确示之，不可抄袭窃取，更不能否定他人的功绩。这一点在现代的教育中应该尤为注意，家长一定要注意孩子这方面品质的培养，学会欣赏自己身边的美，避免成为有眼无珠之人。

　　侯景刚到南京时，城门虽然已经关闭，但官员和百姓一片混乱，人人不能自保。太子左卫率羊侃坐镇东掖门，指挥部署防御，一个晚上就办好了，因能有一百多天的时间来抵抗叛逆之敌。当时，城里面有四万多人，王公大臣不下一百多人，但就是依赖羊侃一个人安定局面，他们之间的差距竟到了这种地步。古人说："巢父、许由，把天下让给别人；市井小人，为了一分钱拼死争夺。"这两者的差距就更悬殊了。

　　齐文宣帝在位几年后，便纵情声色，放纵恣睢朝纲大乱。但他还能任命杨遵彦为尚书令处理政事，才使内外安宁，朝野平静，

　　侯景〔字万景。北魏人〕初入建业〔即建邺。今南京〕，台门〔禁城之门〕虽闭，公私〔政府官员和平民百姓〕草扰〔仓促纷扰〕，各不自全。太子左卫率〔官名。梁朝有太子左右卫率，为太子手下武官〕羊侃坐东掖门，部分〔部署安排〕经略〔策划处理〕，一宿皆办，遂得百余日抗拒凶逆。于时，城内四万许人，王公朝士，不下一百，便是恃〔shì。依赖〕侃一人安之，其相去如此。古人云："巢父〔传说中的高士。因筑巢而居，称巢父。尧以天下让之，不受，隐居聊城〕、许由〔传说中的贤人。尧在位时，知道许由贤德，想传位于他，许由坚辞不就，隐居山林〕，让于天下；市道〔市井小人，争一钱之利。"亦已悬〔悬殊〕矣。

　　齐文宣帝〔北齐的建立者高洋〕即位数年，便沉湎纵恣〔放纵〕，略无纲纪〔纲常纪律。此指法纪〕。尚能委政尚书令〔官名。对君主负责，总揽一切政令的首脑〕杨遵彦〔杨愔。字遵彦〕，内外清谧，朝野

晏如（安然平静），各得其所，物无异议，终天保（北齐文宣帝年号）之朝。遵彦后为孝昭（北齐孝昭帝高演）所戮，刑政（刑律政令）于是衰矣。斛律明月（斛律光，字明月。北齐名将。斛hú），齐朝折冲（使敌人的战车回撤。指克敌制胜。冲，古代战车的一种）之臣，无罪被诛，将士解体（肢体解散。比喻人心离散），周人始有吞齐之志，关中至今誉之。此人用兵，岂止万夫之望（众望所归）而已也！国之存亡，系其生死。

张延隽之为晋州行台（官署名）左丞（官名），匡（帮助）维（维护）主将，镇抚（安抚）疆埸（国界、边界。埸yì，边界）储积器用，爱活黎民，隐若敌国（威重如可敌一国。隐，威重的样子）矣。群小（奸佞小人们）不得行志，同力迁（贬谪、调离）之。既代之后，公私扰乱，周师一举，此镇先平。齐亡之迹，启于是矣。

大小政务处理妥当，大家都没什么意见，使天保之朝得以维持到结束。后来，杨遵彦被孝昭帝所杀，国家的刑律政令随即废弛。斛律明月，是齐朝安邦克敌的重臣，无罪被杀，军队将士人心离散，所以北周才有了吞并齐国的野心，关中地区的人民到现在还称颂他。这个人用兵，岂止众望所归啊！他的生死维系到国家的存亡。

张延隽任晋州行台左丞，辅佐主将镇守安抚边疆，储备物资器械，爱护救助百姓，使晋州稳固威重可与一国相匹敌。那些奸佞小人，不能按照自己的意志行事，就联合起来排挤他。张延隽被取代后，晋州上下一片混乱，周朝的军队一来，晋州就先被攻下。齐朝灭亡的历程，就是从这里开始的。

评
析

　　《大学》中说："小人之
使为国家，灾害并至。"居高位
的人的贤与不肖，直接关系到国
家的命运与安危，历史上这种教
训实在是太多了。一旦小人占据
高位，他们为了自己的利益就会
无所不用其极，最终会导致国家
的衰败。"举直错诸枉，能使枉
者直"，如果任人唯贤而非唯亲，
能够任用正直有才能的人，就能
使一方大治，人民安定；如果有
才能的人不能被任用，而是奸佞
小人当道，那就会国将不国，离
灭亡也就不远了。

勉学第八

《勉学》篇在全书中非常重要，有极为丰富的内容。本篇中，颜之推语重心长地讲述了"人生在世，会当有业"的道理，并对孩子进行了谆谆教诲：工、农、士、商、兵各行都是学问，任何一个方面都不可轻视。行业不分贵贱，任何技艺学好了都可以安身立命，否则就可能家败人亡。作者还提出了具体的学习方法和一些为人处世的观念。

自古明王圣帝，犹须勤学，况凡庶乎！此事遍于经史，吾亦不能郑重{指频繁}，聊举近世切要，以启寤{wù。通"悟"}汝耳。士大夫子弟，数岁已上，莫不被{接受}教。多者或至《礼》{《礼记》}、《传》{《春秋三传》：《左传》《公羊传》《谷梁传》}，少者不失《诗》{《诗经》}、《论》{《论语》。春秋时期孔子的言论汇编。集中体现了孔子的政治主张、伦理思想、道德观念和教育原则。由孔子弟子及其再传弟子编撰。儒家经典著作}。及至冠婚，体性稍定，因此天机，倍须训诱。有志尚{志向}者，遂能磨砺，以就素业{士族所从事的儒业}。无履立{犹操守}者，自兹堕慢{怠堕散漫。堕，通"惰"，散漫}，便为凡人。人生在世，会{应}当有业：农民则计量耕稼，商贾{商人的统称。贾gǔ}则讨论货贿{财帛。金玉曰货，布帛曰贿}，工巧{能工巧匠}则致精器用，伎艺{技艺}

自古以来的圣明君主，还必须勤奋学习，更何况平常人呢！这些事遍见于经籍史书，这里我就不再多说了，姑且举几个近代重要的事情来启发引导你们。士大夫的孩子，几岁以后没有不接受教育的。学得多的话，能学完《礼记》和《春秋三传》，学得少的也能学完《诗经》和《论语》。等到他们成年结婚，身体性情渐渐稳定，趁着这个良机，一定要对他们加倍训导。有志向的人，就能经受磨炼，成就士族的事业；而那些没有操守的人，从此懒散懈怠，变为平庸的人。人活在世上，应当有一项职业：是农民就要计划耕种田地，是商人就要讨论买卖贸易，是工匠就要精心制作器具，是艺人就要去深入钻研技艺，是武夫就要熟悉骑马射箭，是读书人就要讲谈讨论经书。我看到有很多士大夫耻于从事农商，又缺乏工匠、艺人的本事，射箭都不能射穿铠甲上的叶片，写字就只能写出自己的姓名，饱食终日，迷迷糊糊，无所事事，以此消磨时光，以此终老一生。有些人凭借祖上的功德，得到了一官半职，便欣然自足，完全忘记了学习的事。碰上有凶吉大事，商讨得失，就哑口无言，茫然无知，如同堕入云雾中一般；在各种公私宴饮聚会上，别人谈古论今、赋诗明志，他却默然低头，只能伸伸懒腰，打个哈欠。有学识的旁观者，恨不能代他钻到地下去。何必吝惜几年苦学，而要忍受这一生的羞辱呢！

则沉思法术，武夫则惯习弓马^{指骑射}，文士则讲议经书。多见士大夫耻涉农商，差务工伎，射则不能穿札^{指铠甲上的金属叶片}，笔则才记姓名，饱食醉酒，忽忽^{迷糊，恍惚}无事，以此销日，以此终年。或因家世余绪^{本指蚕茧抽丝后留下的残丝。此指家世余荫}，得一阶^{官阶}半级^{品级，等第}，便自为足，全忘修学。及有吉凶大事，议论得失，蒙然^{蒙昧无知}张口，如坐云雾；公私宴集，谈古赋诗，塞默^{沉默}低头，欠伸^{打呵欠伸懒腰}而已。有识旁观，代其入地。何惜数年勤学，长受一生愧辱哉！

学习是一个人一生的事业，立身以立学为先。自古以来圣明君主尚需勤奋学习，平民百姓就更应加倍努力学习。"学，然后知不足。"孩子从小就应接受良好的教育，性情未稳之时更易训导，若听之任之、待积恶成习再想改正往往需要付出更大的代价，结果还可能令人不满意。人生在世，应当有业。无论从事何业，都应努力进取，切不可得过且过，当一天和尚撞一天钟。更不能凭借祖上功德，自我满足，不思进取。现在有很多的啃老族、富二代，甚至星二代都应警醒，自己好才是真的好，靠人、靠天、靠祖上，不算好汉。

梁朝全盛的时候，贵族子弟大都不学无术，以至于当时流传一则谚语："上车不摔跤，可做著作郎；能问身体好，可当秘书郎。"他们没有一个不用香料熏衣服、把脸刮得干干净净，涂脂抹粉，驾乘长檐车，穿高齿木屐，坐带有方格图案的垫子，倚着用五彩丝线制成的靠枕，身边摆满了珍玩，进进出出淡定自若，看上去好似神仙。等到明经答问求取功名的时候，就雇人顶替自己去应试，在三公九卿的宴会上让别人替自己作诗。在当时，这些人也被认为是豪爽之士。等到动乱之后，改朝换代。考核选举，

梁朝全盛之时，贵游〔无官职的王公贵族〕子弟，多无学术，至于谚云："上车不落则著作〔著作郎。掌管国史的官员〕，体中何如则秘书〔秘书郎。掌管国家图书典籍的官员〕。"无不熏衣剃面，傅粉施朱，驾长檐车〔一种车幔覆盖整个车身的车子。檐yán〕，跟高齿屐〔jī。鞋〕，坐棋子方褥〔rù。垫子〕，凭〔靠着〕斑丝隐囊〔供人倚靠的软囊。类似今靠枕〕，列器玩于左右，从容出入，望若神仙。明经〔六朝以明经取士〕求第〔科第〕，则顾〔通"雇"〕人答策〔对策。指应试〕；三九〔即三公九卿。三公，辅助君王掌握军政大权的最高官员。历朝名称不一，东汉以太尉、司徒、司空为三公；九卿，政府的九个高级官职。北齐以太常、光禄勋、卫尉、太仆、大理、大鸿胪、宗正、大司农、太府为九卿。泛指达官显贵〕公燕〔通"宴"〕，则假手赋诗。当尔之时，亦快士〔豪爽之士〕也。及离乱之后，朝市〔指朝廷〕迁革〔变革，改变〕。铨衡〔考核，选拔。铨quán，衡量轻重〕选举，非复曩〔nǎng〕。

过去者之亲；当路秉权掌权。秉bǐng，执掌，不见昔时之党。求诸身而无所得，施之世而无所用。被pī。穿，披褐hè。粗布短袄而丧珠，失皮而露质本质。质。兀wù。茫然若枯木，泊bó。止息若穷流。鹿独颠沛流离的样子戎马之间，转死沟壑之际。当尔之时，诚驽材劣材也。有学艺者，触地而安。自荒乱已来，诸见俘虏，虽百世小人平民百姓，知读《论语》《孝经》者，尚为人师。虽千载冠冕古代朝廷命士以上，皆有冠冕。后以冠冕借指官位。冕miǎn，礼帽，不晓书记指书牍、奏记之事者，莫不耕田养马。以此观之，安可不自勉耶？若能常保通"饱"，饱读数百卷书，千载终不为小人也。

不再任人唯亲；朝中当权者，不再是过去的同党。这时候，这些贵族子弟靠自己又一无所长，想对社会发挥作用又无本事。他们身穿粗布衣服，失去了珠宝，华丽的外表被揭去，露出了真面目。茫然无知如枯木一般，有气无力像要干涸的流水。在兵荒马乱中流离失所，抛尸于荒沟野壑。这种时候，这些贵族子弟就是真正的蠢材了！那些有一技之长的人，走到哪都能安身。自离乱以来，我见过很多的俘虏，有些人虽然世代都是平民百姓，但他们熟读《论语》《孝经》，还可以做别人的老师。而有些人虽然世代富贵，但不懂得书写记录，没有不沦落为农夫马夫的。由此看来，怎么能不勉励自己好好学习呢？如果能常常熟读几百卷书，永远也不会沦为低贱的人。

俗话说："家有千金，不如一技在身。""身有一技之长，不愁隔宿之粮。"有技能、专长，就有服务他人之中谋食、谋生之可能，"身怀绝技"者更是如此。平日里不学无术，贪图享乐而无任何真才实学，一旦社会动乱，改朝换代，往日的风光不再，而又无一技之长，实在难以在世上立足，最终导致流离失所、抛尸荒野；那些有些技艺的人，虽是平民也能凭借自己那些技艺在社会上安身。孔子曰："吾少也贱，故能多鄙事。"因此，家长一方面要教育孩子勤奋学习，努力提升自己，另一方面还要培养孩子的生存技能，为能在未来社会上更好地立足打下基础。

夫明六经_{儒家典籍《诗经》《尚书》《礼记》《周易》《乐经》《春秋》的合称}之指_{通"旨"}，涉百家之书，纵不能增益德行、敦厉_{即敦励。劝勉}风俗，犹为一艺得以自资_{自给，自谋生计}。父兄不可常依，乡国_{家乡}不可常保，一旦流离，无人庇荫_{bì yìn。庇护}，当自求诸身耳。谚曰："积财千万，不如薄伎_{jì。通"技"，技艺，才能}在身。"伎之易习而可贵_{尊重，崇尚}者，无过读书也。世人不问愚智，皆欲识人之多，见事之广，而不肯读书，是犹求饱而懒营馔_{馔zhuàn。置办膳食}，欲暖而惰裁衣也。夫读书之人，自羲_{伏羲。古代传说中的部落酋长。相传他始画八卦，教民捕鱼畜牧}、农_{神农。传说中的古帝王名，又称炎帝、神农氏。相传他始教民用耒、耜以兴农业，尝百草为医药以治疾病}已来，宇宙之下，凡识几人，凡见几事，生民_{一般人}之成败

精通六经的要旨，涉猎百家的著述，即使不能增广个人的道德操行、劝勉世风习俗，还可以当作一门技艺养活自己。父兄不可能长期依赖，家乡不可能永久平安，一旦流离失所，没有人庇护帮助你，那就只能依靠自己。有一则谚语说："积财千万，不如薄伎在身。"技艺中最容易学而又值得崇尚的，莫过于读书了。世上的人不管聪明还是愚笨，都希望能够认识的人多，见识的事广，但不愿意去读书，就好像想吃饱而又懒得做饭，想穿暖而又懒得做衣服一样。那些读书的人，自伏羲、神农以来，在这世界上，认识多少人，见过多少事，人们

的成败好恶，本来就不用说了，就是天地万物的道理、鬼神的事也瞒不过他们。

好恶，固不足论，天地所不能藏，鬼神所不能隐也。

评析

读书即便不能提高德行、改变风俗，也可以当作一门技艺自给自足。"积财千万，不如薄伎在身"，当父兄不在、家乡不安，最好的依靠只有自己，唯有读书易习而可贵。很多人都知道读书的好处，但却不能够认真读书。千里之行始于足下，九层之台起于累土，只有日复一日读书积累，才能够见多识广、博古通今。言传不如身教，家长在督促孩子读书学习的同时，不妨自己先拿起书本，认真研读，孩子自然也会跟着学习，慢慢地就会爱上读书。一日可以不食，但一日不可无书。

有客难nàn。诘问主人曰："吾见强弩nǔ。用机械发射箭的弓长戟jǐ。古代兵器。是矛和戈的合体，兼备直刺、旁击、横钩的作用，诛罪安民，以取公侯者有矣；文阐释义礼仪习吏、匡时富国，以取卿相者有矣。学备古今，才兼文武，身无禄位，妻子饥寒者，不可胜数，安足值得，配贵学乎？"主人对曰："夫命之穷达困顿与显达，犹金玉木石也。修学习，研习以学艺，犹磨莹磨治光亮雕刻也。金玉之磨莹，自美其矿未经冶炼的金矿璞pú。未经雕琢的玉石，木石之段块，自丑其雕刻，安可言木石之雕刻，乃胜金玉之矿璞哉？不得以有学之贫贱，比于无学之富贵也。且负甲盔甲为兵，咋zé。啃咬笔

有客人诘问我说："我看到过手持强弩长戟，诛杀罪人，安抚百姓，以此获得公侯爵位的人是有的；阐释礼仪，研习吏道，纠正时弊，使国家富强，以此获得卿相职位的人是有的。而学问贯通古今，才能文武兼备，却没有俸禄官爵，妻子儿女饥寒交迫的人，却数也数不清，哪里值得对学习那么重视呢？"我回答说："一个人命运是困顿还是显达，就好像金玉与木石一样。钻研学问，掌握本领，就好比琢磨金玉，雕刻木石。金玉琢磨以后，一定比矿、璞更漂亮，木石只截成段敲成块，就比雕刻过的丑陋，但怎么能说雕刻过的木石胜过未琢磨的金玉呢？所以，不能以有学问的人的贫贱，去和无学问的人的富贵相比。况且，那些戴盔甲去当兵，口含笔管去做小吏的人，

身死名灭者多如牛毛，能脱颖而出的少如灵芝仙草；勤奋苦读，修养品性，辛苦而又得不到好处的人像日食一样少见，而那些舒适安乐、争名夺利的人却像秋茶那样繁多，这两者怎么能相提并论呢。况且我还听说：'生下来就知道的是上等人，学过后才知道的是次一等的人。' 人之所以要去学习，是想使自己的知识渊博，明白通达。如果真有天才，那就是出类拔萃的人，作为将领，天生就具备了孙武、吴起的用兵谋略，作为执政者，先天就具有管仲、子产的治国才干，虽然他们没有读过书，我也认为他们是有学问的。而今你又不能做到这一点，又不肯去学习效法古人先贤，就好像是蒙着被子睡大觉，一无所知。"

为吏，身死名灭者如牛毛，角立_{如角挺立}杰出者如芝草_{灵芝}；握素披黄_{指专心攻读诗书。素，白绢，古代用于书写；黄，黄卷，古代的书籍为了防蛀虫而用黄檗染之，故称。檗bò，}，吟道咏德，苦辛无益者如日蚀_{即日食。比喻少}，逸乐名利者如秋茶_{秋天的苦菜。比喻多。茶tú，一种苦菜，到秋天则花叶繁密}，岂得同年而语_{相提并论}矣。且又闻之：'生而知之者上，学而知之者次。'所以学者，欲其多知明达耳。必有天才，拔群出类，为将则闇_{àn。同"暗"}与孙武_{字长卿。春秋时军事家}、吴起_{战国时军事家}同术，执政则悬_{距离远}得_{远得}管仲_{名夷吾，字仲，谥敬。春秋时期哲学家、政治家、军事家}、子产_{名侨，字子产，号成子。春秋时期政治家、思想家}之教，虽未读书，吾亦谓之学矣。今子即不能然，不师古之踪迹，犹蒙被而卧耳。"

　　"玉不琢，不成器；人不学，不知义。"读书学习如同雕琢玉石，是为了完善自己，修养自身，通达明智，而不是为了高官厚禄飞黄腾达。每个家庭，每个人无论贫穷富有，无论从事何职都应努力学习，提高自己，"自天子以至于庶人，壹是皆以修身为本"，道德高尚的人生才是真正幸福的人生！"生而知之者，上也；学而知之者，次也"，人人生来都不可能是天才，即使生来是天才也不能不学习，方仲永就是一个很好的例子。如果自己又不是天才，而又不肯学习，那就是自欺欺人，故步自封，实在不值得提倡。

人们见到邻里或者亲戚中有优秀的人物，就让自己的孩子仰慕他们并向他们学习，但却不知道让自己的孩子也向古往圣贤学习，这是多么的无知啊！世人只知道骑马挂甲、长矛强弓，便说自己也能当将军，但却不知道要明于天文地理、进退逆顺、兴盛衰亡的种种奥妙；只知道上承皇帝旨意，下领文武百官，收缴钱财赋税，储存粮草物资，便说自己也能当宰相，但却不知道另有敬事鬼神、改变社会风气、调节阴阳和谐、举荐圣贤人才的周密；只知道不能贪污敛财、公事要早早办理，便说自己也能治民安邦，但却不知道诚己正人、治理有序、救灾灭祸、教化百姓的方法；只知道按照法令条文的规定行事，

人见邻里亲戚有佳快[优秀]者，使子弟慕而学之，不知使学古人，何其蔽也哉？世人但见跨马被甲，长矟[shuò。即矟，长矛]强弓，便云我能为将，不知明乎天道，辩乎地利，比量[比较]逆顺，鉴达[明察洞彻]兴亡之妙也；但知承上接下，积财聚谷，便云我能为相，不知敬鬼事神，移风易俗，调节阴阳，荐举贤圣之至也；但知私财不入，公事夙[sù。早]办，便云我能治民，不知诚己刑物[自己真诚，匡正社会。刑，同"型"，规范]，执辔如组[比喻治教有方。语出《诗经·邶风》："有力如虎，织辔如组。"大意是：力大无比如猛虎，手把缰绳像织布。后以"执组"指驾驭马车。辔peì，缰绳；组，丝织的宽带子]，反风灭火[比喻施行德政。典出《后汉书·儒林传》：江陵令刘昆向火叩头止风降雨]，化鸱为凤[比喻能以德化民，变恶为善。鸱chī，鹰，古人以为凶鸟]之术也；但知抱令守

律，早刑晚舍（通"赦"），便云我能平狱（公正断案）典出《左传·成公十七年》：郤犨与长鱼矫因争田发生冲突，郤犨便将长鱼矫反绑起来，并将他与他的父母、妻子一起捆在车辕上。辕yuán，车辕，车前架牲畜的直木；郤xì；犨chōu，分剑追财典出《太平御览》：何武任沛郡太守时，有一个富人，其妻早逝，富人死时儿子未成年，女儿不贤，已出嫁。这个富人假意把全部财产传给女儿，只留了一把剑给儿子，嘱咐女儿说等她弟弟长到十五岁时再给他。富人的儿子长到了十五岁，女儿并没有把剑给他。儿子告到何武那里。何武说，当初富人把财产传给女儿，是怕不这样做女儿会害死儿子。剑是象征决断。交待十五岁时再传给儿子，是指到这个年龄儿子已有诉讼能力。于是把财产全部判给了富人的儿子，假言而奸露典出《魏书·李崇传》：李崇任北魏扬州刺史时，寿春人苟泰的三岁儿子丢失，被同县赵奉伯收养。后双方争执，都说儿子是自己亲生的。李崇接手这个案子，他把这个孩子藏起来，过了几天对双方说，这孩子已暴死。苟泰听了放声悲哭，赵奉伯只叹息而不悲痛。于是，李崇把孩子判给了苟泰，不问而情得之察典出《晋书·陆云传》：陆云任浚仪县令时，有一男人被杀。陆云将死者的妻子传进衙门关了十几天后就放了。陆云派人暗中跟踪，并吩咐说："不出十里，定有一男人等她，与她说话，到时把他们全抓起来。"果然，在距县城不到十里之地，有一男人在等死者的妻子。经陆云审问，他们全招供了通奸杀人的罪行。当时人都称陆云神明。情，案情也。爰及农商工贾，厮役（供使唤服役的人）奴隶，钓鱼屠肉，

死守惩恶趁早、赦免宜迟的教条，便说自己能断案平讼，但却不知道还要有同一囚车可观人罪、分剑代表可追财、假言可套出实情、不问能知其实的能力。由此类推，那些农民、商人、工匠、小贩、役人、奴仆、渔民、屠夫、牛郎、

羊倌，其中都有通达者或杰出者，可以作为我们的师表。广泛地向他们学习，对事业大有裨益。

饭牛_{喂牛}牧羊，皆有先达_{德行高、学问深的知名先辈}，可为师表。博学求之，无不利于事也。

评
析

现代人不向古人学习，而羡慕身边的人。看到别人能干什么，就觉得自己也能干什么，结果是流于表面，并不知其中的奥妙。我们只看到了别人取得成就时的荣耀，而没有看到他们为此付出的艰辛。处处留心皆学问，每事每物皆学问，孔子曰："三人行，必有我师焉。"处处都有可以请教学习的老师，君子之学必好问，无论家长还是孩子都应该广泛地去学习，向身边的人虚心请教，而不是一味地自命清高。

夫所以读书学问，本欲开心明目，利于行耳。未知养亲者，欲其观古人之先意承颜（指孝子不等父母开口就能顺父母的心意去做），怡声（说话声音和悦）下气（态度恭顺，平心静气），不惮（dàn。畏难，害怕）劬劳（辛苦，劳累。劬qú。劳苦），以致甘腝（美味而熟软的食物。腝ér，烂熟），惕然（警觉样子）惭惧，起而行之也；未知事君者，欲其观古人之守职无侵（侵犯，指越职），见危授命，不忘诚谏，以利社稷（社是土地神，稷是谷神。我国古代帝王都祭祀土地神和谷神，故古时"社稷"也作国家的代称。稷jì），恻然自念，思欲效之也；素（生性）骄奢者，欲其观古人之恭俭节用，卑以自牧（语出《周易·谦》。大意是谦卑可以修养自己的德行），礼为教本，敬者身基（语出《左传·成公十三年》："礼，身之干也；敬，身之基也。"大意是说：礼、敬是立身的基干），瞿然（惊恐的样子。瞿jù。惊视，惊恐四顾）自失，敛容（正容以示敬肃）抑志也；素鄙吝者，欲

人们之所以要读书学习，是为了开启心智，提高认识力，利于自己的行动。不知道怎样奉养自己父母的人，让他们看看古人是怎样体察父母心意，按父母的意愿办事，在父母面前态度和悦，低声细语，不畏辛劳，给父母做美味软和的食物，让他们看到后能觉醒羞愧，从而效法古人；不知道怎样侍奉君主的人，想让他们看看古人是怎样笃守职责不侵凌犯上，临危受命，不忘自己忠心劝谏的职责，以维护国家的利益，让他们看到后能痛心疾首地自省，从而效法古人；那些生性骄横奢侈的人，让他们看看古人是怎样恭敬俭朴，节约克制，谦卑自守，以礼让为政教之本，以恭敬为立身之根基，让他们看到后能惊恐不安、若有所失，从而有所收敛并能端正态度；那些生性鄙薄吝

啬的人，让他们看看古人是怎样轻财仗义，克制私欲，杜绝聚敛钱财，周济穷困的人，体恤平民百姓，让他们看后感到脸红，羞耻悔过，做到能聚集钱财也知道散财；那些生性凶悍暴虐的人，让他们看看古人是怎样小心谨慎，自我约束，以柔自全，包容他物，宽仁大度，尊敬贤才，容纳民众，让他们看后气焰顿消，学会谦恭忍让；那些生性胆怯懦弱的人，让他们看看古人是怎样无牵无碍，听天由命，正直刚毅，言而有信，寻求福报但是不违背道德，让他们奋发振作，做事不再胆怯。以此类推，各方面的品行都可这样培养。即使不能使风气淳厚，也能使人们去除那些不

其观古人之贵义轻财，少私寡欲，忌盈恶满，赒_{zhōu。接济，周济}穷恤匮_{kuì。缺乏}，赧_{nǎn。羞愧}然悔耻，积而能散也；素暴悍者，欲其观古人之小心黜_{chù。贬抑}已，齿弊舌存_{喻刚硬易折、柔能全身的道理。语出《说苑·敬慎》："老子曰：'夫舌之存也，岂非以其柔耶？齿之亡也，岂非以其刚耶？'"}，含垢藏疾_{也作含垢纳污。喻容忍他物的宽厚器量。语出《左传·宣公十五年》："高下在心，川泽纳汙，山薮藏疾，瑾瑜匿瑕，国君含垢，天之道也。"}，尊贤容众，茶_{nié。疲倦}然沮丧，若不胜衣_{谦恭退让貌}也；素怯懦者，欲其观古人之达生_{指参透人生、不受世事牵累的处世态度}委命_{听任命运安排}，强毅正直，立言必信_{一定要实现}，求福不回_{语出《诗经·大雅·旱麓》："岂弟君子，求福不回。"不回，不违背祖先之道}，勃然奋厉，不可恐慑也。历兹以往，百行皆然。纵不能淳_{朴实，淳厚}，去泰去甚_{去其过分、过甚的东西。语出《老子》："是以圣人去甚、去奢、去泰。"}。学

之所知，施无不达。世人读书者，但能言之，不能行之，忠孝无闻，仁义不足。加以断一条讼，不必得其理；宰千户县，不必理其民；问其造屋，不必知楣 méi。房屋的横梁 横而梲 zhuō。梁上短柱 竖也；问其为田，不必知稷 一种粮食作物。有谷子、高粱、不黏的黍三种说法 早而黍 shǔ。黍子，去皮后叫黄米。煮熟后有黏性 迟也。吟啸谈谑，讽咏辞赋，事既优闲 悠闲，材增迂诞 迂阔荒诞，不合事理，军国经纶，略无施用：故为武人俗吏所共嗤诋 chī dǐ。讥笑，嘲骂。嗤，讥笑；诋，指责，良 确实 由是乎？

良行为。学习得到的知识，能用到各个方面。现在的读书人，只会说得头头是道，但是却不能去实践，既谈不上忠孝，也谈不上仁义。让他们去断一个案，不一定能合理判决；让他们去管理一个一千户的县，不一定知道怎样治理百姓；问他们怎样盖房子，不一定知道屋梁是横着的，而梁上的柱子是竖着的；问他们怎样种田，不一定知道谷子熟得早而黄米熟得晚。只知道吟咏歌唱谈笑戏耍，写诗作赋，悠闲逍遥，做些迂阔荒诞的事情，对于怎样管理军务国政，毫无用处。所以被武士俗吏讥笑嘲骂，确实是因为这些原因吧？

评
析

读书可以使人明理，学习可以让我们开启心智、扩大视野。通过读书可以知道如何孝敬父母、如何对待他人、如何服务社会、如何修养自身、如何扬长补短，纵使不能移风易俗，也可以使自己的修养得到提高。读书应源于生活，用于生活，父母在教育孩子时一定要做到知行合一，避免纸上谈兵，夸夸其谈。我们现在的教育培养出了很多高分低能的学生，在学校各科优秀，可一旦走上社会却变得呆头呆脑，无所适从。这实应引起家长和学校的注意。

夫学者所以求益_{增加}耳。见人读数十卷书，便自高大，凌忽_{欺侮，轻慢}长者，轻慢同列。人疾之如仇敌，恶之如鸱枭_{chī xiāo。两种恶鸟名。}。如此以学自损，不如无学也。

古之学者为己_{为提高自己}，以补不足也；今之学者为人_{指表现于人}，但只能说之也。古之学者为人，行道_{行仁义孝悌之道}以利世_{有利于社会也}也；今之学者为己，修身以求进_{追求名誉，以图入仕}也。夫学者犹种树也，春玩其华_{通"花"}，秋登_收其实。讲论文章，春华也；修身利行_{涵养德行，以利于事}，秋实也。

人们学习是为了有所长进。我见有些人读了几十卷书，便自高自大起来，冒犯长者，轻慢同辈。人们痛恨他就像痛恨自己的仇敌一样，厌恶他像厌恶鸱枭一样。像这样用学习来损害自己，还不如不学。

古时候，人们学习是为了充实自己，弥补自身的不足；而现在，人们学习只是为了能在别人面前表现自己，只能夸夸其谈。古代求学的人是为大众而学，推行自己的主张以造福社会；现在求学的人是为自己而学，修养德行以求加官晋爵。学习就像种树一样，春天欣赏它的鲜花，秋天收获它的果实。讲论文章，就像赏玩春天的花；修养德行，利于处事，就像收获秋天的果实。

评析

　　"满招损，谦受益。"然而，有些人读了些书就自以为是，目无他人，到处炫耀让人痛恨，这不但不能提高自己，反而是害了自己，还不如不学。"古之学者为己"，"今之学者为人"，学习是为了充实自己，奉献社会，而不是在别人面前表现自己。如今有不少家长为了在亲戚朋友面前炫耀，就拼命让孩子参加各种兴趣班，学习各种技能，孩子苦不堪言、疲于应付。这既伤害了孩子，也使得自己身心俱疲，可谓是得不偿失。真正爱孩子的教育一定是让孩子明白学习是为自己而学。

人生小幼，精神专利 专注而敏锐 ，长成已后，思虑散逸。固须早教，勿失机也。吾七岁时，诵《灵光殿赋》 《鲁灵光殿赋》。东汉王逸的儿子王延寿所作 ，至于今日，十年一理，犹不遗忘。二十之外，所诵经书，一月废置 放一边 ，便至荒芜 杂草丛生，田地荒废。此指学业荒废 矣。然人有坎壈 困顿，不得志。壈lǎn，不平 ，失于盛年，犹当晚学，不可自弃。孔子云："五十以学《易》，可以无大过矣。"魏武 魏武帝曹操。字孟德。东汉政治家、军事家、文学家 、袁遗 字伯业。袁绍的堂兄 ，老而弥笃，此皆少学而至老不倦也。曾子七十乃学 七十当为十七之误。颜之推认为人生十七始学，犹为晚矣，但奋力自勉，犹可成才 ，名闻天下；荀卿 荀子。名况，字卿。战国时期思想家、政治家、文学家 五十，始来游学，犹为硕儒；公孙弘 名弘，字季，一字

人在年少的时候，精神专注而敏锐，等到长大以后，思想容易涣散。所以应尽早教育小孩子，不要坐失良机。我七岁时，背诵《灵光殿赋》，直到今天，每十年再看一遍仍然没有忘记。二十岁以后，所背诵的经书，一个月不去诵读，就到了荒废的地步。当然，人总会遇到坎坷，年轻时错过了学习的良机，仍然应该在晚年抓紧时间学习，不可自暴自弃。孔子说："五十岁时学习《易经》，就可以不犯大的过错。"魏武帝和袁遗，越到老年时学习得越专心，这都是从年少到年老勤学不辍、学而不厌的人。曾子七十岁才开始学习，然后名满天下；荀卿五十岁以后才开始游学，仍然成了大学者；公孙弘四十多

岁了才开始读《春秋》，靠这学问最后做了丞相；朱云也是四十岁才开始学习《易经》《论语》；皇甫谧二十岁才开始学习《孝经》《论语》，最后他们都成了大学问家。这些都是年少时沉迷而到老年才幡然醒悟的例子。普通人如果到成年以后还没有开始学习，就认为已经晚了，于是疏懒度日，就像面壁而立的人，什么也看不见，真是愚蠢啊！从小就开始学习的人，就像太阳初升时的光芒；到了老年才学习的，就像拿着蜡烛在黑夜里行走，也比闭着眼睛什么都看不见的人强。

次卿。汉武帝时丞相四十余，方读《春秋》，以此遂登丞相；朱云 字游。汉朝政治家 亦四十，始学《易》《论语》；皇甫谧 幼名静，字士安。西晋时期学者二十，始受《孝经》《论语》：皆终成大儒，此并早迷而晚寤也。世人婚冠未学，便称迟暮，因循 守旧法而不知变更。此指不愿再重新学习 面墙，亦为愚耳。幼而学者，如日出之光，老而学者，如秉烛夜行，犹贤乎瞑目而无见者也。

人年少时，心思单纯、精力专注，应抓住大好时机多多读书，而不应等到成年甚至老年才开始学习。当然，如果因为某些原因，年轻的时候没能好好学习，年纪大点开始学也不晚。其实，任何时候开始学习都不晚，"苏老泉，二十七，始发愤，读书籍"，活到老学到老，不能以年龄大为理由不去学习，不思进取，闭目塞听。须知年龄大有大的优势，这个时候生活阅历更加丰富，可以结合自身经历，在学习的过程中对问题理解得更深刻，也能取得巨大成功。家长在敦促孩子好好学习的同时，自己也应坚持学习。和孩子一起学习、一起进步，就都能感受到学习的快乐，亲子关系也更加融洽。

学习风气的兴盛和衰败，随着时代的变迁，也会有所改变。汉代的贤士才俊，都靠精通一部经书来弘扬圣人之道，上知天命，下通人事，凭此而获卿相职位的人很多。汉末时学风就完全不同了，读书人空守章句之学，只知道背诵老师讲述的话，让他们用这些去处理实际事务，大概不会有什么用处。所以士大夫的孩子都以涉猎广泛为贵，不肯专学一经。梁朝从皇孙以下，在儿童时候就要进入学堂学习，观察他们的志向，步入仕途以后，便去参与文官的政务，很少有能够完成学业的。居高官还能完成学业的，有何胤、刘瓛、明山宾、周舍、朱异、周弘正、贺琛、贺革、萧子政、刘绍等，他们这些人兼通文史，不仅仅只会讲论经书而已。又听说洛阳崔浩、张伟、刘芳，

学之兴废，随世轻重。汉时贤俊，皆以一经弘圣人之道，上明天时，下该_{包括，备具}人事，用此致卿相者多矣。末俗_{一个朝代末期的风俗}已来不复尔，空守章句_{书中的章节与句子，引申为剖章析句。这是汉代以来经学家解说经义的一种方式。也泛指书籍注释}，但诵师言，施之世务，殆无一可。故士大夫子弟，皆以博涉为贵，不肯专儒_{成专学之儒士}。梁朝皇孙以下，总丱_{犹总角。代指儿童。丱guàn，儿童束发成两角的样子}之年，必先入学，观其志尚_{志向}，出身_{出仕}已后，便从文史，略无_{很少}卒业者。冠冕为此者，则有何胤、刘瓛、明山宾、周舍、朱异、周弘正、贺琛、贺革、萧子政、刘绍等，兼通文史，不徒讲说_{讲论说解}也。洛阳亦闻崔浩、张伟、刘

芳，邺下又见邢子才，此四儒者，虽好经术，亦以才博擅名_{闻名}。

如此诸贤，故为上品，以外率多_{大多}田野闲人，音辞鄙陋，风操_{指人的志行品德}蚩拙_{粗鲁愚笨。蚩chī，痴愚}，相与专固_{固执，不通达}，无所堪能，问一言辄酬_{回答}数百，责其指归_{主旨，意向}，或无要会_{要领}。邺下谚云："博士_{古代学官名}买驴，书券三纸，未有驴字。"使汝以此为师，令人气塞。孔子曰："学也，禄在其中矣。"今勤无益之事，恐非业也。夫圣人之书，所以设教，但明练经文，粗通注义，常使言行有得，亦足为人。何必"仲尼居"_{《孝经》首句。《孝经·开宗明义章第一》："仲尼居，曾子侍。"}即须两纸疏义，燕

邺下的邢子才，这四个人虽然也都喜爱经术，但都是因学识渊博而声名远扬。

像以上各位贤士，都应该是为学者中的佼佼者，除此之外就大多是些山村野夫，这些人语言鄙陋，品行卑劣，相互间固执己见，什么事也不能胜任，问他一句，就会答出几百句，问他要点，他又说不出来。邺下有句话说："有个博士去买驴，写契约的时候，洋洋洒洒写了三页纸，还没有看到一个驴字。"如果让你以这种人为师，那太让人丧气了。孔子说："学习吧，俸禄就在这里面了。"现在人大都在无益处的事上下功夫，这恐怕不是正业吧。圣人写的书，是用来教化人的，只要能够通晓经文，大致明白注解的意思，就可以使自己的言行举止得当，就足以立身为人。何必"仲尼居"三个字就得用上两张纸的注释？是指闲居的地方还

是指教学的地方，现在还存在吗？就算是争胜了，又有什么意义呢？时光宝贵，就像流水一样一去不复返。应当博览群书，察其精要，用来成就事业，如果能把博览与专精结合起来，我也就无话可说了。

寝、讲堂_{指争论孔子所居之处是燕寝还是讲堂。燕寝，闲居之处；讲堂，讲习之所}，亦复何在？以此得胜，宁有益乎？光阴可惜，譬诸逝水。当博览机要，以济_{帮助}功业。必能兼美，吾无间_{无话可说，没有任何非议}焉。

评析

"读万卷书，行万里路"，学习不应只停留在象牙塔中，既要广泛涉猎又要能专攻一经。夸夸其谈、词不达意的学问不值得一提，读书是为了明白道理，用于生活。然而，现代有些学者大多都是两脚书橱，书读得很多，但却不会运用于生活，死啃书本上的教条，别人一旦有不同的意见，自己要写上万言的文章进行反驳，实在是没什么意义，那都是在浪费生命。家长在教育孩子的过程中，一定要告诫孩子抓紧大好时光博览群书，察其精要，按照道理做事，不要在那些毫无意义的事上争论不休，耽误自己的青春，最后可能一事无成。

俗间儒士，不涉群书，经纬_{经书和纬书}之外，义疏_{义解疏解}而已。吾初入邺，与博陵崔文彦交游，尝说《王粲_{字仲宣。东汉时期文学家}集》中难_{诘难}郑玄_{字康成。东汉末年儒家学者、经学大师}《尚书》事。崔转为诸儒道_说之，始将发口_{张口}，悬_{立即}见排蹙_{排挤。蹙cù}，云："文集只有诗赋铭_{míng。墓志铭文}诔_{lěi。诔文。祭悼文}，岂当论经书事乎？且先儒之中，未闻有王粲也。"崔笑而退，竟不以粲集示之。魏收_{字伯起，小字佛助。北朝时学者}之在议曹_{官署名，掌言职}，与诸博士议宗庙事，引据《汉书_{又称《前汉书》。中国第一部纪传体断代史。记述了上起汉高祖元年（公元前206年），下至王莽地皇四年（公元23年）的历史。东汉班固编撰}，博士笑曰："未闻《汉书》得证经术。"收便忿怒，都不复言，取《韦玄成

世间的读书人，大都不博览群书，除了研读经书纬书外，就看一些注解儒家经术的著作而已。我刚到邺下时，和博陵的崔文彦有交往，曾经谈到《王粲集》中有关诘难郑玄注《尚书》的事。崔文彦转而向其他读书人讲起这件事，刚开口就遭到斥责，说："文集只有诗词歌赋、铭文诔文之类的，怎么会有谈论经书的？况且先儒中也没听说有个王粲。"崔文彦笑笑就走开了，最终也没拿出《王粲集》让他们看。魏收为议曹时，和多位博士讨论有关宗庙的事情，并引用《汉书》的内容作为依据。博士都笑说："没听说《汉书》还能印证经书。"魏收非常愤怒，不再说话，取出《汉

《汉书·韦玄成传》。韦玄成,字少翁。汉元帝永光年间为丞相，掷之而起。博士一夜共披寻 披阅探讨 之,达明,乃来谢 道歉 曰:"不谓玄成如此学也。"

书·韦玄成传》扔给他们就走了。这些博士用了一夜一起翻阅此书,到天明时,才前来向魏收道歉,说:"没想到韦玄成竟然这么博学啊。"

评析

修学储能,先博后专。只粗读几本书便自诩为读书人、知识分子的行为实在不可取,闭目塞听、知识狭隘,经不起检验,终究是井底之蛙。家长们在指导子女读书时,一定要博览群书,切忌囫囵吞枣,自以为是。在这样一个知识爆炸的时代,我们每天都要面对数以万计的资讯,怎样取舍,怎样在资讯的海洋中找到自己需要的东西,那是需要智慧的。除了"智商""情商"以外,现在还流行一个词叫作"搜商",也就是怎样在这样一个知识爆炸的时代取舍信息,找到自己需要的东西,此时的"搜商"可能显得比"智商"和"情商"更重要。

夫老庄（老子、庄子）之书，盖全真（保全真性）养性，不肯以物累（连累）己也。故藏名柱史（老子曾任周朝柱下史一职），终蹈流沙；匿迹漆园（庄子曾为楚国漆园吏），卒辞楚相。此任纵（任性纵情，无拘无束）之徒耳。何晏（字平叔。三国时学者）、王弼（字辅嗣。三国时玄学家），祖述玄宗（指道家所谓道的深奥指意），递相夸尚（夸耀推崇），景（同"影"）附草靡，皆以农、黄（神农氏和黄帝。为道家学派所宗。黄帝，也称轩辕黄帝。古华夏部落联盟首领，中国远古时代华夏民族的共主）之化，在乎己身，周、孔（周公和孔子。儒家以周、孔为宗）之业，弃之度外。而平叔（何晏。字平叔。曹魏名士）以党依（附）曹爽（字昭伯。魏明帝时大将军。魏明帝死后，为司马懿所杀）见诛，触死权（贪恋权力至死不休）之网也；辅嗣（王弼）以多笑人被疾，陷好胜之阱也；山巨源（山涛。字巨源。西晋时期名士）以蓄积取讥，背多藏厚亡之文也；夏侯玄

老子、庄子的书，大都讲怎样保持本真，修养超然的品性，不肯以身外之物而连累自己。所以老子隐姓埋名做周朝的柱下史，最后又隐居于沙漠；庄子曾隐居为漆园小吏，后来也不肯做楚国的宰相。这两个都是顺着自己本性生活的人啊！何晏、王弼宣扬道家的思想，当时的人对他们推崇备至，大家如同影子依附于形体，草木顺着风倒一般跟随他们，争相以神农、黄帝的教化来装扮自己，周公、孔子的学说则被搁置一旁。然而，何晏因为依附曹爽而遭祸，这是触碰了贪权的罗网；王弼因为讥笑他人被憎恨，落入了好胜的陷阱；山巨源因为聚敛财富被世人讥笑，违背了聚敛越多失去越大的古训；夏侯玄因为才能和

名望被杀，是因为他没从《庄子》有关支离疏、臃肿的教义中吸取教训；荀奉倩因丧妻而伤心致死，是因为他没有庄子丧妻后鼓缶而歌的超脱情怀；王夷甫哀悼自己的儿子，痛不欲生，这和东门吴豁达的心胸有天壤之别；嵇康排斥俗流却引来杀身之祸，岂是"和光同尘"之人；郭象倾慕权力，仗势专权，岂是甘为人后的境界；阮籍纵酒迷乱，背离了险途须小心谨慎的警示；谢鲲因家童贪赃而被削职，违背了庄子"弃其余

以才望被戮，无支离拥肿 字太初。三国时期名士 支离、拥肿分别是《庄子》里的人（支离疏）和樗树，因畸形而得终天年。樗chū 之鉴也；荀奉倩 荀粲。字奉倩。三国时期玄学家 丧妻，神伤而卒，非鼓缶 指妻子死了，庄子鼓盆唱歌之事。缶fǒu，瓦盆。典出《庄子·至乐》 之情也；王夷甫 王衍。字夷甫。西晋时期清谈家 悼子，悲不自胜，异东门 东门吴。战国时期梁国人。其儿子死后依然快乐如故 之达也；嵇叔夜 嵇康。字叔夜。三国时期思想家 排俗取祸，岂和光同尘 把光荣与灰尘同等看待。指与世无争。语出《道德经》："挫其锐，解其纷，和其光，同其尘。" 之流也；郭子玄 郭象。字子玄。西晋时期玄学家 以倾动专势，宁 岂，难道 后身外己

语出《老子》："后其身而身先，外其身而身存。" 大意是：让自己居后，反而会占先，把生命置之度外，反得生存 之风也；阮嗣宗 阮籍。字嗣宗。三国时期诗人 沉酒荒迷，乖 背离 畏途相诫 语出《庄子·达生》："夫畏途者，十杀一人，则父子兄弟相戒也。" 大意是：在有危险的路上行走，十人有一人被杀，父子兄弟会相互戒备 之譬 pì。晓谕 也；谢幼舆 谢鲲。字幼舆。两晋谢氏士族 赃贿黜 chù。贬低 削，违弃其余鱼 典出《淮南子·齐俗训》："惠子从车百乘，以过孟诸，庄子

见子, 弃其余鱼。"大意是: 惠施为梁国宰相, 路过孟诸, 身后跟随车辆百乘, 声势煊赫, 但还嫌不足。庄子见了, 把从河中钓上来的多余的鱼又抛回水里, 以此来对惠施进行劝诫。后比喻节欲知足 之旨也。彼诸人者, 并其领袖, 玄宗所归。其余桎梏 zhì gù。中国古代的刑具。在足为桎, 在手为梏。引申为束缚之意 尘滓之中, 颠仆名利之下者, 岂可备言乎! 直取其清谈雅论, 剖玄析微, 宾主往复, 娱心悦耳, 非济世成俗之要也。洎 jì。至, 到, 及 于梁世 梁朝, 兹风复阐 发扬, 扩大, 《庄》《庄子》。又称《华南经》。主要反映了庄子的哲学、艺术、美学与人生观、政治观。战国时期庄子及后学著。道家经典著作 《老》《老子》。又称《道德经》。全书5000多字, 集中体现了老子的思想。春秋时期李耳著。道家经典著作 《周易》《易经》总谓"三玄", 武皇 梁武皇帝萧衍、简文 梁简文帝萧纲 躬自讲论。周弘正 字思行。南朝玄学家 奉赞大猷 治国大道。此指玄学。猷yóu, 谋略, 化行都邑 京城, 学徒千余, 实为盛美。元帝 梁元帝萧绎 在江荆 江州、荆州

鱼"的劝诫。这些人及其领袖人物, 都是崇尚玄学的, 至于那些受困于世俗事务中, 跌倒在名利之下的人, 就更不用说了。这些人只是选取老、庄书中的一些清谈雅论进行解读, 剖析一下其中玄妙精微的道理, 宾主之间相互问答, 只求娱心悦耳, 这绝不是匡世救俗的好办法啊。到了梁朝, 这种风气又开始盛行, 《庄子》《老子》《周易》被统称为"三玄", 梁武帝、梁简文帝也都亲自讲习谈论。周弘正更称颂这为治国的大道, 教化施行于都城和大小城镇, 学徒达千余人, 实在是盛况空前。梁元帝在江州、荆州期间,

十分爱好并熟悉此道，招收学生，亲自教他们，废寝忘食，夜以继日。甚至于在极度疲惫、忧愁烦闷的时候，也用讲解玄学来减压。我当时偶尔也在末位就座，亲耳聆听元帝的教诲，只是生性顽钝愚笨，并不感兴趣。

间，复所爱习，召置学生，亲为教授，废寝忘食，以夜继朝。至乃倦剧 极倦 愁愤，辄以讲自释。吾时颇预 参加 末筵 末席。谦辞，亲承音旨，性既顽鲁，亦所不好云。

评析

　　"无为而无不为"的老庄思想主要教化世人保持本真、修身养性，独与天地精神相往还，达到与自然的合而为一。然而真正能保持本真，不为外物所累的没有几个，即使是老庄玄学思想的领军人物，也未能做到。在物欲横流的现代社会，无论家长还是孩子都应该好好地研读老庄之学，但不能只是流于表面，为读书而读，甚至只为增加谈资而读。只有深谙老庄思想，方能不被世俗所绊，不为名利所困，不被生活所累。

齐孝昭帝_{高演。名演，字延安，谥孝昭皇帝，庙号肃宗。南北朝时期齐国第三位皇帝}侍娄太后疾，容色憔悴，服膳减损。徐之才_{南北朝名医。累官至尚书左仆射、尚书令，封西阳郡王}为灸两穴，帝握拳代痛，爪入掌心，血流满手。后既痊愈，帝寻_{不久}疾崩。遗诏恨_{遗憾}不见山陵_{旧指皇帝陵墓。此指娄太后的丧事}之事。其天性至孝如彼，不识忌讳如此，良_{的确、确实}由无学所为。若见古人之讥欲母早死而悲哭之_{《淮南子·说山》载：东家母死，其子哭之不哀。西家子见之，归谓其母曰："社何爱速死，吾必悲哭社。"社，古代江淮间对母亲的称呼}，则不发此言也。孝为百行之首，犹须学以修饰之，况余事乎！

齐孝昭帝照顾生病的母亲娄太后，累的脸色憔悴，饭量减少。徐之才为太后灸烤两个穴位，孝昭帝在一旁紧握双拳，为母代痛，以至于指甲陷入了手掌心，血流满手。后来娄太后的病好了，孝昭帝却因病去世。他在遗诏中说，这辈子最遗憾的事就是没有为太后操办后事，以尽自己的孝心。他这人的天性是这样孝顺，而又不懂得忌讳到如此地步，确实是不学习造成的。如果他读过古人讥讽那些希望母亲早死以便痛哭尽孝的人的事情，就不会说这样的话了。孝道是各种善行中的第一位，尚且需要好好学习才能做好，更别说其他的事了。

评析

　　"孝"关联的是最亲近的血缘关系。所谓"百善孝为先"，《孝经》把孝当作天经地义的最高准则。践行孝道，于个人可以修身养性、完善道德，于家庭可以规范人伦、和睦团结。然而，刻板的遵守孝道也难免走向负面，一味地迎合、取悦父母而不辨是非，孝就成了愚孝。故荀子说："从道不从君，从义不从父。"意思是服从、顺从君主及父辈都是有条件的，都是以事情合理或正确为前提的。

　　梁元帝尝为吾说："昔在会稽，年始十二，便已好学。时又患疥jiè。疥疮，手不得拳，膝不得屈。闲斋张张挂葛帏葛布粗帐避蝇独坐，银瓯ōu。酒器贮山阴地名。今绍兴甜酒，时复进之，以自宽痛。率意随意自读史书，一日二十卷，既未师受跟从老师受业，或不识一字，或不解一语，要自重自己重视之，不知厌倦。"帝子之尊，童稚之逸，尚能如此，况其庶士，冀以自达者哉？

　　梁元帝曾经对我说："我从前在会稽时，年龄才十二岁，就很喜欢学习了。当时我身患疥疮，手不能握拳，膝盖不能弯曲。我在清静的房子里挂上葛布帐子，避开蚊蝇独坐，旁边银杯里放着山阴产的甜酒，不时喝两口，缓解一下疼痛。这时我随意读一些史书，一天读上二十卷，既然没有老师教授，就常有一个字不认识，或一句话不理解的情况，这就需要自己认真研究，从来不知道疲倦。"梁元帝贵为天子，童年正是贪玩时期，尚且能如此勤奋学习，更何况那些希望通过读书求得显贵的一般读书人呢？

评析

"宝剑锋从磨砺出，梅花香自苦寒来。"囊萤映雪、负薪挂角、悬梁锥刺等古人勤学的故事不一而足。身份低微、出身平凡需要通过读书来求得显贵的人更应好好学习。当然，家长教育孩子好好学习绝不能只是为了求得显贵，读书的真正目的应该是提高修养、充实完善自己。《大学》中有一句话说得好，"自天子以至于庶人，壹是皆以修身为本"，无论是高贵的天子，还是卑贱的老百姓，都是以修身作为自己的根本。古人有修身、齐家、治国、平天下的抱负，但也应该从修身做起，因为那是根本，不修身就像没有根的大树，怎么能使枝叶茂盛呢？

古人勤学，有握锥投斧（握锥，指战国苏秦锥刺股苦读书；投斧，指西汉文党投斧求学），照雪聚萤（照雪，指晋代孙康映雪读书；聚萤，指晋代车胤囊萤照读），锄则带经（汉代倪宽下地干活时带着书，休息时候就读），牧则编简（西汉路温舒家穷，放羊时用蒲草编成简，将借来的书抄下来学习），亦为勤笃。梁世彭城刘绮，交州刺史勃之孙，早孤家贫，灯烛难办，常买荻（芦苇）尺寸折之，然（燃。明亮）明夜读。孝元初出会稽，精选寮寀（liáo cǎi。指僚属或同僚），绮以才华，为国常侍（王的侍从近臣）兼记室（军府里负责表章、公义、书信的官员），殊蒙礼遇，终于金紫光禄（金紫光禄大夫。为朝廷散官。魏晋以后，光禄大夫得佩黄金印章和紫色绶带，故名）。义阳朱詹，世居江陵，后出扬都（建邺。今南京）。好学，家贫无资，累日不爨（cuàn。烧火做饭），乃时吞

古时好学的人，有用锥子扎自己大腿防止瞌睡的苏秦，有投斧以下定决心求学的文党，有借雪地反光读书的孙康，有利用布袋收集萤火虫用来照明读书的车胤，有耕地时也带着书的倪宽，有放牧时采摘蒲草编简抄书的路温舒，也都算得上勤奋专一了。梁朝时，彭城有一个人叫刘绮，是交州刺史刘勃的孙子，刘绮早年死去父亲，家里十分贫寒，连买蜡烛的钱都没有，就常买来芦苇，折成约一尺长，点燃照明以供夜读。孝元帝当初在会稽的时候，精心挑选官员，刘绮凭借他的才华，当选为国常侍兼记室，特别受梁元帝器重，最后官至金紫光禄大夫。义阳有一个人叫朱詹，世代都在江陵居住，后来去了建邺。他非常好学，因为家中贫困，经常一连几天不烧火做饭，

就吃纸裹腹。天冷没有被子，就抱着狗取暖。狗也饥饿虚弱，就跑出去偷东西吃，朱詹大声呼唤，狗也不回来，哀痛的呼声惊动了邻居。尽管这样，他也没有放弃学习，最终成为学士，官一直做到镇南将军府的录事参军，受到孝元帝的尊重。朱詹之所为，是一般人做不到的，这也是一个勤学的典范。东莞有一个人叫臧逢世，二十多岁的时候想读班固的《汉书》，但苦于借来的书不能长久阅读，就向姐夫刘缓讨要名片、书札的边角，抄写了一本，大将军府中的人都佩服他的志向，最终臧逢世以研究《汉书》闻名。

北齐有一个宦官叫田鹏鸾，是个少数民族，年纪十四五岁。当初当禁宫的阉寺时就很好学，身上常常带着书，早晚诵读。虽

纸以实腹。寒无毡 zhān。毡子，一种类似毯子的用品 被，抱犬而卧。犬亦饥虚，起行盗食，呼之不至，哀声动邻。犹不废业，卒成学士，官至镇南录事参军 官名。职责为总录各官署文簿，举弹善恶，为孝元所礼。此乃不可为之事，亦是勤学之一人。东莞臧逢世，年二十余，欲读班固《汉书》，苦假借不久，乃就姊夫刘缓乞丐 讨要 客刺 名帖，名片 书翰 书札，信札 纸末，手写一本，军府服其志尚 志向，卒以《汉书》闻。

齐有宦者内参 古代以阉割后失去男性功能的人，在宫中侍候皇帝及其家族，称为宦者。史书上又称宦官、中官、内参、内官、内臣、内侍、内监、太监、阉（奄）人、奄寺、奄宦，鄙称奄竖 田鹏鸾，本蛮人 旧指未开化的南方少数民族 也，年十四五。初为阉寺 指阍人和寺人。古代宫中掌管门禁的官。阍 hūn 便知好学，怀袖握书，晓

夕讽诵。所居卑末，使彼苦辛，时伺闲隙，周章_{四处}询请_{询问请教}。每至文林馆_{官署名。北齐时设置，负责管理著作及整理典籍，兼培养学生等}，气喘汗流，问书之外，不暇他语。及睹古人节义之事，未尝不感激沉吟久之。吾甚怜爱，倍加开奖。后被赏遇，赐名敬宣，位至侍中开府_{官职名。掌管出入朝廷侧门}。后主_{北齐后主高纬。北周灭北齐时被俘}之奔青州，遣其西出，参伺_{侦察，窥视}动静，为周军所获。问齐主何在，绐_{dài。欺骗}云："已去，计当出境。"疑其不信，欧_{通"殴"，捶击}捶服之，每折一支_{同"肢"}，辞色愈厉，竟断四体而卒。蛮夷童妛_{童子}，犹能以学成忠，齐之将相，比敬宣之奴不若也。

然他地位低下，做事很辛苦，但只要有闲暇就四处请教。每次到了文林馆，都气喘吁吁汗流浃背，除了询问书中的问题，其他都顾不得多讲。每当从书中看到古人讲气节、重义气的事，总是感动奋发，反复吟诵。我很喜爱他，对他倍加鼓励。后来被皇帝欣赏恩遇，赐名叫敬宣，职位到侍中开府。齐后主逃亡青州时，命他从西门前去打探情况，被周军俘虏。周军问他齐后主在哪，田鹏鸾骗他们说："齐后主已经走了，估计已经离开边境了。"周军不相信，就痛打他，企图让他屈服。他的四肢每被打断一条，言辞和神色就变得更加严厉，最后被打断四肢而死。一位少数民族少年，尚能通过读书形成忠诚的节操，齐国的将相们，连敬宣这样的奴仆都不如。

鲁迅说："时间就像海绵里的水，只要你愿意挤，总还是有的。"古人在疲于生计的艰苦条件下克服一切困难、勤奋好学，抓住每个机会，没有机会创造机会学习，这种好学精神正是我们当今社会所最缺乏的。在现今的信息网络时代，孩子们往往经不住网络的诱惑，很容易沉迷在网络里而废弃学业。家长应该以身作则，把休息、刷朋友圈的时间用在学习上，这样孩子也会自觉效仿，时间久了，每天读书学习就成了习惯，家长孩子都有进步，岂不两全其美！

邺平之后，见徒入关^{指北周灭齐后，北齐君}臣被押送长安。徙xǐ，迁移。思鲁尝谓吾曰："朝无禄位，家无积财，当肆^{sì。尽}筋力，以申供养。每被课笃^{督促。笃，通"督"}，勤劳经史，未知为子，可得安乎？"吾命之曰："子当以养为心，父当以教为事。使汝弃学徇财^{不惜身以求财。徇xùn，通"殉"，为某种目的而牺牲生命}，丰吾衣食，食之安得甘？衣之安得暖？若务先王之道，绍^{连续，继承}家世之业，藜羹^{用藜草做的羹汤。泛指粗劣的食物。藜lí，又名灰条菜、灰灰菜}缊褐^{yùn hè 破旧的粗衣。缊，旧絮，乱麻；褐，粗布或粗布衣服}，我自欲之。"

邺城被北周军队扫平后，我们被遣送到长安。那时思鲁曾对我说："我们在朝廷中没有职位，家中也没有余财，我应当尽力干活，以尽供养之责。现在，我却常常被督促学习，勤奋研习经史，不知道尽儿子的义务，怎么能安心呢？"我告诉他说："当儿子的应当把赡养父母放在心上，做父亲的应当把教育子女当作大事。如果让你放弃学业去赚钱，来使我丰衣足食，我吃起饭来怎么可能香甜？穿起衣来怎么可能温暖？如果你能致力先王之道，继承家世基业，那就是吃粗劣的饭食，穿破旧的衣裳，我也心甘情愿。"

评析

　　父母养育孩子，孩子赡养父母是人生两件大事。父母的爱出自本能，最为无私，不计回报，唯愿子女好好学习、努力奋斗、振兴家业，只要让父母精神上得到满足就是最大的孝顺。作为子女亦不能辜负父母所望，会当有业，踏实勤勉。实际上，只要子女勤勤恳恳地劳作，自然也能让父母丰衣足食，安享晚年。但是，父母不光是需要这些，还需要精神上的满足。有些时候，父母的需要可能并不是很多，常回家看看就有可能是对他们精神上最好的安慰。精神上的安慰和物质上的享用共存，大概就是最大的孝吧！

原文

《书》**《尚书·仲虺之诰》** 曰："好问则裕**丰富，学识广博**。"《礼》**《礼记·学记》** 云："独学而无友，则孤陋而寡闻。"盖须切磋相起**同"启"，启发** 明也。见有闭门读书，师心自是**自以为是。师心，以己心为师。指只相信自己**，稠人**众人** 广坐，谬误差失者多矣。《穀梁传》**也称《春秋穀梁传》《穀梁春秋》。是专门解释《春秋》的典籍。作者相传是子夏弟子、战国时鲁人穀梁赤** 称公子友与莒挐**jū rú** 相搏，左右呼曰孟劳。孟劳者，鲁之宝刀名，亦见《广雅》**训诂书。三国时期张揖撰**。近在齐时，有姜仲岳谓："孟劳者，公子左右，姓孟名劳，多力之人，为国所宝。"与吾苦诤**通"争"**。时清河郡守邢峙**字士峻。北齐古文家。峙 zhì**，当世硕儒，助吾证之，赧然而伏。又《三辅决录》**记述汉朝三辅事的书。东汉赵岐撰** 云："灵

导读

《尚书》说："遇到问题就向别人请教，学识就会渊博精深。"《礼记》说："独自学习而不与朋友讨论，就会孤陋寡闻。"看来学习需要相互切磋相互启发才能明了。我见过不少闭门读书，自以为是，大庭广众之下，说起话来漏洞百出的人。《穀梁传》记载公子友与莒挐打斗，手下都大呼"孟劳"。"孟劳"是鲁国宝刀的名称，《广雅》也这样解释。我最近在齐国时，有位叫姜仲岳的人说："孟劳是公子友身边的人，姓孟名劳，非常有力气，被国人视为宝贝。"和我苦苦争辩。当时清河的郡守邢峙也在场，他是当代的大儒，帮我证实了孟劳的真实含义，姜仲岳才红着脸服输。《三辅决录》上

说："汉灵帝在宫殿的柱子上题字：'堂堂乎张，京兆田郎。'"这是引用《论语》中的话，以四言两句一韵的句式，来评价京兆人田凤。有一个学士却解释说："当时的张京兆和田郎两个人都仪表堂堂。"他听到我这样论述后，一开始非常惊骇，之后不久对此感到愧悔。江南有一个权贵，读了有误字的《蜀都赋》注本，书中将"蹲鸱，芋也"的"芋"字错写为"羊"字。有人馈赠他羊肉，他回信说："感谢赠送蹲鸱。"满朝官员都很惊骇，不了解他用的是什么典故，很久以后查到出处，才明白是这么回事。魏元氏时，洛阳有一位重臣，很有才学，新近得到了一本《史记音》，但是里面错误百出，把颛顼一词的注音注错了，顼字应当注为

帝殿柱题曰：'堂堂乎张^{语出《论语·子张》。谓子张一表人才}，京兆田郎^{田凤。京兆人。其仪表堂堂，名重京师}。'"盖引《论语》，偶以四言，目^{评价}京兆人田凤也。有一才士，乃言："时张京兆及田郎二人皆堂堂耳。"闻吾此说，初大惊骇，其后寻^{不久}愧悔焉。江南有一权贵，读误本《蜀都赋》^{西晋左思撰}注，解"蹲鸱_{dūn chī}，芋也"乃为"羊"字。人馈羊肉，答书云："损惠^{感谢对方赠送礼物的敬辞}蹲鸱。"举朝惊骇，不解事义，久后寻迹，方知如此。元氏之世^{北魏孝文帝迁都洛阳后改拓跋为元}，在洛京^{洛阳}时，有一才学重臣，新得《史记音》^{是一部关于《史记》音读的著作。梁朝邹诞生撰}，而颇纰缪_{pī miù}。谬误，误反颛顼_{zhuān xū}字，顼当为许录反，错

178
○
179

作许缘反，遂谓朝士言："从来谬音'专旭'当音'专翾_{xuān}'耳。"此人先有高名，翕然_{一致。翕xī}信行。期年_{一年}之后，更有硕儒，苦相究讨，方知误焉。《汉书·王莽传》云："紫色_{不正之色}蛙声_{不正之声}，余分闰位_{不正之位}。"谓以伪乱真耳。昔吾尝共人谈书，言及王莽形状，有一俊士，自许_{自我称许}史学，名价甚高，乃云："王莽非直鸱_{chī。鸱鹰}目虎吻，亦紫色蛙声。"又《礼乐志》_{《汉书·礼乐志》}云："给太官桐_{dòng。摇动}马酒。"李奇注："以马乳为酒也，挏_{chòng}桐乃成。"二字并从手。挏桐，此谓撞捣挺桐之，今为酪酒_{用马羊等乳汁制成的酒}亦然。向学

许录反，而《史记音》里注为"许缘反"，他于是对朝堂上的人说："过去一直把颛顼读为'专旭'，其实应当读为'专翾'。"这位重臣名气早就很大，大家自然一致遵从他的说法并照办。直到一年以后，又有一位大学者对这两个字苦心研究，才知道是错误的。《汉书·王莽传》说："紫色蛙声，余分闰位。"是说王莽以假乱真。过去，我曾经和别人谈论《汉书》，说起王莽的容貌，有一位聪明才俊，自诩精通史学，名声和身价很高，却说："王莽不仅长得鹰目虎嘴，而且肤色发紫，嗓音像青蛙。"又如《汉书·礼乐志》记载："给太官桐马酒。"李奇的注解是："以马乳为酒也，挏桐乃成。"挏、桐二字的偏旁都从"手"。所谓挏桐，本是指上下捣击、搅拌的意思，现在做酪酒也用这样的方法。刚才那位才俊又认为李奇注解的意思

是"要等到种梧桐时，太官酿造的马酒才熟"。他孤陋寡闻竟到了这个地步。泰山有一个人叫羊肃，也称是有学问的人，他读潘岳赋中"周文弱枝之枣"一句，把"枝"字读作"杖策"的"杖"字；读《世本》中的"容成造歴"一句，把"歴"字认作"碓磨"的"磨"字。

士又以为种桐时，太官酿马酒乃熟，其孤陋遂至于此。<u>太山</u>即泰山羊肃，亦称学问，读<u>潘岳</u>潘安。字安仁。西晋文学家赋"周文弱枝之枣"为杖策之杖；<u>《世本》</u>书名。战国史官撰"容成造<u>历</u>繁体字为"歴""以历为<u>碓</u>duì。舂米谷的器具磨之磨。

评析

荀子说："不知则问，不能则学。"孔子说："欲能则学，欲知则问。"又说："三人行，必有我师。""敏而好学，不耻下问。"学问学问，多学多问才是学问。学习是一个不断发现问题、提出问题、解决问题的过程，读书固然需要埋头静心，但也不可以闭门造车、固执己见，"独学而无友则孤陋而寡闻"。家长应告诉自己的孩子，读书时不但要广泛涉取知识，还要避免粗枝大叶、不求甚解，千万不要自以为是、张冠李戴而导致错误百出。

谈说制文，援引古昔，必须眼学_{目睹}，勿信耳受_{耳闻}。江南闾里_{里巷。闾lǘ}间，士大夫或不学问，羞为鄙朴_{简陋朴素}，道听涂_{通"途"}说，强事饰辞_{粉饰}：呼征质_{征交抵押品。征，求取；质，抵押品}为周郑_{周平王和郑庄公。《左传·隐公三年》："周郑交质，王子狐为质于郑，郑公子忽为质于周。"}，谓霍乱_{中医学病名}为博陆_{西汉霍光。封博陆侯}，上荆州_{古称江陵。今湖北省荆州市}必称陕西_{《南齐书·州郡志》："江左大镇，莫过荆、扬。弘农郡陕县，周世二伯总诸侯，周公主陕东，召公主陕西，故称荆州为陕西也。"}，下扬都言去海郡，言食则餬_{hú。同"糊"}口，道钱则孔方_{钱的别称。因旧时铜钱中有方孔，故以此作钱的代称。晋代鲁褒《钱神论》："亲爱如兄，字曰孔方。"}，问移则楚丘_{春秋时卫国都邑。《左传·闵公二年》："僖之元年，齐桓公迁邢于夷仪。二年，封卫于楚丘。邢迁如归，卫国忘亡。"}，论婚则宴尔，及王则无不仲宣_{王粲，字仲宣。汉朝文学家}，语刘则无不公干_{刘桢，字公干。汉朝文学家}。凡有一二百件，传相祖述_{效法、遵循前人的行为或学说}，

谈话著述，引用古文典故，必须是自己亲眼目睹，而不要轻信传闻。江南地区的乡里间，士大夫不能勤学好问，又耻于被认为鄙陋浅俗，就把一些道听途说的东西拿来装饰门面，显示自己博学多闻。例如：把征质称为周郑，把霍乱称为博陆，上荆州一定要说成上陕西，下扬州就说去海郡，谈到吃饭就说是糊口，提到钱就称为孔方，问起迁徙就称为楚丘，论及婚姻称为宴尔，讲到姓王的人没有不称为仲宣的，谈起姓刘的人没有不呼作公干的。像这样的表述，不下一二百种，士大夫们前后沿袭，如问这些表

述的来源，他们都答不出来，使用时不伦不类。庄子有"乘时鹊起"的说法，于是谢朓的诗中说："鹊起登吴台。"我有一位表亲，作了一首《七夕》诗说："今夜吴台鹊，亦共往填河。"《罗浮山记》记载："望平地，树如荠。"于是戴暠作诗说："长安树如荠。"邺下也有一个人作了一首《咏树》诗说："遥望长安荠。"我还曾见到有人将矜诞说成夸毗，称高年为富有春秋。这些都是道听途说造成的过错。

寻问莫知原由，施安^{使用}时复^{时常}失所^{失当}。庄生有乘时鹊起^{指见机而作}之说，故谢朓^{字玄晖。南朝诗人。朓tiǎo}诗曰："鹊起登吴台。"吾有一亲表，作《七夕》诗云："今夜吴台鹊，亦共往填河^{也称"填桥"。民间传说，每年七月初七，牛郎、织女相会，群鹊衔接为桥以渡银河。}。"《罗浮山记》云："望平地，树如荠^{即荠菜。多野生，偶有栽培。荠jì}。"故戴暠^{南朝诗人。暠hào}诗云："长安树如荠。"又邺下有一人《咏树》诗云："遥望长安荠。"又尝见谓矜诞^{jīn dàn。骄矜虚妄}为夸毗^{过分柔顺以取媚于人。毗pí}，呼高年^{年老}为富有春秋^{指年轻}，皆耳学^{指仅凭听闻所得}之过也。

评析

"知之为知之，不知为不知，是知也。"做人要诚实，做学问态度要端正，实事求是，绝不能为了表现自己有学问而不辨是非、胡乱拼凑、任意篡改，结果往往是漏洞百出，传为笑谈。现在有些学者写文章，不管是道听途说，还是传闻野史，他都写得有模有样，让人真假难辨。另外，现代人还喜欢玩"穿越"，拍成的电视剧让人不堪目视，简直就是对历史的侮辱。这些都会对我们现代读书人特别是小孩子产生误导，一定要谨慎对待。

居身務
期質樸

夫文字者，坟籍^{典籍。坟，三坟之}省。三坟为古代典

籍，因泛称^{典籍为坟籍}根本。世之学徒，多不晓

字。读五经者，是徐邈^{字仙民。东晋学者。}_{著有《五经音训》}

而非许慎^{字叔重。东汉经学家、文}_{字学家。著有《说文解字》}；习赋诵

者，信褚诠^{褚诠之。南}_{朝辞赋家}而忽吕忱^{字伯雍。西}_{晋文学家。}

著有《字
林》；明《史记》^{中国历史上第一部纪传体}_{通史。记载了上自传说中的}

黄帝时代，下至汉武帝太初
四年的历史。西汉司马迁撰者，专徐^{徐广。字野民。东}_{晋学者。著有《史}

记音
义》、邹^{邹诞生。南朝梁人。}_{著有《史记音》}而废篆^{zhuàn。汉字}_{的一种书体。}

包括大篆、小篆，
一般指小篆、籀^{zhòu。亦称"大篆"。汉字}_{的一种书体。春秋战国时流}

行于
秦国；学《汉书》者，悦应^{应劭。字仲远。}_{东汉学者}、

苏^{苏林。字孝友。}_{东汉学者}而略苍^{即三苍。包括古老的《苍颉}_{篇》、西汉扬雄的《训纂篇》、}

东汉贾鲂的《滂喜篇》，
三部字书合称三苍、《雅》《尔雅》。不知

书音是其枝叶，小学^{古时指文字、音}_{韵、训诂之学}乃

其宗系^{家族，世系。此处}_{比喻主体、根本}。至见服虔^{字子慎}_{东汉经学}

家。虔
qián、张揖^{字稚让。三国时}_{期文字训诂学家}音义则贵之，

得《通俗》^{即《通俗文》。}_{东汉服虔撰}《广雅》而

文字是书籍的基础。现在的

读书人，很多人都不通字义。熟

读五经的人，赞成徐邈而否定许

慎；学习辞赋的人，信奉褚诠而

忽视吕忱；了解《史记》的人，

只对徐广、邹诞生的音义研究有

兴趣，而废弃了对篆书、籀文字

义的研究；学习《汉书》的人，

只喜欢应昭、苏林的注解，而忽

略了三苍和《尔雅》。他们不知

道读音只是文字的枝叶，而字义

才是文字的根本。以至于看到服

虔、张揖有关音义的书就重视，

而对他们著的《通俗文》《广雅》

却不屑一顾。对同一个人写的书，尚且这样厚此薄彼，更何况不同时代、不同人写的呢？

求学的人，都重视博闻。对于郡国山川，官位姓族，衣服饮食，器皿制度，他们都想穷根问底，找出其源头来。而对于文字，他们却漫不经意。自己的姓名，也往往出现差错，即使不出错，也不知道它的由来。近代有人给自己儿子取名字：兄弟几个的名字都用"山"作偏旁的字，内中有取名叫"峙"的；兄弟几个的名字都用"手"作偏旁的字，内中有取名叫"机"的；兄弟几个的名字都用"水"作偏旁的字，内中有取名叫"凝"的。在那些有名气的大学者中，这样的例子很多。如果他们知道这就像晋国的乐官听不出钟的乐

不屑。一手之中，向背如此，况异代各人乎？

夫学者贵能博闻也。郡国^{汉代区划分郡与国。郡直辖于朝廷，国分封于各王侯}山川，官位姓族，衣服饮食，器皿制度，皆欲根寻，得其原本。至于文字，忽^{轻视}不经怀^{经意，留心}。己身姓名，或多乖舛^{谬误。舛chuǎn}，纵得不误，亦未知所由。近世有人为子制名：兄弟皆山傍立字，而有名峙^{为"峙"的俗字，本意是直立。汉字偏旁只是表示字义归属的范围，故"峙"与"山"的意义无关}者；兄弟皆手傍立字，而有名机^{为"扨"的俗字，形声字，从木幾声}者；兄弟皆水傍立字，而有名凝^{本义为冷冻}者。名儒硕学，此例甚多。若有知吾^{此可能应该为"晋"字}钟之不调^{钟音不协调。《淮南子·修务训》载：晋}

平公令乐官制钟，制好后请师旷听，师旷认为钟音不协调，而乐官却不以为然。师旷感叹说："后无知音者则已，若有知音，必知钟之不调也。"，一何可笑。

音不协调一样，就会明白这是何等的可笑。

评 析

　　汉字有着悠久的历史，承载着中华民族悠久厚重的文明，我们的文字从殷商甲骨文开始一直发展到现在，每个汉字都有着特殊的意义。我们在读书学习的过程中，除了能够熟读成诵，理解篇章，还要对文字的构成及其意义进行深入研究，千万不能望文生义、浅尝辄止。要做到不光能旁征博引，还要避免犯各种各样的低级错误。

我曾经跟随北齐文宣帝去并州，从井陉关进入上艾县，再向东走几十里，有一个猎间村。后来，百官在晋阳城东百余里的亢仇城旁边接受马匹粮草。所有人都不知道这两个地方原本是哪里，查阅了大量的古今的书籍都没弄明白。直到我翻查《字林》《韵集》时，才知道"猎间"就是原来的"镵馀村"，"亢仇"原来是"馒臾亭"，这两个地方都属于上艾县。当时太原的王劭想撰写乡邑记注，我就把这两个旧地名说给他听，他非常高兴。

我最初读到《庄子》的"蝍二首"这句话，《韩非子》中说"有种虫叫蝍，一个身子两张口，为争食而相互咬，最终导致彼此残杀"，我茫然不知"蝍"这个字的读音，于是遇到人就问，却没一个人知道。依证《尔雅》等

吾尝从齐主_{指北齐文宣帝高洋}幸_{封建时代称皇帝亲临}并州_{今山西北部一带}，自井陉关_{太行山要隘名。陉 xíng}入上艾县，东数十里，有猎间村。后百官受马粮在晋阳_{县名}东百余里亢仇城侧。并不识二所本是何地，博求古今，皆未能晓。及检《字林》_{我国古代字书。晋代吕忱著}《韵集》_{我国古代韵书。晋代吕静著}，乃知猎间是旧镵_{liè}馀聚_{村落}，亢仇旧是馒臾_{mǎn qiū}亭，悉属上艾。时太原王劭_{字君懋。南朝历史学家。劭 shào}欲撰乡邑记注，因此二名闻之，大喜。

吾初读《庄子》"蝍_{huǐ}二首"，《韩非子》曰"虫有蝍者，一身两口，争食相龁_{hé。咬}，遂相杀也"，茫然不识此字何音，逢人辄问，了无解者。案《尔雅》诸

书，蚕蛹名蜗，又非二首两口贪害之物。后见《古今字诂》_{训诂书。三国时期张揖撰著}，此亦古之虺_{huǐ。一种毒蛇}字。积年凝滞，豁然雾解。

尝游赵州_{州名}，见柏人_{县名}城北有一小水，土人_{当地人}亦不知名。后读城西门徐整_{字文操。三国时吴国太常卿}碑云："洦_{pò}流东指。"众皆不识。吾案《说文》_{《说文解字》。是中国第一部系统地分析汉字字形和考究字源的字书，也是世界上最早的字典之一。东汉许慎撰}，此字古魄字也。洦，浅水貌。此水汉来本无名矣，直以浅貌目之，或当即以洦为名乎？

世中书翰多称勿勿，相承_{递相沿袭}如此，不知所由_{所源}，或有妄言此忽忽之残缺耳。案《说文》：

书上的记载，蚕蛹名蜗，但蚕蛹并不是那种有两个头两张嘴贪婪而相互残害的动物。后来读了《古今字诂》，才明白"蜗"也就是古代的"虺"字。长年积聚胸中的疑惑，一下子像雾一样消散了。

我曾经去赵州游玩，看到柏人城北有一条小河，当地人也不知道叫什么名字。后来读到城西门徐整碑上刻的："洦流东指。"大家都不知道什么意思。我查阅《说文解字》，这个"洦"字就是古代的"魄"字。"洦"是水浅的样子。这条河自汉代以来原来就没有名字，只是把它当成一条浅浅的河流看待，或许正应当用"洦"字给它命名的吧？

世上的书信中，多有"勿勿"一词，递相沿袭都这样使用，但却不知道其来源，有的人妄下结论说是"忽忽"残缺了下面的"心"字底。

考证《说文解字》中说："勿，是乡里所树立的旗子，其字形就像旗杆和旗帜上三条飘带的形状，这种旗帜是用来催促农民抓紧农事的。因此就把匆忙紧迫称作匆匆。"

我在益州的时候，和几个一起闲坐，天刚放晴，阳光明亮，我看到地上有小亮点，就问身边的人："这些是什么？"有一个蜀地的童仆靠近看了看，回答说："是豆逼。"大家听了惊讶地相互看着，不知道他说的是什么。我让他取过来，原来是粒小豆子。我遍访蜀地的人，都称"粒"为"逼"，当时没有人能够解释这中间的道理。我说："三苍、《说文解字》中，这个字就是'白'下加'匕'，都解释为'粒'，《通俗文》注音方力反。"大家明白后都很高兴。

"勿者，州里〔古代二千五百家为州，二十五家为里。本为行政建制，后泛指乡里或本土〕所建之旗也，象其柄及三斿〔liú。同"旒"，旌旗边缘悬垂的飘带〕之形，所以趣〔cù。同"促"〕民事。故悤〔cōng。同"忽"，匆促〕遽者称为勿勿。"

吾在益州，与数人同坐，初晴日晃，见地上小光，问左右："此是何物？"有一蜀竖〔蜀地童仆〕就〔靠近〕视，答云："是豆逼耳。"相顾愕然，不知所谓。命取将来，乃小豆也。穷访蜀士，呼粒为逼，时莫之解。吾云："三苍、《说文》，此字白下为匕，皆训粒，《通俗文》音方力反。"众皆欢悟。

愍楚_{颜之推次子。愍mǐn} 友婿_{今称连襟}窦如同从河州来，得一青鸟，驯养爱翫_{wán。同"玩"}，举俗呼之为鹖_{hé。鸟名，又名鹖鸡}。吾曰："鹖出上党，数曾见之，色并黄黑，无驳杂也。故陈思王《鹖赋》云：'扬玄黄_{黑黄色}之劲羽。'"试检《说文》："鴔_{jiè}雀似鹖而青，出羌中_{今甘肃境内}。"《韵集》音介。此疑顿释。

愍楚的连襟窦如同从河州那边来，他在那边得到了一只青鸟，就把它驯养起来，每天玩赏很是喜欢，所有的人都称这鸟为"鹖"。我说："鹖出在上党，我曾见过很多次，它的羽毛都是黄黑色的，没有斑驳杂色。因此曹植的《鹖赋》说：'扬玄黄之劲羽。'"我试着翻查《说文解字》，上面说："鴔雀像鹖而毛色是青的，出产在羌中。"《韵集》中注音为"介"。这个疑问顿时消除了。

"书到用时方恨少"，平时一定要多读书，注重知识的积累。家长一定要教导子女平时要多多读书，广泛涉猎，特别是关于解字的书籍一定要认真读。《说文解字》《尔雅》是应该放在手边必备的书籍。只有这样，才能对那些比较生僻的地名和文字熟悉和了解。

梁朝有一个人叫蔡朗，他忌讳"纯"字，且不爱学习，就把莼菜叫作露葵。那些不学无术的人也跟着效仿。梁元帝承圣年间，朝廷派了一个士大夫出使齐国，齐国的主客郎李恕问这位梁朝的使者说："江南也有露葵吗？"使者回答说："露葵就是莼菜，产自水泊之中。您现在吃的就是绿葵菜。"李恕也是个大学问家，但不知道对方学问的深浅，乍一听这说法也没办法去核实考究。

梁世有蔡朗者讳纯，既不涉学，遂呼莼 chún。即莼菜 为露葵 即冬葵。面墙 面墙而立，一无所见。喻毫无见识 之徒，递相 互相 仿效。承圣 梁元帝年号 中，遣一士大夫聘齐 出使齐国。聘，聘问。诸侯与天子之间、诸侯之间派使者问候致意，齐主客郎 官名 李恕问梁使曰："江南有露葵否？"答曰："露葵是莼，水乡所出。卿今食者绿葵菜耳。"李亦学问，但不测彼之深浅，乍闻无以核究。

评析

　　不学无术，偏听偏信是很可怕的，有时会闹出很多的笑话。家长在教导自己的子女读书时，一定要教导他们端正学习态度，认真钻研，脚踏实地，对每个细节、每个疑问都要仔细考究，切不可不明事理、不辨是非而以讹传讹。现代人却喜欢传播一些八卦新闻，须知"三人成虎"的道理，传的人多了，大家也都信以为真了。流言应止于智者，要培养自己辨别信息真假的能力，这样你才不会被这些信息所左右而上当受骗。

思鲁等姨夫彭城刘灵（刘伶。字伯伦。晋代诗人。曾为建威参军），尝与吾坐，诸子侍焉。吾问儒行、敏行曰："凡字与谘议（即谘议参军。谘zī）名同音者，其数多少，能尽识乎？"答曰："未之究（深究）也，请导示之。"吾曰："凡如此例，不预研检，忽见不识，误以问人，反为无赖所欺，不容（不允许）易（轻慢，等闲视之）也。"因为说之，得五十许字。诸刘（指刘灵诸子）叹曰："不意（想不到）乃尔（这样）！"若遂不知，亦为异事。

校定书籍，亦何容易，自扬雄（字子云。西汉文学家、哲学家、语言文字学家）、刘向（原名更生，字子政。西汉经学家、目录学家、文学家），方称此职耳。观天下书未遍，不得妄下雌黄（颜料。古人以黄纸写字，有误就用雌

思鲁他们的姨父彭城的刘灵，曾经和我坐在一起闲谈，他的几个儿子都在一旁。我问儒行、敏行说："与你们父亲名字同音的字有多少，你们都能认识吗？"他们回答说："没有研究过，请您指导提示。"我说："凡是这类的字，如果不预先翻检研究，忽然见到又不认识，错了拿去问人，反而会被无赖欺骗，不能草率啊。"于是我就为他们解说，一共说出了五十多个字。刘灵的几个孩子都感叹道："没想到有这么多！"如果他们一直都不知道，也确实是怪事。

考核校订书籍，也不是那么容易，从扬雄、刘向才算是胜任这份工作了。没有读遍天下的书籍，就不能妄加修改校正。有时那本

书认为是对的，而这本书又认为是错的；有些书主要的观点相同，而有些细节不同；有些书两种说法都有些欠缺。切不可偏信一种说法。

黄涂改，后称改易文字为"雌黄"。或彼以为非，此以为是；或本同末异；或两文皆欠。不可偏信一隅（一方）也。

评析

学习从来都不是一蹴而就的事，知识也从来没有学完的时候，这就要求我们平时应该多读书，广泛涉猎，大量积累，融会贯通，面对问题时才能从容应对，不会惊慌失措。作为家长还应教育自己的孩子，不读完天下的书，就不要对别人的观点随意品评，更不能管中窥豹，偏听偏信。我们现代人最缺乏的就是这种品质，往往自以为是，随意品评别人的观点，好像自己什么都懂，别人什么都是错的，一旦碰到小人，那我们就要遭殃了，不可不谨慎啊！

文章第九

　　《文章》篇主要讲颜之推告诫子孙在写文章的时候要注意适宜得体，不能恃强傲物。同时，他还要求子孙们要继承家风，不要盲从社会上的一些不正之风。

夫文章者，原出五经。诏、命、策、檄四种文体。诏、命专指帝王文告；策用于封官授爵；檄多用于声讨或征伐。檄xí，生于《书》《尚书》者也；序、述、论、议四种文体。序是为书籍或诗文所作的序言，也可在赠别时做送序；述是记述人和事迹的文章；论、议相当于今天的议论文，生于《易》《易经》者也；歌、咏、赋、颂古代诗体或韵文体名。歌、咏都是诗歌；赋是铺叙其事的韵文；颂是用于赞颂的韵文，生于《诗》《诗经》者也；祭、祀、哀、诔古代哀祭类文体名。祭即祭文；祀为郊庙祭祀的乐歌；哀是追悼死者的哀辞；诔是叙述死者生平，表示哀悼的文章，生于《礼》《礼记》者也；书、奏、箴、铭四种文体。书、奏是古时臣卜向朝廷所上的书简、奏章；箴是用于规诫别人或自己的文章；铭是刻于金、石之上，用以歌功颂德或可成为后世之诫的文章。箴zhēn，生于《春秋》者也。朝廷宪章记录典章制度的官方文件，军旅誓告诫将士或互相约束的言辞诰gào。古代以上训下的号令性文章，敷fū。阐发显仁义，发明阐发表明功德，牧民治理百姓建国，施用多途。至于陶冶性灵，从容讽

文章都以五经为源。诏、命、策、檄，是从《尚书》中产生的；序、述、论、议，是从《易经》中产生的；歌、咏、赋、颂，是从《诗经》中产生的；祭、祀、哀、诔，是从《礼记》中产生的；书、奏、箴、铭，是从《春秋》中产生的。朝廷中的宪章制度，军队里的誓言诰词，传播显扬仁义，阐发彰明功德，管理人民，治理国家，文章的用途多种多样。至于用文章来陶冶性情，对别人委婉劝谏，或者深入体会其中趣味，也是一

件快乐的事。在奉行忠孝仁义后还有多余精力，也可以学学这类文章。

谏，入其滋味，亦乐事也。行有余力，则可习之。

1
9
8
○
1
9
9

评析

自古以来，从四书五经一直发展到十三经，这些都是读书人必备的书籍。古人有"三十老明经，五十少进士"之说，三十岁才明经典，那就已经很晚了，古人都是很早就熟读经书的。文章都以五经为源，掌握五经才能理解、应用各类体裁的文章。大到治理国家、管理人民，小到修身养性、提升自己，五经都发挥了重要的作用。无论家长还是孩子，在能力允许的情况下都应好好学习经典，能背诵的就背诵，不能背诵的也要熟读，这样对你的一生都会有好处。物理学家杨振宁曾经说过，他三十岁以后的为人处世全靠《孟子》一书，可见经典不光能教我们怎样写文章，还能教我们怎样为人处世。

然而自古文人，多陷轻薄：

屈原 名平，字原。战国时期诗人、政治家 露才扬己，显暴君

过；宋玉 又名子渊。战国时期辞赋家 体貌容冶 面貌美丽。冶 yě，艳丽，

见遇俳优 pái yōu。古代以乐舞谐戏为业的艺人 ；东方曼倩

东方朔。字曼倩。西汉时期文学家 ，滑稽不雅；司马长卿

司马相如。字长卿。西汉时期辞赋家 ，窃赀 zī。通"资"，指财物 无操；

王褒 字子渊。西汉时期辞赋家 过章《僮约》《僮约》文，记

奴婢契约；扬雄 字子云。西汉时期辞赋家 德败《美新》即《剧秦美

新》，赞王莽文 ；李陵 字少卿。西汉时期名将 降辱夷虏；刘

歆 字子骏。西汉时期古文经学派的开创者、目录学家、天文学家。歆 xīn 反复莽

世 指王莽新朝 ；傅毅 字武仲。东汉时期文学家 党附权门；

班固 字孟坚。东汉时期史学家、文学家 盗窃父史；赵元

叔 赵壹。字元叔。东汉时期辞赋家 抗𬣙 高傲。𬣙 sōng 过度；

冯敬通 冯衍。字敬通。东汉时期辞赋家 浮华摈压 摈弃压制 ；

马季长 马融。字季长。东汉时期经学家、文学家 佞媚 谄媚。佞 nìng，巧言谄媚

获诮；蔡伯喈 蔡邕。东汉时期文学家、书法家 同恶受诛；

但是，自古以来，文人大多不太庄重：屈原太过显露才华表现自己，彰显君主的过失；宋玉英俊潇洒，被当作滑稽艺人对待；东方朔言行滑稽，缺乏雅致；司马相如窃取卓玉孙的财物，没有节操；王褒过失见于《僮约》；扬雄写《剧秦美新》歌颂王莽，致使德行受损；李陵投降匈奴辱没身份；刘歆在王莽新朝反复无常；傅毅依附权贵；班固剽窃父亲写的史书；赵元叔为人太过高傲；冯敬通性情浮华，屡遭摈弃；马季长谄媚权贵遭到讥讽；蔡伯喈与恶人同

遭德罚；吴质仗势横行，冒犯乡里；曹植傲慢不驯，触犯刑法；杜笃向人索借，不知满足；路粹心胸过于狭窄；陈琳确实太过粗疏；繁钦生性不知检点；刘桢因过分倔强被罚做苦役；王粲轻率暴躁，遭人嫌弃；孔融、祢衡傲慢放诞，招祸被杀；杨修、丁廙鼓动曹操立曹植为太子，反而自取灭亡；阮籍无视礼教，伤风败俗；嵇康恃才傲物，不得善终；傅玄负气争斗，被免官职；孙楚自负夸耀，凌辱上司；陆机违背正道，自走绝路；潘岳投机图利，自取危亡；颜延年意气用事，遭到废黜；谢灵运放纵散漫，扰乱纲纪；王元长凶逆作乱，咎由自取；

吴质[字季重。三国时期文学家]诋忤[dǐ wǔ。冒犯]乡里；曹植悖慢[bèi màn。违逆不敬]犯法；杜笃[字季雅。东汉时期文学家]乞假[请托]无厌；路粹[字文蔚。东汉时期文士]隘狭已甚；陈琳[字孔璋。东汉时期文学家]实号粗疏；繁钦[字休伯。东汉时期文士]性无检格[约束]；刘桢[字公干。东汉时期文学家]屈强输作[因犯罪罚做劳役]；王粲率躁见嫌；孔融[字文举。东汉时期文学家]、祢衡[字正平。东汉时期文学家]诞傲致殒；杨修[字德祖。东汉时期文学家]、丁廙[字敬礼。三国时期文学家。廙 yì]，扇动取毙；阮籍[字嗣宗。三国时期诗人、思想家]无礼败俗；嵇康凌物凶终；傅玄[字休奕。西晋时期文学家]忿斗免官；孙楚[字子荆。西晋时期文学家]矜夸凌上；陆机[字士衡。西晋时期文学家]犯顺[违背情理]履险；潘岳干没[投机图利]取危；颜延年[颜延之。字延年。南朝时期诗人]负气摧黜[贬黜]；谢灵运[原名公义，字灵运。南朝时期诗人、文学家]空疏[放纵散漫]乱纪；王元长[王融。字元长。南朝时期文学家]凶贼自诒yí。给予；谢玄晖谢朓。字玄晖。南朝时期山水诗人 侮慢轻慢见及。凡此诸人，皆其翘秀出类拔萃之意者，不能悉记，大较如此。

至于帝王，亦或未免。自昔天子而有才华者，唯汉武刘彻、魏太祖曹操、文帝曹丕、明帝曹叡、宋孝武帝刘裕，皆负世议世人的非议，非懿德美好品德之君也。自子游姓言，名偃，字懿yì，美好子游。孔子弟子、子夏卜商。字子夏。孔子学生、荀况、孟轲孟子。名轲，字子舆。战国时期思想家、教育家。儒家学派代表人物、枚乘字叔。西汉时期辞赋家、贾谊世称贾生。西汉时期政论家、文学家、苏武字子卿。西汉大臣。出使匈奴，留居十九年持节不屈、张衡字平子。东汉时期天文学家、数学家、发明家、地理学家、文学家、左思字太冲。西晋时期文学家之俦chóu。辈，有盛名而免过患者，时复闻之，但其损败居多耳。每尝思之，原推究其所积。文章之体，标举显示，标明兴会意趣，

谢玄晖轻慢别人，惨遭陷害。以上这些人，都是文人中的佼佼者，不能一一详细记载下来，大致是这样。

甚至对于帝王，有时也很难避免这些毛病。自古以来身为天子而有才华的，只有汉武帝、魏太祖、魏文帝、魏明帝、宋孝武帝等人，但是他们都受到世人的非议，并不是具有美德的君主。至于子游、子夏、荀况、孟轲、枚乘、贾谊、苏武、张衡、左思之辈，享有盛名而又能避免过失灾难的，也能时常听到，但是其中还是遭受祸患的多。我常思考这个问题，推究其中的缘由。文章的本质就是标明意趣，抒发情感，

而这容易使人恃才夸耀，从而忽视操守，勇于追求名利。现在的文人，这个问题更加严重，一个典故用得快意恰当，一句诗文写得清新奇巧，就开始心神上至九霄，意气下凌千年，自己吟诵叹赏，不觉世上还有旁人。更加上言辞造成的伤害，比矛戟更加残酷，讽刺带来的祸患，比风尘还要迅速，对此要特别加以防范，以保大吉。

情兴，发引_{触动引发}性灵，使人矜伐_{恃才夸功，夸耀}，故忽于持操_{保持节操}，果于进取。今世文士，此患弥切_{更加深切。弥mí}，一事_{此指用事，即写文章时所引典故}惬当_{恰当，满意。惬qiè}，一句清巧，神厉_{快速飞翔}九霄，志凌千载，自吟自赏，不觉更有傍人。加以砂砾_{此喻讽刺、伤害他人的言辞}所伤，惨于矛戟，讽刺之祸，速乎风尘，深宜防虑，以保元吉_{大吉。元，大。}。

评析

自古文人多轻薄，他们往往恃才傲物、忽视操守，纵然在学识上有巨大的成就也不能弥补或掩盖德行上的缺失，有时甚至还会因此而惨遭祸患，受到世人非议。所以家长一定要教导孩子，在写文章时能恰当地抒发情感、表明志趣即可，文章的措辞也要仔细推敲、谨慎筛选，一定要避免恃才自夸、得意忘形，更不能从言语上伤害他人。"谦虚使人进步，骄傲使人落后"，无论何时都应谨记。

学问有利钝_{聪明和愚钝}，文章有巧拙。钝学累功_{积累功夫}，不妨精熟；拙文研思，终归蚩鄙_{粗俗，拙陋。蚩 chī，无知，痴愚}。但成学士，自足为人。必乏天才，勿强操笔。吾见世人，至无才思，自谓清华_{清丽华美}，流布丑拙，亦以众矣，江南号为詅痴符_{古代方言。指那些缺乏学问却又喜欢卖弄的人。詅 líng}。近在并州_{今山西太原}，有一士族，好为可笑诗赋，诮擘_{tiǎo piē。吴中方言。指用语言戏弄别人}邢_{邢邵。字子才。北朝时期文学家}、魏_{魏收}诸公。众共嘲弄，虚相赞说，便击牛酾酒_{杀牛滤酒。酾 shāi}，招延_{扩大，扩展}声誉。其妻，明鉴妇人也，泣而谏之。此人叹曰："才华不为妻子所容，何况行路_{路人}！"至死不觉。自见之谓明，此诚难也。

做学问有敏捷迟钝之分，写文章有精巧拙劣之别。学问迟钝的人只要能积累功夫，仍可达到精通熟练；文章拙劣的人再怎么钻研思考，其文章还是难免粗俗鄙陋。只要努力成为有学之士，就足以立身处世了。确实缺乏天分，就不要去勉强执笔。我看到世上有些人，没有一点儿才气，却自认为文章清丽华美，那些丑陋拙劣的文章到处传布，这样的人太多了，江南地区称这样的人是"詅痴符"。最近在并州，有一个士族，喜爱作一些可笑的诗词，调侃邢邵、魏收等人。大家一起嘲弄他，假意赞美他的诗词，于是这个人就杀牛滤酒，宴请大家以扩大声誉。他的妻子是个明白人，哭着劝他别这样做。这个人却感叹道："满腹才华却不被妻子所承认，更何况是路人！"到死也没醒悟过来。能自知才叫聪明，这实在是难啊。

学习写文章，应该和亲友共同商讨，让他们给予评判，知道可以在世间流传了，然后才出手。千万不要自以为是，让他人耻笑。自古以来提笔写文章的人，怎么可以说尽，然而能达到气势宏伟、华丽精美的文章，不过数十篇而已。只要文章不偏离应有的结构规范，文辞立意值得一看，也就称为有才华的人了。如果一定要求文章惊动流俗，压倒当世，那就等到黄河水变清吧！

学为文章，先谋亲友，得其评裁，知可施行，然后出手。慎勿师心自任（自以为是。自任，自信、自用），取笑旁人也。自古执笔为文者，何可胜言。然至于宏丽（壮丽）精华，不过数十篇耳。但使不失体裁（指文章的结构剪裁），辞意可观，便称才士。要须动俗盖世，亦俟（sì。待）河（黄河）之清乎！

评析

人各有所长，学问及文章也并非人人都能精通。家长在教导子女学习写文章时要依据子女自身条件，如有禀赋自然很好，实在没有写作天分，就不要勉强执笔，更不能胡乱拼凑自欺欺人。近年来不时出现的论文造假问题即是对研究者的严酷拷问，此举既败坏了道德，又伤害了人民，不禁令人唏嘘。另外，文章完成后一定要反复修改推敲，精益求精，不求惊世骇俗，也应做到行文规范，言辞立意精准。

不屈二姓 不侍二主，夷、齐 伯夷、叔齐。是商末孤竹君的儿子。武王灭商建立周朝，他们耻食周粟，采薇而食，饿死于首阳山 之节也；何事 侍奉 非君，伊、箕 伊尹、箕子。伊尹，商初名臣。相传他曾五次求见夏桀，不被重用，后五次求见商汤，被重用，并辅佐汤灭夏，成为一代名臣；箕子，商朝贵族，纣王叔父。思想家。商朝灭亡之后，到今朝鲜半岛建立了"箕氏侯国"。箕 jī 之义也。自春秋已来，家 指大夫之家 有奔亡，国 指诸侯之国 有吞灭，君臣固无常分 fèn。名分 矣。然而君子之交绝 绝交 无恶声，一旦屈膝而事人，岂以存亡而改虑？陈孔璋 陈琳 居袁 袁绍 裁书，则呼操 曹操 为豺狼；在魏制檄 檄文，则目绍为蛇虺。在时君所命，不得自专，然亦文人之巨患也，当务从容消息 斟酌 之。

不屈身于另一个王朝，这是伯夷、叔齐的节操；无论什么样的国君都可以效命，这是伊尹、箕子的道义。自春秋以来，家族有流离失所的，国家有被吞并灭亡的，君臣之间也就没有固定的名分。然而，君子之间断交，不会互相辱骂，一旦屈身侍奉于人，怎么能因为故主的存亡而改变对他的初衷呢？陈孔璋在袁绍手下写文章时称曹操为豺狼；在魏国写檄文时就把袁绍骂作毒蛇一样的人。当然这是受当时君主之命，自己不能做主，但这也是文人的大毛病，应当认真斟酌一下。

"良禽择木而栖，贤臣择主而侍"，伯夷、叔齐不侍二主而千古流传，陈孔璋反复无常而遭人诟病。无论家长还是教育自己孩子，为人处世都应该有坚定的立场，是非分明，不可做墙头草而摇摆不定，不辨是非曲直。现代的有些人却缺乏这方面的修养，为了个人利益不惜出卖朋友，出卖自己的良心。但不管怎样，你一定要记住，你的行为可能会使你享受一时的荣耀，但身后可能会遭受千万人的唾骂，永远被钉在历史的耻辱柱上。

或问扬雄曰："吾子_{对人的尊称，相当于今天的"您"}少而好赋？"雄曰："然。童子雕虫篆刻_{雕琢虫书，篆写刻符。比喻微不足道的技能。虫，指虫书；刻，指刻符。虫书、刻符是秦书八体中的二体，是西汉学童必习的小技}，壮夫不为也。"

余窃非之曰：虞舜_{即舜。舜即位后国号为"虞"}歌《南风》之诗，周公作《鸱鸮_{chī xiāo。猫头鹰}》之咏，吉甫_{尹吉甫}、史克_{鲁国史臣太史克。史，太史。官名}《雅》_{《诗经·大雅》中部分篇章为尹吉甫所作}《颂》_{《毛诗序》认为《鲁颂·驷》的作者是太史克}之美者，未闻皆在幼年累德_{损及德行}也。孔子曰："不学《诗》，无以言。""自卫返鲁，乐正，《雅》《颂》各得其所。"大明_{提倡}孝道，引《诗》证之。扬雄安敢忽之也？若论"诗人之赋丽以则_{法度}，辞人之赋丽以淫_{过度}"，但知变_{区别}之而已，又未

有人问扬雄说："您从小就喜欢赋吗？"扬雄回答说："是的。但那是小孩子练习虫书、刻符一样的小技巧，成年人就不屑写这类东西了。"我私下认为他的说法是不对的：圣王虞舜唱《南风》，圣人周公写《鸱鸮》，吉甫、史克各有《雅》《颂》中的美好文章，没有听说过这些是他们小时候写的因而损伤了他们的德行。孔子说："不学习《诗经》，就无法正确表达自己的意思。""我从卫国回到鲁国，对《诗》的乐章进行了整理，让《雅》《颂》各得其所。"孔子大力倡导孝道，就引用《诗经》的话作旁证。扬雄怎么敢忽视这些呢？如果就他说的"诗人的赋华丽而合乎法度，辞人的赋华丽得过度"来看，这也只不过是看到了两者的区别而

已，但是不知道扬雄在成年后又做得怎么样呢？他写了《剧秦美新》，又曾糊涂地从天禄阁上跳下来，恐惧慌乱，不懂得天命所归，这才是小孩子的行径。桓谭觉得扬雄的哲理胜过老子，葛洪又将他和孔子相提并论，让人感叹。扬雄只不过通晓术数，懂阴阳之学，所以写了《太玄经》，桓谭、葛洪等人被他迷惑了。他的言辞行为，连荀子、屈原都不如，怎么能望老子、孔子这些大圣人项背呢？况且《太玄经》现在有什么用呢？只不过用它来盖一下酱罐而已。

齐朝有一个人叫席毗，清廉干练，官做到行台尚书。他鄙视文学，嘲笑刘逖说："你们这些文人的辞藻文章，就像是开放的

知雄自为壮夫何如也？著《剧秦美新》，妄投于阁_{扬雄曾经在天禄阁校书，教过刘歆之子。后刘歆子犯法，扬雄受牵连，朝廷派人到天禄阁抓他，他跳阁自杀，未死}，周章怖慑_{恐惧}，不达天命，童子之为耳。桓谭_{字君山。东汉哲学家}以胜老子，葛洪_{字稚川，自号抱朴子。东晋道教学者}以方_{等同，相当}仲尼，使人叹息。此人直以晓算术，解阴阳，故著《太玄经》_{《杨子太玄经》。扬雄撰}，数子为所惑耳。其遗言余行，孙卿_{荀子}、屈原之不及，安敢望大圣_{指老子、孔子}之清尘？且《太玄》今竟何用乎？不啻_{只有，不过。啻chì但，止，仅}覆酱瓿_{bù。古代的一种小瓮}而已。

齐世有席毗_{北朝北齐大将}者，清干_{清廉干练}之士，官至行台尚书_{魏晋时期，为了征伐，开始在地方设置尚书省的派出机构，总揽一方军政，称为行台}。嗤鄙_{嗤笑、鄙视}文学，嘲刘逖_{字子长。北朝时期文人}云："君辈辞藻，

譬若荣华，须臾之玩，非宏才也；岂比吾徒_{犹我辈}千丈松树，常有风霜，不可凋悴_{枯败凋落}矣！"刘应之曰："既有寒木，又发春华_{即春花}，何如也？"席笑曰："可哉！"

花朵，只能供片刻欣赏，算不得栋梁之士；哪里比得上我们这些军人，像千丈高的松树，常常有风霜侵袭，却不会凋零。"刘逖回答道："既是耐寒的树木，又能开放春花，怎么样？"席毗笑着说："那当然好啦！"

做学问、写文章等都应谦虚谨慎，博览多学，常言道"山外有山，人外有人"，仅凭自己的片面认识妄下结论往往会贻笑大方。扬雄妄自尊大而留下笑柄，席毗嘲笑别人不成反倒戏弄了自己。这其实都是个人境界修养的问题。"一瓶子不满，半瓶子晃荡"，每个人都应努力充实自己、勤奋寡言，不骄方能师人之长，而自成其学。自鸣得意之人，所显摆夸耀的往往正是被人讥笑奚落的短处，大吹大擂的正是自己的奇耻大辱，悲哉！悲哉！

凡为文章，犹人乘骐骥 qí jì。良马，虽有逸气轻松奔放之气，当以衔勒马嚼子和马络头。衔 xián制之，勿使流乱轨躅车轮碾过的痕迹。引申为法度规范。躅 zhú，足迹，放意填进入坑岸指沟壑也。

文章当以理致义理情致。指作品的思想情感为心肾，气调气韵格调为筋骨，事义典故和情节为皮肤，华丽为冠冕。今世相承，趋末弃本，率多浮艳。辞与理竞，辞胜而理伏；事与才争，事繁而才损。放逸者流宕谓诗文流畅恣肆。宕 dàng，流动而忘归；穿凿强求其通，牵强附会者补缀缝补衣服。此指拼凑文章。缀 zhuì，连结，联缀而不足。时俗如此，安能独违？但务去泰过分去甚极端耳。必有盛才重誉、改革体裁者，实吾所希。

写文章就好像是骑千里马一样，虽然马匹俊逸奔放，也还得用马嚼口和马络头来控制它，不能放任自流，乱了轨迹，纵意而行，以至于掉进沟壑之中。

文章应做到以立意情感为心肾，以气韵格调为筋骨，以典故情节为皮肤，以华丽辞藻为冠帽。现在人相互承袭的是舍本逐末，文章大都轻浮华艳。文辞与义理比较，文辞华丽而义理被掩盖；用典和才思相争，用典繁杂而才思受到损害。奔放飘逸的，写的文章流利酣畅却偏离主题；过于拘泥的，写的文章只是拼凑堆砌，缺乏文采。现在的风气就是这样，怎么能独自违背呢？只求文章不要像上述的"放逸者"和"穿凿者"那样过分、太极端就行了。真要有才华横溢而声誉极高的人来改革这种文章体制，实在是我所盼望的。

评 析

　　写文章时应注意有所遵从，一定把握文章的风格立意、情节言辞等细微之处，切记不可肆意发挥、信马由缰、随意而就。而现代人却往往犯这种毛病，舍本逐末，文章华丽空洞、堆砌辞藻，没有任何实质性的内涵。"文胜质则史，质胜文则野，文质彬彬，然后君子"，写文章时一定要文质兼顾，才能使文章美不胜收。家长在指导孩子写文章时，一定要尽量避免这种文质不谐的毛病。

古人之文，宏材逸气，体度风格，去今实远。但缉缀_{jī zhuì。缝拼接合。指文章的撰写联缀}疏朴_{简朴}，未为密致耳。今世音律谐靡_{和谐美妙}，章句偶对，讳避精详，贤于往昔多矣。宜以古之制裁_{体制，体裁}为本，今之辞调为末，并须两存，不可偏弃也。

吾家世_{指父亲}文章，甚为典正_{典雅端正}，不从流俗。梁孝元在蕃邸_{指萧绎受封湘东王时的府第}时，撰《西府新文》_{湘东王萧绎命萧淑编辑的书。内容为诸臣僚的文章。}讫_{竟然}无一篇见录者，亦以不偶_{迎合}于世，无郑、卫之音_{指郑国、卫国的音乐。古人认为郑、卫两国的音乐过于轻靡淫逸，有违清雅正道。此处代指靡丽的文风}故也。有诗、赋、铭、诔、书、表、启、疏二十

古人的文章，才华横溢，气势洒脱，其体势风格与今天相去甚远。但是它在遣词造句连接转承上很简略，不够严密细致。现在的文章音律和谐华丽，词句对仗工整，避讳精当详密，这方面则比古人之文强多了。应该以古人文章的体裁构架为根本，以今人文章的词句音调为枝叶，二者兼顾，不可偏废。

我父亲的文章，非常典雅端正，不同于世俗。梁孝元帝为湘东王时，曾经组织编撰了《西府新文》，我父亲的文章竟没有一篇被收入，也是因为这些文章没有迎合世人的口味，没有浮艳风气的缘故。遗留下的有诗、赋、铭、诔、书、表、启、疏各文体

文章共二十卷，我们兄弟守丧期间，还没来得及编辑整理，就被大火烧光了，最终没能流传于世。惨痛悔恨，达于心髓！我先父的操守品行在《梁史·文士传》及孝元帝《怀旧志》中都有记载。

卷，吾兄弟始在草土 居丧。古代，给父母守丧期间，子女要睡在草席上，挨着土地，以表达哀思，故称草土 ，并未得编次，便遭火荡尽，竟不传于世。衔酷 心情惨痛之情。衔，存在心里；酷，惨痛 茹恨 含恨 ，彻于心髓！操行 操守品行 见于《梁史·文士传》 南朝时期领军大著作郎许亨著 及孝元《怀旧志》 南朝萧绎著 。

颜之推父亲的文章由于不同流俗而不被世人看重，今又不幸失传，真是令人痛惜。古人写的文章才华横溢、气势洒脱，而今人的文章却辞藻华丽、对仗工整。古今风格迥异，我们在写文章时应当吸取两者的精华，不可偏废。现今各类文章的写作要求，条条框框也极其烦琐，好像八股文一样，这正是对文章构思的最大约束。文章重在情感抒发、观点表达，家长在指导孩子写文章时，一定要教育孩子坚持自己的立场，树立自己的写作风格，真正做到文如其人。

沈隐侯_{沈约。字休文，谥隐。南朝时期史学家、文学家}曰："文章当从三易：易见事，一也；易识字，二也；易读诵，三也。"邢子才_{名邵}常曰："沈侯文章，用事不使人觉，若胸臆语也。"深以此服之。祖孝徵_{祖珽}亦尝谓吾曰："沈诗云：'崖倾护石髓_{石钟乳。典出《晋书·嵇康传》："康遇王烈，共入山，尝得石髓如饴，即自服半，余半与康，皆凝而为石。"}。'此岂似用事邪？"

邢子才、魏收俱有重名_{高名}，时俗准的_{标准，楷模}，以为师匠_{宗师}。邢赏服沈约而轻任昉_{字彦升。南朝时期文学家。昉fǎng}，魏爱慕任昉而毁沈约，每于谈燕，辞色以之。邺下纷纭，各有朋党。祖孝徵尝谓吾曰："任、沈之

沈隐侯说："文章应当遵从'三易'的原则：其一，引用典故通俗易懂；其二，用字容易识认；其三，容易朗读背诵。"邢子才常说："沈隐侯的文章，引用典故不让人察觉，就像直抒胸臆一般。"我因此深深地佩服他。祖孝征也曾经对我说："沈隐侯的诗说：'崖倾护石髓。'这哪里像是引用典故呀！"

邢子才、魏收都很有名望，当时的人把他们当作楷模，拜他们为师。邢子才佩服沈约却看不起任昉，魏收喜欢任昉却诋毁沈约，两人每次在一起宴饮谈论时，都为此争论得面红耳赤。邺城的人对此也看法不一，两人都有拥护者。祖孝徵曾经对我说："任昉和沈

约之间的是与非，正是邢子才和魏收之间的优与劣。"

是非，乃邢、魏之优劣也。"

评析

写文章应遵从三大原则：易见事、易识字、易读诵。不同的人，写文章都有不同的文章风格，不能偏于一隅，厚此而薄彼。"物以类聚、人以群分"，自己拥护的恰恰也是和自己相同的，这往往会使自己自以为是，容不下别人的文章风格。我们现代人一定要切记不能"任己见，昧理真"，好就是好，不好就是不好，应该有真知灼见的鉴别能力，不要随意诋毁别人的文章。

《吴均 字叔庠。南朝时期文学家 集》有《破镜赋》。昔者,邑 小城镇 号 商纣王国都 称朝歌,颜渊 颜回。名回,字子渊。后人尊称颜子。孔子弟子 不舍 不住宿。因为颜渊主张非乐,故听到这城镇名字叫"朝歌",便不再停留;里名 称胜母 巷名。曾子认为胜母之名是对母亲的不尊重,曾子敛襟。盖忌夫恶名之伤实也。破镜乃凶逆之兽,事见《汉书》,为文幸避此名也。比世 近世 往往见有和人诗者,题云敬同,《孝经》云:"资 凭借 于事父以事君而敬同。"不可轻言也。梁世费昶 南朝人。善乐府,作《鼓吹曲》。昶chǎng 诗云:"不知是耶非。"殷澐 字灌疏。南朝人。澐yún 诗云:"飘飏 yáo yáng。摇曳摆荡 云母舟 画舫。"简文 简文帝萧纲 曰:"旭既不识其父,澐又飘飏其母 费昶诗中"耶非"与"爷非" 音相同,故简文帝笑他"不识其父";殷澐诗中"云母"与"澐母"音同,故简文帝笑他"飘飏其母"。"此

《吴均集》中有《破镜赋》一文。过去,有座城镇称为朝歌,颜渊因为这个名字而不住在那里;有条街巷称为胜母,曾子路过时就敛起衣襟。大概是因为忌讳这些不好的名称有伤事物原有的内涵。破镜是一种凶恶的野兽,它的典故出自《汉书》,写文章时应避开这两个字。近世常常有人和别人的诗,并题上"敬同"二字,《孝经》说:"用侍奉父亲的心去侍奉国君,崇敬的心是相同的。"可见不可轻易说这两个字的。梁朝的费昶作诗说:"不知是耶非。"殷澐的诗说:"飘飏云母舟。"简文帝说:"费昶既不认识他的父亲,殷澐又让他的母亲到处飘

荡。"这些虽然都是过去的事，但是也不能随意引用。有的人在文章中引用《诗经》中的"伐鼓渊渊"，《宋书》已经对引用词语不考虑如屡游这样反切触讳的人有所讽刺，以此类推，务必要避免使用这类词语。母亲还健在，与舅舅分别时却吟唱《渭阳》这样的诗歌；堂上双亲健在，与兄长告别时却引"桓山之鸟"为典来表达自己的悲伤，这些都是很大的失误。举以上部分例子，处处都应谨慎为是。

江南一带的人写文章，总是想让别人指正，如发现毛病，立即改正，陈思王曹植的文章就得益于丁廙的批评。山东的风俗，不懂得让别人指点。我刚到邺城

虽悉古事，不可用也。世人或有文章引《诗》"伐鼓 <small>按古代注音法，"伐鼓"切"父寡"，蕴含母早亡之义，应避之</small> 渊渊"者，《宋书》已有屡游 <small>按古代注音法，"屡游"乃"文裕"之切，帝王之名，应避之</small> 之诮，如此流比 <small>比照类推</small> ，幸须避之。北面 <small>面向北。古礼，臣见君，幼见长，都是君主或长者坐北面南，臣子或幼者面北而拜</small> 事亲，别舅摛 <small>chī。抒发</small> 《渭阳》之咏 <small>《诗经·秦风·渭阳》。这是一首别舅之作，因与舅父分别而思念已逝去的母亲</small> ；堂上养老，送兄赋桓山之悲 <small>《孔子家语·颜回》："回闻桓山之鸟，生四子焉，羽翼既成，将分于四海，其母悲鸣而送之。"</small> ，皆大失也。举此一隅，触涂 <small>各处，处处</small> 宜慎。

江南文制 <small>犹制文</small> ，欲人弹射 <small>批评</small> ，知有病累，随即改之，陈王 <small>曹植</small> 得之于丁廙也。山东风俗，不通 <small>通晓，懂得</small> 击难 <small>指点，责难</small> 。吾

初入邺，遂尝以此忤^{wǔ。抵触，不顺从}人，至今为悔，汝曹必无轻议也。

时，就曾经因此触犯了别人，至今还为这事后悔，你们一定不要轻率议论别人的文章。

"到什么山唱什么歌。"写文章时应当有所避讳，对于那些不好的、不适合的或者不符合自己身份的词尽量避免使用，以示庄重。说话做事也应根据具体情况做出相应的处理，灵活应变。入境一定要问俗，地方不同，风俗习惯一定会有所变化，孔子进入太庙以后，每件事还都要问一问呢，更何况我们？尊重不同地区人们的生活习惯，不要随便批评别人的文章及其言行，以免冒犯了别人还不自知，以致追悔莫及。

教子要
有義方

教子要
有又方

凡代人为文，皆作彼语，理宜然矣。至于哀伤凶祸之辞，不可辄代。蔡邕为胡金盈_{汉朝时期胡广之女}作《母灵表_{文体名。墓表的一种}颂》曰："悲母氏之不永_{长寿}，然委_{抛弃}我而夙_{早丧}丧。"又为胡颢_{汉朝时期胡广之孙}作其父铭_{墓志铭}曰："葬我考_{对已去世的父亲的称呼}议郎_{汉代官名}君。"《袁三公颂》曰："猗欤_{yī yú。叹词，表示赞美}我祖，出自有妫_{guī。姓。春秋时期陈国为妫姓}。"王粲为潘文则《思亲诗》云："躬此劳悴_{劳苦成疾}，鞠_{养育，抚养}予小人；庶我显妣_{对已去世母亲的美称。显，尊贵。妣bǐ}，克_{能够}保遐年_{高龄，长寿。这里引申为永远}。"而并载乎邕、粲之集，此例甚众。古人之所行，今世以为讳。陈思王《武帝诔》，遂深永

凡是代别人写文章，都要以那人的口吻来写，从道理上应当这样。至于表达哀伤凶祸的文章就不能随便代人去写。蔡邕替胡金盈写的《母灵表颂》说："悲痛母亲寿不长，为何抛下我们而早逝？"又替胡颢给他父亲写墓志铭说："安葬我的亡父议郎君。"写的《袁三公颂》说："我们的祖先啊，出自有妫这一姓氏。"王粲为潘文则写的《思亲诗》说："亲自辛劳如此，抚育我辈儿女；希望我尊贵的亡母，能保灵魂永安。"这些都记载在蔡邕、王粲的文集里，此类例子太多了。古人的这种行为，现在却认为应该忌讳。陈思王曹植在《武帝诔》一文中，用"永蛰"一词抒发对

亡父的深切怀念；潘岳在《悼亡赋》一文中，有用"手泽"一词抒发看见亡妻遗物而引起的悲伤。如果这样写的话，陈思王就把父亲比喻成了冬眠的虫子，潘岳就把亡妻说成亡父了。蔡邕在《杨秉碑》中说："总管天下的重大事务。"

潘尼在《赠卢景宣诗》中说："皇位正盼着有飞龙出现。"孙楚在《王骠骑诔》中说："忽然间升天而去。"陆机在《父诔》中说："百姓归心，百官和睦。"《姊诔》中说："她像天女一样。"如果现在再说这样的话，就会成为朝廷的罪人。

王粲在《赠杨德祖诗》中说："我君设宴送别，多么和美快乐啊。"

蛰 犹长眠。蛰zhé，蛰伏。指昆虫冬眠 之思；潘岳《悼亡赋》，乃怆手泽 手汗。多用来称先人或前辈的遗墨遗物 之遗。是方 比拟 父于虫，匹 比 妇于考也。蔡邕《杨秉碑》云："统大麓 《尚书·尧典》："纳于大麓，烈风雷雨弗迷。"大麓，指总领天下之事。麓lù，录 之重。"

潘尼《赠卢景宣诗》云："九五 代指皇帝之位 思龙飞 比喻圣人起而为天子 。"孙楚 字子荆。西晋时期文学家 《王骠骑诔》云："奄忽 迅疾 登遐 对人死去的讳称。后专指帝王之死 。"陆机《父诔》云："亿兆 指庶民百姓 宅心 归心 ，敦叙 敦序。使敦厚有序 百揆 百官。揆kuí 。"《姊诔》云："伣天之和。" 王利器《集解》认为此处的"和"字应当为"妹"字。《诗经》"大邦有子，伣天之妹"。是赞颂周文王正妃太姒的话，后以"伣天"借指皇后或公主。伣qiàn，如同，好比 今为此言，则朝廷之罪人也。王粲《赠杨德祖诗》云："我君饯之，其乐泄泄 语出《左传·隐公元年》。郑庄公与其母姜氏和好，"公入而赋：'大隧之中，其乐也融融。'姜出而赋：'大隧之外，其乐也泄泄。'"
颜之推认为"其乐也泄泄"是专写姜氏和郑庄公母子和好的诗
句，不可泛用。"不可妄施人子，况储君_{太子}乎？

挽歌辞者，或云古者《虞殡》_{yú bìn。送葬歌曲}之歌，或云出自田横_{齐国贵族。秦末，韩信破齐，田横自立为齐王，率从属五百人逃往海岛。刘邦称帝后遣使招降，田横羞为汉臣，自杀。门人伤之，作悲歌《薤露》，叹人命像薤上的露水，容易消失。薤xiè，多年生草本植物}之客，皆为生者悼往告哀之意。陆平原_{陆机。字士衡。曾任平原内史，故有此称。西晋文学家、书法家}多为死人自叹之言，诗格既无此例，又乖_{违背}制作本意。

凡诗人之作，刺箴美颂，各有源流，未尝混杂，善恶同篇也。陆机为《齐讴篇》_{即《齐讴行》}，前叙山川物产风教之盛，后章忽鄙山川之情_{《齐讴行》"惟师"以下有指责齐景公的诗句，故颜氏}

这些话不能胡乱用于一般人家的孩子，何况是太子呢？

挽歌辞，有人说发源于古代《虞殡》之歌，有人说是出自田横的门客，都是活着的人用来悼念死者，表达哀伤之情的。陆平原给别人写的挽歌好像是死者自我感叹一样，挽歌诗的格式既没有这样的例子，又违背了作挽歌的本意。

大凡诗人写的诗，讽刺的、规劝的、赞美的、歌颂的，都有各自的源流，从来不会混淆，把善和恶都写在一篇之中的。陆机作《齐讴篇》，前面叙述山川的物产丰富、风俗教化盛行，后面部分突然出现鄙视山川之情，太背离诗的体制了。他作《吴趋行》，为何不陈述子光和夫差的事呢？作《京洛行》为何不叙述周赧王和汉灵帝的事呢？

有此说法，殊失厥体。其为《吴趋行》，何不陈[陈述]子光[阖庐，一作阖闾。名光。春秋时期吴国君主。阖闾 hé lǚ]、夫差[阖闾之子。春秋时期吴国末代国君]乎？《京洛行》[《乐府诗集》卷三十九的《煌煌京洛行》]，胡不述赧王[即周赧王。周代最后一个君王。赧 nǎn]、灵帝[指东汉灵帝刘宏。其在位时期政治混乱，各阶层矛盾激化，终于爆发黄巾起义]乎？

评析

代别人写文章也有讲究，有些文章可以代写，有些文章是不能代写的，像那些有关哀伤凶祸的文章则不能随意代写。一来口吻不同，代写的人与当事人对事物的见解、感情不同；再者代写的人对某些言辞不甚理解也容易触犯忌讳。

其实，各类文章都有其基本的格式，都有其要表达的主题情感，千万不能在一篇文章中使多种情感相互交杂，善和恶都写在一篇之中，这样的话会使人不得文章的要旨。家长在教育孩子写文章的时候，一定要注意这些方面，只有这样，写出来的文章才会有鲜明的主题，让人耳目一新。

自古宏才博学，用事误者有矣。百家杂说，或有不同，书傥湮灭，后人不见，故未敢轻议之。今指知决 <u>一定</u> 纰缪者，略举一两端以为诫。《诗》<small>《诗经·邶风·匏有苦叶》</small>云："有鷕 yǎo 雉鸣。"又曰："雉鸣求其牡 <u>雄雉</u>。"《毛传》<small>《毛诗故训传》</small>亦曰："鷕，雌雉声。"又云："雉之朝雊 gòu，尚求其雌。"郑玄注《月令》亦云："雊，雄雉鸣。"潘岳赋曰："雉鷕鷕以朝雊。"是则混杂其雄雌矣。《诗》<small>《诗经·小雅·常棣》</small>云："孔怀兄弟。"孔，甚也；怀，思也，言甚可思也。陆机《与长沙顾母书》，述从祖弟士璜死，乃言"痛心拔脑，有如孔怀"。

自古才华横溢、博学多识的人，用错典故的大有人在。诸子百家的学说对同一事物的看法不尽相同，这些书倘若湮没，后人就见不到了，所以不敢妄加评论。现在只说那些绝对错误的，略举一两个实例，为你们提供借鉴。《诗经·邶风·匏有苦叶》上说："有鷕雉鸣。"又说："雉鸣求其牡。"《毛诗故训传》也说："鷕，雌雉声。"《诗经·小雅·小弁》上又说："雉之朝雊，尚求其雌。"郑玄注解的《月令》也说："雊，雄雉鸣。"潘岳写的赋却说："雉鷕鷕以朝雊。"这就是混淆了雄雌。《诗经·小雅·常棣》上说："孔怀兄弟。"孔，很的意思，怀，思念的意思，孔怀就是非常想念的意思。陆机在《与长沙顾母书》一文中，叙述同曾祖的弟弟士璜之死时，说"痛心拔脑，有如孔怀"。心里既然感到悲痛，即是非常思念，为何又加"有如"二字呢？看他的意思，应是把"孔怀"理解为亲兄弟了。《诗经·周南·汝坟》说："父母孔迩。"如果把父母双亲称为"孔迩"，能说得通吗？《异物志》上说："拥剑的样子像蟹，只是其中一螯偏大罢了。"何逊的诗中有"跳起的鱼像拥剑"一句，这是把鱼和螃蟹搞混了。《汉书》上说："御史府中排列的柏树，常有野鸟数千只，栖宿树上，晨去暮来，名叫'朝夕鸟'。"但是文人往往把"鸟"字误当"乌鸢"的"鸢"字来用了。《抱朴子》中说，项曼都谎称他已成仙，自言道："仙人拿了一杯流霞给我喝，

心既痛矣，即为甚思，何故方言有如也？观其此意，当谓亲兄弟为孔怀。《诗》^{《诗经·周南·汝坟》}云："父母孔迩^{很近的意思。孔，甚；迩，近。}。"而呼二亲为孔迩，于义通乎？《异物志》^{东汉杨孚撰}云："拥剑^{蟹名。一种两螯大小不一的蟹}状如蟹，但一螯偏大尔。"何逊^{字仲言。南朝梁诗人}诗云："跃鱼如拥剑。"是不分鱼蟹也。《汉书》^{《汉书·朱博传》}："御史府中列柏树，常有野鸟数千，栖宿其上，晨去暮来，号朝夕鸟。"而文士往往误作乌鸢^{yuān。老鹰}用之。《抱朴子》^{分内篇二十卷和外篇五十卷。内篇言神仙，外篇说人事。东晋葛洪撰}说项曼都诈称得仙，自云："仙人以流霞一杯^{流霞，传说为仙人所喝的一种饮料}《抱朴子》

所言项曼都遇仙人事记于王充《论衡·道虚》。且"流霞一杯"是项曼都语，不是葛洪之语。下文中颜之推讥讽

梁简文帝不知这一出典，才写出这样不通的诗句

与我饮之，辄不饥渴。"而简文诗云："云霞抱朴碗。"亦犹郭象以惠施之辨为庄周言也。《后汉书》《后汉书·崔骃传》："囚司徒崔烈以银铛锁。"银铛 láng dāng，大锁也，世间多误作金银字。武烈太子 萧方等。字实相。梁元帝萧绎长子。

侯景之乱时，萧绎与河东王萧誉发生冲突，派萧方等南伐长沙，兵败而死。萧绎称帝后，追谥萧方等为武烈太子

亦是数千卷学士，尝作诗云："银锁三公脚，刀撞仆射头。"为俗所误。

就不觉饥渴了。"而简文帝作诗说："云霞在抱朴碗中流动。"就好像郭象把惠施与庄子辩说的话当成庄子说的了。《后汉书》说："囚禁司徒崔烈用银铛锁。"银铛，就是大的铁锁链，世人大多把"银"字错写成金银的"银"字。武烈太子也是读书数千卷的学士了，他曾作诗说："银锁三公脚，刀撞仆射头。"也是受世俗影响造成的失误。

"列典籍，有定处"，文章用典应仔细慎重，要有据可查，切不可无中生有、望文生义，以致错用、误用而贻笑大方。家长一定要让孩子从小就养成这种用典的谨慎态度，这就必须要求孩子平时要多读书、多积累，见多自然识广；同时也应告诫孩子在读书时千万切忌囫囵吞枣而不求甚解，如若这样，读的书越多，可能对自己的危害更大，不可不慎！

文章地理，必须惬当_{恰当}。梁简文_{以下四句诗作者应为梁人褚翔}《雁门太守行》_{乐府诗名。颜之推认为燕与这些国家相距太遥远，互不相干}乃云："鹅_{古郡名}军攻日逐_{匈奴官名}，燕骑荡康居_{古西域国名。}，大宛_{古西域国名。宛yuān}归善马，小月_{即小月氏，古族名。月氏yuè zhī}送降书。"萧子晖_{字景光。南朝梁文学家}《陇头水》_{乐府曲名。据《宋书·朱修之传》，鲜卑人冯宏称燕王，治黄龙府。故址在今辽宁朝阳市}云："天寒陇水急，散漫俱分泻，北注徂黄龙_{即黄龙城，}，东流会白马_{一说指汉代西南夷之白马氐，一说指今河南滑县境内的白马津。}"此亦明珠之颣_{lèi，丝上的疙瘩，引申为小毛病}，美玉之瑕，宜慎之。

王籍_{字文海。南朝梁诗人}《入若耶溪》诗云："蝉噪林逾静，鸟鸣山更幽。"江南以为文外断绝，物无异议。简文吟咏，不能忘之，孝

诗文中涉及地理的内容，一定要恰当。梁简文作的《雁门太守行》诗中说："鹅军攻日逐，燕骑荡康居，大宛归善马，小月送降书。"萧子晖作的《陇头水》诗中说："天寒陇水急，散漫俱分泻，北注徂黄龙，东流会白马。"这些错误虽然算是明珠上的一点小毛病，美玉上的瑕疵，也还是谨慎为好。

王籍在《入若耶溪》诗中说："蝉噪林逾静，鸟鸣山更幽。"江南人认为这两句诗是独一无二的佳作，没有人会对此有异议。简文帝读到此句时，就难以忘记，

梁元帝反复吟诵，也觉此句不可再得，以致《怀旧志》把此诗收录到《王籍传》中。范阳有一个人叫卢询祖，是邺城的才俊，他却说："这两句诗，不能成为好的联语，为什么说他有才华呢？"魏收也这样认为。《诗经》上说："萧萧马鸣，悠悠旆旌。"《毛诗古训传》上说："表现幽静萧穆的气氛的。"我时常赞叹这个解释有情致，王籍的这句诗就是从这里来的。

元讽味，以为不可复得，至《怀旧志》载于籍传《王籍传》。范阳卢询祖北齐文学家，邺下才俊，乃言："此不成语，何事于能？"魏收亦然其论。《诗》《诗经·小雅·车攻》云："萧萧马鸣，悠悠旆旌pèi jīng。旗帜"《毛传》曰："言不諠哗即喧哗也。"吾每叹此解有情致，籍诗生于此耳。

兰陵萧悫字仁祖。北齐文学家。悫què，梁室上黄侯之子，工于篇什《诗经》的《雅》《颂》以十篇为一什。后用篇什指诗篇。尝有《秋》诗云："芙蓉露下落，杨柳月中疏。"时人未之赏也。吾爱其萧散消散，潇洒舒适，宛然在目。颍川荀仲举字士高。南北朝时期诗人、琅邪诸葛汉诸葛颖。字汉。北朝时期文学家，亦以为尔。而卢思道字子行。北朝时期文学家之徒，雅所不惬不称心。

何逊诗实为清巧，多形似之言。扬都指建康论者，恨其每病苦辛，饶多贫寒气，不及刘孝绰之雍容也。虽然，刘甚忌之，平生诵何诗，常云："'蘧车响北阙'，懵懵不道车。"蘧车，蘧伯玉之车。典出刘向《列女传·卫灵夫人》："卫灵公与夫人夜坐，闻车声辚辚，至阙而止。过阙，复有声。公问夫人："'知此谓谁？'夫人曰："'此蘧伯玉也。'"后以此典指人之知礼而贤能。蘧车过阙而止声，而何逊《早朝车中听望》诗却说

兰陵有一个人叫萧悫，他是梁朝上黄侯的儿子，善写诗。他曾经作《秋》诗说："芙蓉露下落，杨柳月中疏。"当时的人不欣赏这首诗。我喜欢这句诗的空远散漫，诗中所描绘的意境好像就在眼前一样。颍川的荀仲举、琅邪的诸葛汉也都这样认为。而像卢思道等，却不满意这两句。

何逊的诗歌确实清新奇巧，很多生动形象的句子。扬都那些品评诗歌的人，却认为何逊的诗过于悲苦凄凉，多了些贫苦萧瑟之气，不如刘孝绰的雍容典雅。即使这样，刘孝绰仍很嫉妒他，他平常读何逊的诗时，总是说："'蘧车响北阙'，懵懵不道车。"

又撰写了《诗苑》，只收集了何逊的两首诗，当时的人都讥讽他不大度。刘孝绰在当时名气很大，从来不谦虚。他只佩服谢朓，常常把谢朓的诗放在书案上，有时间就朗诵玩味。简文帝喜欢陶渊明的诗文，也是如此。江南有一句俗语说："梁有三何，子朗最有才气。"三何是指何逊、何思澄、何子朗。何子朗的诗的确很清新奇巧。何思澄在庐山游玩时，常常会有佳作，也算冠绝一时。

又撰《诗苑》，止取何两篇，时人讥其不广。刘孝绰当时既有重名，无所与让。唯服谢朓，常以谢诗置几案间，动静辄讽味。简文爱陶渊明_{字符亮，又名潜。东晋末至南朝初期诗人、辞赋家}文，亦复如此。江南语曰："梁有三何，子朗最多。"三何者，逊及思澄_{何思澄。字符静。南北朝时期诗人}、子朗_{何子朗。字世明。南朝时期文学家}也。子朗信_{的确}饶清巧。思澄游庐山，每有佳篇，亦为冠绝。

评析

"有一千个读者，就有一千个哈姆雷特"，不同的人有不同的写诗风格，不同的人对同一首诗也有不同的解读，这大概是诗文的妙处所在。家长和老师在教导孩子学习写诗歌时千万不可拘于一格，能表现出自己独特韵味的即为佳作。

名实第十

  《名实》篇主要讲的是名和实是否相符的问题。颜之推告诫子孙立身处世要名副其实，不能沽名钓誉、名不副实，否则声名是不会长久的。

名之与实，犹形之与影也。德艺周厚_{德行、才艺周全而醇厚}，则名必善焉；容色姝丽_{美丽。姝shū}，则影必美焉。今不修身而求令名_{美名，好名声}于世者，犹貌甚恶而责_{要求}妍_{yán，美丽，美好}影于镜也。上士忘名，中士立名，下士窃名。忘名者，体道_{事理，规律}合德，享鬼神之福佑，非所以求名也；立名者，修身慎行，惧荣观_{荣名，荣誉}之不显，非所以让名也；窃名者，厚貌_{外貌厚道}深奸，干_{gān。追求}浮华之虚称_{虚名}，非所以得名也。

人足所履_踩，不过数寸。然而咫尺之途，必颠蹶_{跌倒。蹶jué}于崖岸；拱把_{指径围大如两手合围。拱，两手合围；把，只手所握}之

名声与实际，就好像形体与影子一样。德行、才艺全面深厚，那么他的名声就会很好；容貌秀丽，则他的影像一定也很美好。如今有人不去修身却想求取在世上有好名声，就好像容貌丑陋，却要求镜子中的影像漂亮一样。上等德行的人忘记身外名声，中等德行的人树立名声，下等德行的人窃取名声。忘记名声的人，内心体悟了"道"，言行符合了"德"，能得到鬼神的赐福、保佑，而不靠它来追求名声；树立名声的人，修养身心谨言慎行，担心自己的名声得不到显扬，而不会谦让名声；窃取名声的人，貌似忠厚而心怀大奸，求取浮华的虚名，而不能真能得到好名声。

人的脚所踩的地方，面积不过几寸。但是在一尺来宽的山路上行走，常常会失足掉下山崖；

从用小树搭建的独木桥上过河，往往会掉进山谷的溪流里。为什么呢？是因为脚边没有留有余地的缘故。君子要在社会上安身立命，也是这个道理。最诚恳的话，别人可能不信；最纯洁的行为，别人可能怀疑，这都是因为他们的一言一行、声望名誉，没留有余地的缘故。我每当被人诋毁的时候，就经常以此自责。如果在立身处世上能做到开辟平坦的大道，加宽渡河的浮桥，那样就会像子路一样，说话真实可靠，胜过诸侯登坛结盟的誓言，像赵喜那样劝降一城，胜过克敌制胜的猛将。

梁，每沉溺于川谷者。何哉？为其旁无余地故也。君子之立己，抑亦如之。至诚之言，人未能信，至洁之行，物（即人）或致疑，皆由言行声名无余地也。吾每为人所毁，常以此自责。若能开方轨（车辆并行）之路，广造舟（数条船并在一起，搭成浮桥）之航，则仲由（字子路，又字季路。孔子弟子）之言信，重于登坛之盟，赵熹（字伯阳。东汉人）之降（投降）城，贤于折冲之将矣。

评析

　　"行高者，名自高，才大者，望自大"，美好的名声总是属于德行高尚的人。事实上，真正德周艺厚的人不刻意追求名声而美名远扬，而一些看似忠厚实则奸诈之人往往沽名钓誉，徒得虚名。俗语说"身正不怕影子歪"，自己德行不好还巴望着博得好名声，那只能是痴心妄想，只有自身作风正派了，好名声才会不求自来。家长要从小教育孩子踏实勤勉，恪守本分，言行上处处为自己留有余地，才能在社会上立足，才能在各种较量中立于不败之地。

吾见世人，清名登而金贝入，信誉显而然诺亏，不知后之矛戟，毁前之干橹也。宓子贱云："诚于此者，形于彼。"人之虚实真伪在乎心，无不见乎迹，但察之未熟耳。一为察之所鉴，巧伪不如拙诚，承之以羞大矣。伯石让卿，王莽辞政，当于尔时，自以巧密。后人书之，留传万代，可为骨寒毛竖也。近有大贵，以孝著声，前后居丧，哀毁逾制，亦足以高于

金贝 金刀龟贝。古代用作货币。泛指金钱。

然诺 允诺。

干橹 盾牌。

宓子贱 名不齐。即孔子弟子宓子贱。宓 fú

熟 仔细。

承之以羞 语出《易·恒》："不恒其德，或承之羞。"大意是：不能经常保有其德，羞辱就会到来。

伯石让卿 春秋时郑国伯石假意推辞卿位

王莽辞政 西汉末王莽假意推辞受任大司马

哀毁 居丧时因悲伤过度而损害身体。后常用作居丧尽礼之词

逾制 超过规定

我见到世上的人，清白的名声宣扬出去后，就开始把金钱塞入自己的腰包，诚信的名声宣扬出去后，就不再信守诺言，这些人不知道自己的行为之戟可以毁掉前面美好名声之盾。宓子贱说："内心诚实的人，总会在外表显露出来。"人的真诚虚伪虽然存在于自己的内心，但不会不通过行迹表现出来，只是人们的观察不仔细罢了。一旦通过考察来鉴别，精巧的伪装还不如笨拙不加掩饰的真实，巧伪之人受到的羞辱就大了。伯石再三辞让册封卿位，王莽辞谢出任太司马，在当时，他们都自认为伪装得非常巧妙周密。后人把这些事记录了下来，流传千秋万代，让人读后毛骨悚然啊。近来有一位显贵，因孝闻名，前后两次服丧都悲伤过度，超过了礼制的要求，其孝行可以

说是超乎常人了。但是他曾在守丧期间把巴豆涂在脸上，从而造成满脸生疮，以此来表示自己哭得厉害。他身边的仆人没能为他遮掩此事，传扬出去，更使得其他人对他在服丧期间的起居饮食所表现出来的苦行都产生了怀疑。因为一件事情做假而使得一百件诚实的事情也失去信任，这就是贪求名声不满足的缘故啊。

有一位士家的子弟，读的书还不到二三百卷，天生愚笨，但家境殷实，颇为矜持，常常用酒肉、珍宝来结交名士，凡是得其好处的人，都轮番吹捧他。朝廷以为他真有才华，曾经派他出使齐国。东莱王韩晋明非常爱好文学，怀疑他的诗文不是自己的构思，于是设宴同他交谈，想当面试试这人的才学。整整一天气氛欢洽和

人矣。而尝于苫块{睡苫席土块。古礼，居父母之丧时以草垫为席，土块为枕。故苫块又作为居丧的代称。苫shān}之中，以巴豆{植物名。形如菽豆，种子有毒}涂脸，遂使成疮，表哭泣之过。左右童竖{童仆}不能掩之，益使外人谓其居处饮食皆为不信。以一伪丧百诚者，乃贪名不已故也。

有一士族，读书不过二三百卷，天才钝拙，而家世殷厚，雅{颇}自矜持{拘谨}，多以酒犊珍玩交诸名士，甘其饵{以利诱人}者，递共吹嘘。朝廷以为文华{文采才华}，亦尝出境聘{指外交}。东莱王韩晋明{北齐东莱王。名士}笃好文学，疑彼制作，多非机杼{织布机。比喻诗文的构思和布局}，遂设讌言{宴饮言谈。讌yàn，同"宴"，宴会}，面相讨试。竟日{终日}欢谐，辞人{文人}满

席，属_{连接}音赋韵^{犹分韵。各人}_{分拈依韵作诗}，命笔为诗，彼造次_{仓促}即成，了非_{绝非}向韵。众客各自沉吟，遂无觉者。韩退叹曰："果如所量！"韩又尝问曰："玉珽^{古代天子所持的玉}_{制手板。珽tǐng}杼_{zhù}。削上终葵^{本是殷商时巫师所戴的方形尖顶}_{面具，后来把用于捶击的尖状工}^{具称为终葵。}_{终葵合音为椎}首，当作何形？"乃答云："珽头曲圜_{yuán。圜，同"圆"}，势如葵叶耳。"韩既有学，忍笑为吾说之。

谐，文人雅士满座，大家随韵唱和，挥笔赋诗，这位士族作诗立就，但是完全没有往常作品的韵味。客人们都在各自专心吟味，就没有人觉察这位士族的诗有什么不同。韩晋明退席后叹息道："果然如我估量的那样！"韩晋明又曾经问他："将玉珽上部削成终葵形头部，应该是什么形状？"那个人答道："玉珽上部弯曲圆转，样子和葵叶差不多。"韩晋明很有学问，忍住笑给我说了这件事。

美好的名声需要一生去践行去维护，绝不能用自己的声誉去做不义之事，那样随时都可能身败名裂。伯石让卿、王莽辞政等即是欺世盗名之举，自以为瞒得过众人却欲盖弥彰，遭人唾骂；更不能为了虚名而不择手段，一旦被人识破只会自取其辱。

如今，不少"富二代""官二代"都凭借优越的出身和殷实的家境在各种名望团体中谋得席位，然而真正让他们去做事时又没有真才实学，这既是对自身的浪费，也辜负了社会的期望，实在令人扼腕！

治点润色子弟文章，以为声价声名，大弊事也。一则不可常继，终露其情；二则学者有凭依靠，益不精励精进砥砺。

邺下有一少年，出为襄国县名令，颇自勉笃勤勉忠实。公事经怀经心，每加抚恤，以求声誉。凡遣兵役，握手送离，或赍以物送人。梨枣饼饵，人人赠别，云："上命相烦，情所不忍；道路饥渴，以此见思。"民庶称之，不容于口赞不绝口。及迁升迁为泗州别驾官名，此费日广，不可常周。一有伪情，触涂处处。涂同"途"难继，功绩遂损败矣。

修改子弟的文章，以此来抬高他们的身价，这是一大坏事。一来这种事不可长久持续下去，总会暴露实情；再者他们一旦有所依赖，就不肯勤奋用功了。

邺城有个年轻人，任襄国县令，非常勤奋踏实。办理公事尽心尽力，对下属体恤爱护，以求得好名声。凡派人去服兵役，总是握手与他们告别，有时还会给他们赠送梨子、枣子和饼之类的食物，与他们一一告别说："这是上面的命令，我情感上实在不忍心。你们在路上会饥渴，这些东西代表我的牵挂之情。"老百姓交相称赞，不绝于口。等到他升任泗州别驾后，这样的花费就越来越多了，不可能总是面面俱到。一旦有虚情假意，就处处难以继续下去，过去的政绩随即就被抹杀了。

自己的事情自己做。做家长的教导子女学文做事，绝不可为了追求成绩或名声而代替子女去做，以免使其产生依赖心理，难以勤勉自励。娇惯、宠溺孩子，替孩子摆平一切的家长对此应慎之又慎。

另外，维护自己的好名声也应量力而行。方便别人的同时不可太过为难自己，一味地透支自身来保留好名声是难以持久的，一旦受恩惠者习以为常，只求索取不愿付出，最终受伤害的只能是施惠者自己。做善事也是要讲策略的。

　　或问曰："夫神灭形消，遗声余价，亦犹蝉壳蛇皮，兽远 _{háng。脚印} 鸟迹耳，何预于死者，而圣人以为名教 _{以正定名分为主的封建礼教} 乎？"对曰："劝也，劝其立名，则获其实。且劝一伯夷，而千万人立清风矣；劝一季札 _{即公子札。因封于延陵，故又称延陵季子。后再封州来，故又称延州来季子。春秋时吴王诸樊之弟。多次推让君位}，而千万人立仁风矣；劝一柳下惠 _{展禽。名获，字禽。食邑在柳下，谥惠，故称柳下惠。春秋时鲁国大夫。以善讲礼节闻名当时}，而千万人立贞风矣；劝一史鱼 _{名佗，字子鱼。春秋时卫国大夫}，而千万人立直风矣。故圣人欲其鱼鳞凤翼 _{鱼的鳞凤的羽翼。形容密集相从}，杂沓 _{纷杂} 参差 _{cēn cī。长短、高低不齐的样子}，不绝于世，岂不弘 _{扩大，兴大} 哉？四海悠悠 _{众多的样子}，皆慕名者，盖因其情而致其善耳。抑

　　有人问道："人在灵魂湮灭、形体消失后，留下的声誉和评价，就像蝉脱的壳、蛇脱的皮、鸟兽留下的脚印一样，与死者又有什么关系呢？为什么圣人要把它作为教化的内容呢？"我回答道："为了劝勉世人啊，劝勉人们树立名声，就能得到实效。况且劝勉世人学习伯夷，成千上万的人就可以形成清白的风气；劝勉世人学习季札，成千上万的人就可以形成仁爱的风气；劝勉世人学习柳下惠，成千上万的人就可以形成坚贞的风气；劝勉世人学习史鱼，成千上万的人就可以形成刚强正直的风气。所以圣人希望这类人密集相从，杂沓而至，各有所长，延绵不绝，岂不是发扬光大了名人的精神吗？四海之内，芸芸众生，都是爱好名声的，应顺应着

他们的这种情感而引导他们向善。或者也可以这样说，祖先的美好声誉，就如同子孙的礼服、住宅，从古到今受到祖先荫庇的人也够多了。那些广修善事树立名声的人，就好像建房屋、种果树一样，活着的时候能够得到好处，死后能把恩泽施及子孙。世上那些急功近利的人，就不明白这个道理。如果他们的名声能与魂魄一起升天，像松柏一样常青，那就令人迷惑了！

或又论之，祖考_{祖先}之嘉名美誉，亦子孙之冕服_{古代统治者举行吉礼时所穿的礼服。冕，冕冠；服，服饰}墙宇也，自古及今获其庇荫者亦众矣。夫修善立名者，亦犹筑室树果，生则获其利，死则遗其泽。世之汲汲_{jí jí。急切的样子}者，不达此意。若其与魂爽_{魂魄，精神}俱升，松柏偕茂者，惑矣哉！"

评析

"雁过留声，人过留名。"人不能永生，但美好的名声将永生不死，人生在世都应努力求得好名。"勿自暴，勿自弃，圣与贤，可训致"，一个人，不论你天资禀赋如何都应努力向善，向道德品行高尚的人学习，除了能够修养自己，还能影响他人，恩泽子孙后世，实在是功在当代、利在千秋的事情啊！

涉务第十一

本篇简介

　　《涉务》篇中的"涉务"，就是一心致力于事务的意思。本篇告诉子弟，为人要做对别人有益的事，要踏实肯干，不要高谈阔论、纸上谈兵。作者强调，做事务实不仅对自己有益，也对别人有益，突出了"涉务"的重要性。

士君子之处世，贵能有益于物耳。不徒高谈虚论，左琴右书，以费^{耗费}人君禄位^{薪俸和官位}也。国之用材，大较不过六事：一则朝廷之臣，取其鉴达^{明察知晓}治体^{政治法度}，经纶^{整理丝缕。引申为治理国家的抱负与才能}博雅^{学问渊博雅正}；二则文史之臣^{指在中央负责主管文书档案，起草诏令、典章以及修撰国史的官员}，取其著述宪章^{《正文》："宪，法也；章，明，言夫子法明文武之德。"}，不忘前古；三则军旅之臣，取其断决有谋，强干习事；四则藩屏之臣^{指地方高级长官。藩屏fān píng，屏障}，取其明练风俗，清白爱民；五则使命之臣^{指奉朝廷之命办理内政外交的官员}，取其识变从宜，不辱君命；六则兴造之臣^{指负责土木建筑的官员}，取其程功^{计量功效，讲究效率}节费，开略^{开创，筹划}有术^{计谋}。此则皆

君子立身处世，贵在做对旁人有益处的事。不能只是高谈阔论、练琴看书，以此来耗费君王给他的薪俸和官位。国家选用人才，大体算下来不外乎六个种类：第一种是朝廷的大臣，他们需要通晓政治方略，学问渊博足以经世治国；第二种是文史大臣，他们要能撰述典章制度，彰明效法先贤，不忘前代的经验教训；第三种是军旅之臣，他们需要善于决断，富有谋略，精明能干，熟悉战事；第四种是藩屏之臣，他们需要了解当地风俗习惯，清正廉洁，爱护百姓；第五种是使命之臣，他们要能机智灵活，随机应变，不辱没君王交付的使命；第六种是兴造大臣，他们需要办事高效、节俭，善于筹划，富有计谋。这些都是勤奋学习、保持

操行的人所能够办到的。只不过人的天资有长有短，哪里能苛求一个人在以上六个方面都做得很好呢？只要对这些都知晓其中的要旨，做好其中的一个方面，就问心无愧了。

勤学守行者所能辨_{通"办"}也。人性有长短，岂责_{要求，苛求}具美于六涂_{通"途"}哉？但当皆晓指趣_{要略。指，同"旨"}，能守一职，便无愧耳。

评析

涉务就是一心致力于事务。本段通过国家对任用人才的要求，反映出做人要做对别人有益之事，而且要专心致力于自己的本分职位，就是最好的了。人生苦短，一个人不可能学习各种技能，但只要勤勤恳恳、踏踏实实，就会做出成绩。

吾见世中文学之士，品藻鉴定等级古今，若指诸掌像指示自己的手掌一般。比喻对事情非常了解，及有试用，多无所堪承受。居承平累代相承太平之世，不知有丧乱之祸；处庙堂指宗庙明堂。古代帝王有事则祭告宗庙，议于明堂，故庙堂也指朝廷之下，不知有战陈即战阵。作战布阵。此指打仗之急；保俸禄之资，不知有耕稼之苦；肆放纵，恣意而行吏民之上，不知有劳役之勤，故难可以应世适应时世经务处理事务也。晋朝南渡指建武元年西晋灭亡，司马睿南渡并在建康建立东晋一事，优借优待士族，故江南冠带官吏或士大夫的代称，有才干者，擢zhuó。提拔为令仆指尚书令和仆射。亦指肱股之臣已下，尚书郎官名。尚书省内负责文书起草的官员、中书舍人官名。中书省内掌管进呈奏章之事已上，典掌掌管机要。其余文义之士，多迂诞浮华，不涉世务，纤微过失，又惜

我看到世间那些研究文学的读书人，评论古今，好像了如指掌，但等到让他们去干实事，却大部分都无法胜任。他们处在社会太平的时代，不知道会有丧国乱民之祸；在朝廷中为官，不知道战事的急迫；有俸禄保证，不知道耕种庄稼的艰辛；在官吏和百姓头上放纵，不知道劳役的辛苦，所以他们难以应对时世，不会处理事务。晋朝南渡之后，朝廷优待士族，所以江南的文臣墨士中，凡是有才干的人，便提拔他们就任尚书令、尚书仆射以下，尚书郎、中书舍人以上的官职，掌管国家重要事务。其余的稍通文义的人，大多迂腐固执、狂妄浮华，不会

处理事务，即使有一点小的过错，也不好施以杖责之刑，所以只能把他们安置在一些名高职轻的位子上，大概是为了掩盖他们的短处吧。至于台阁令史、主书、监帅和诸王的典签、省事这些职位，都需要熟悉通晓本职工作的吏员来处理具体事务，协助办理一时急务。纵然有些人有不良的表现，但都可以对他们进行鞭打督责，因此这些人大多被任用，大概是利用了他们的长处吧。人们往往都不自量力，世人都在抱怨梁武帝父子亲近非士族出身的官员反而疏远了士大夫，这和人们的眼睛无法看到自己的睫毛是同样的道理。

舍不得行**捶楚**拷打，杖责，所以处于清高，**盖**大概护其**短**短处也。至于台阁**令史**官名。尚书省属下官员，**主书**官名。主管文书的官吏**监帅**监督军务的主帅，诸王**签**指典签。南朝以诸王出镇，朝廷派典签辅佐，虽为处理文书的小吏，但实际上起监视诸王作用**省**指省事。尚书省属官，并晓习吏用，济办时须。纵有小人之态，皆可鞭杖肃督，故多见**委使**任用，盖用其长也。人每不自量，举世怨梁武帝父子爱小人而疏士大夫，此亦眼不能见其睫耳。

评析

此处通过一些在朝廷为官的例子，来说明做事需要切合实际，务必要务实肯干。万万不能身居其位却只知其位，看不到别的东西，只活在单一的自我认识中。若武不能安邦，文不能治国，甚至不知稼穑，不察民情，岂能有真才实学？

梁世士大夫，皆尚褒衣博带_{着宽袍，系阔带。褒bāo，衣襟宽大；博，形容宽大}，大冠高履，出则车舆，入则扶侍，郊郭之内_{城外和近郊。郭，外城}，无乘马者。周弘正为宣城王_{简文帝儿子萧大器}所爱，给一果下马_{一种矮小的马。高仅三尺，可骑行果树下，故名}。常服御之，举朝以为放达_{旷达}。至乃尚书郎乘马，则纠劾_{弹劾}之。及侯景之乱_{梁武帝太清二年，北朝降将侯景叛乱，攻破建康，梁武帝被困而死。史称"侯景之乱"}，肤脆骨柔，不堪行步，体羸气弱，不耐寒暑。坐死仓猝者，往往而然。建康_{今南京}令王复性_{性情}既儒雅，未尝乘骑，见马嘶喷_{嘶鸣喷鼻}陆梁_{乱跳的样子}，莫不震慑，乃谓人曰："正是虎，何故名为马乎？"其风俗至此。

梁朝的士大夫，都喜欢穿宽衣系宽带，戴高帽子，蹬厚底鞋，出门就乘车，进门就有人搀扶伺候，无论是在城内还是郊外，就没有一个骑马的士大夫。周弘正为宣城王所宠信，宣城王赐给他一匹果下马。周弘正经常骑这匹马，满朝官员都觉得他太放纵了。至于像尚书郎骑马，必定是会受到弹劾的。到了侯景之乱的时候，皮肤细腻、筋骨脆弱的士大夫们，无法承受步行的辛苦，并且体虚气短，无法忍受严寒酷暑。在突然的变乱中坐以待毙的，常常是这些人。建康令王复，性情温文尔雅，从来没有骑过马，看到马嘶叫喷鼻跳跃的样子，没有不震惊害怕的，还对别人说："这明明是老虎，为何要把它叫马呢？"当时的社会风气竟到了这种地步。

评
析

这段话其实是在讽刺当时的社会现状，文弱的士大夫成日生活过于安逸，竟认为马和老虎一样凶猛。这更加突出地反映了违反涉务原则所带来的危害。文中所列举事例简单明了，引人深思。

古人欲知稼穑之艰难，斯盖贵谷务本 _{指农业} 之道也。夫食为民天，民非食不生 _{生存} 矣，三日不粒 _{以谷米为食}，父子不能相存 _{共活}。耕种之，莜鉏 _{hāo chú。莜，同"薅"，用手拔草；鉏，同"锄"，除草} 之，刈获 _{收割庄稼。刈yì，割} 之，载积 _{运载} 之，打拂 _{以连枷击禾，使谷粒脱落} 之，簸扬 _{簸动扬去谷糠及杂物。簸bǒ，用簸箕上下颠动} 之，凡几涉手，而入仓廪 _{储藏谷米的仓库。廪lǐn，粮仓}。安可轻农事而贵末业 _{古时称农业为本，商业为末} 哉？江南朝士，因晋中兴，南渡江，卒为羁旅 _{寄居他乡}，至今八九世。未有力田，悉资俸禄而食耳。假令有者，皆信 _{听任，任凭} 僮仆为之。未尝目观起一垅土 _{耕翻起的土块。垅fá，古同"垡"}，耘 _{除草} 一株苗；不知几月当下，几月当收，安识世间余务乎？故治

古人想要了解农事的艰难，这便是重视粮食、以农为本的思想。民以食为天，百姓没饭吃是无法生存的，三天不吃饭，父子之间都不能相互救助。耕种、除草、收割、运送、脱粒、簸扬，一般要经过很多工序、人手，才能入仓收藏。怎么能够轻视农业重视商业呢？在江南为官的士大夫，随着晋朝的复兴，南渡过江，最终寄居异乡，时至今已有八九代了。他们从来没有出力种过田，都是依靠俸禄生活。即使是有田产，也都是交给仆人去耕种。他们从来没有看到过别人翻一块土，除一株苗，不知道何时播种，何时收割，又怎么能够知晓世间的其他一些事务

呢？因此士大夫们在官时不懂得为官之道，齐家的时候又不能做到妥善事宜，这些都是养尊处优的原因。

官则不了_{不晓事。此指不明为官之道}，营家则不办_{治理}，皆优闲之过也。

评析

本段通过对种植粮食的描述，引出那些为官之人连耕种的方法都不知道，甚至是没见过，而且家庭也经营不善，归根到底都是素日里养尊处优带来的祸患。奢侈生活是人生的腐蚀剂，一味追求享受，四体不勤，五谷不分，无论治国治家，都将落得坐以待毙的下场。这是历史的教训。

省事第十二

　　《省事》篇主要是讲不要说没必要说的话，不要做没必要做的事，"省事"也就是言语能省则省，多说无益。作者通过一些例子说明，在历史上巧言令色的人往往只能一时显赫，不能长久。同时，还提出做事要有一个度，要懂得处世之道。

铭金人云："无多言，多言多败；无多事，多事多患。"至哉斯戒也！能走者夺其翼，善飞者减其指，有角者无上齿，丰后者无前足，盖天道不使物有兼备焉也。古人云："多为少善，不如执一；鼫鼠五能，不成伎术。"近世有两人，朗悟士也，性多营综，略无成名，经不足以待问，史不足以讨论，文章无可传于集录，书迹未堪以留爱翫，卜筮

金人，铜人。载刘向《说苑·敬慎篇》："孔子之周，观于太庙。右阶之前有金人焉，三缄其口，而铭其背曰：'古之慎言人也，戒之哉！戒之哉！无多言，多言多败；无多事，多事多患。'"

戒，训诫。
翼，翅膀。
指，爪子。
兼，兼备。
执一，专一。
鼫鼠，一种鼠类。鼫shí。
朗悟，聪明。
营综，兴趣广泛，什么事都做。
待问，深问。
卜筮，古时预测吉凶用龟甲称卜，用蓍草称筮，

刻在铜人身上的文字说："不要多说话，多说话多受损；不要多管闲事，多管事多招祸。"这个训诫简直说得太对了！善于奔跑的就不会让它长翅膀，善于飞翔的就不让它长出爪来，长有双角的嘴里就不会有上齿，后肢如若发达前肢就会退化掉，这大概就是无法同时兼备所有优点的自然法则。古人说："做事多但是做好的少，不如专心致志去做一件事；鼫鼠虽有五种本事，却都不成技术。"近世有两个人，都十分聪颖，有着广泛的兴趣和涉猎面，但没有一项是能让世人周知的。所学的经学无法经受别人细致的提问，史学也同样无法达到和别人讨论的地步，写的文章不能入选集录流传于世，写的书法也没到留存把玩的水平，占卜

在六次中只有三次能够卜对，给人看病在十人中只有五个人能够痊愈，音乐素养在几十个人的下面，射箭的本领也在千百人之中。至于天文、绘画、棋博、鲜卑语、胡人文字、煎胡桃油、炼锡为银，诸如此类的技艺，都只是大概有所了解，并不精通。真是太可惜了！以他们两人聪颖的智慧，如果能抛弃其他方面的爱好，专习一项，应该会达到精妙的程度。

射_{猜度}六得三，医药治十差五，音乐在数十人下，弓矢_{射箭}在千百人中，天文、画绘、棋博_{棋，围棋；博，}

博。古代的一种博戏，共十二棋，六黑六白，每人六棋，两人相博，故名，鲜卑语、胡书_{胡人的文字。此指鲜卑文}，煎胡桃油，炼锡为银，如此之类，略得梗概_{大概了解，}皆不通熟。惜乎，以彼神明_{天资}，若省其异端_{古代儒家称其他持不同见解的学派为异端。后泛指不合正统者为异端。《论}

语·为政》："攻乎异端，斯害也已。"，当精妙也。

评析

本段讲做事要专一的道理，并拿动物进行对比，说动物没有兼备各项技能的，人也应该做到术业有专攻，若想面面俱到那是不可能的。当今社会虽说是培养全才，但如果都全而不精，那还不如在其中某个领域好好奋斗。

上书陈事（陈述事情的原委及自己的意见），起自战国，逮（dài。及。）及于两汉，风流（遗风，流风遗韵）弥广。原（推究）其体度（体制内容）：攻人主之长短，谏诤（jiàn zhèng。直言进谏）之徒也；讦（jié。揭发别人的隐私或攻击别人的短处）群臣之得失，讼诉之类也；陈国家之利害，对策（应诏而陈政）之伍也；带私情（私心）之与夺，游说（战国时代的策士，周游各国，向统治者陈说形势，提出政治、军事、外交等方面的主张，以求取官禄）之俦（chóu。同类，辈。）也。总此四涂（也作"途"，途径），贾（gǔ。卖）诚（即忠。避隋文帝杨忠讳而改）以求位（官位），鬻言（出卖言论。鬻yù，卖）以干禄（获取俸禄）。或无丝毫之益，而有不省（xǐng。理解）之困。幸而感悟人主，为时所纳，初获不赀（zī。计量）之赏，终陷不测之诛，则严助（本名庄助。西汉辞赋家）、朱买臣（字翁子。西汉中大夫）、吾丘寿王（字子赣，复姓吾丘。西汉辞赋家）、主

向君王上书陈事起源于战国，到了两汉时期，这种风气流行的更加盛行了。究其体制：指责君主的过失，归于直言不阿的一类；直言群臣得失，归于诉讼的一类；陈述国家政策的利弊，归于对策的一类；带着私心让其改变，归于游说的一类。总括这四类人之所为，都是出卖忠心来获取官职，出卖言论来获取俸禄。这种上书可能没有丝毫的益处，反而会因为君主不理解而招致困扰。就算是有幸能够打动君主，被及时采纳，起初得到相当多的赏赐，但最终也会遭到预想不到的诛罚，像严助、朱买臣、吾丘寿王、主

父偃之类的人很多。优秀的史官之所以记录这些，是取其偏激耿介，敢于评论时政得失罢了，这并不是士大夫君子和遵守法度的人应该去做的事。今天我们所看的，那些怀才抱德之士都耻于做这种事。守候在公门，奔赴在朝堂上，向君主上书言计的人，大多是些空疏浅薄，自认为了不起的人。没有治国安邦的策略，都是些无价值的小事，十条建议里，没有一条值得采纳。即使有切合时务的，也都是君主所了解的，并不是不知道，只是担心知道而不能实行罢了。有的上书人被揭发存有奸诈营私的事，与人当面对证，但由于事情的发展反复无常，他们反而会因此担心自己的罪过；君主为了对外维护朝廷的声威教化，或许能对他们给予包涵，这些都是侥幸之徒，不足以和他们为伍。

父偃_{汉武帝时大臣}之类甚众。良史所书，盖取其狂狷_{泛指偏激}一介_{耿介}，论政得失耳，非士君子守法度者所为也。今世所睹，怀瑾瑜_{美玉}而握兰桂者_{指德才兼备的君子}，悉耻为之。守门诣阙，献书言计，率多空薄，高自矜夸。无经略之大体_{治国安邦的大计}，咸秕糠_{bǐ kāng。瘪谷和米糠。比喻没有价值或无用的东西}之微事，十条之中，一不足采。纵合时务，已漏先觉_{犹言已为先觉者所察晓}，非谓不知，但患知而不行耳。或被发奸私，面相酬证_{求证对质}，事途回穴_{反复，变化无常}，翻惧愆尤_{罪过。愆qiān}；人主外护声教_{声威教化}，脱_{或许}加含养_{包容养育。形容帝德博厚}，此乃侥幸之徒，不足与比肩_{并肩，与之为伍}也。

才学是一个人立足社会的根本。本段讲述了一种风气，这种风气普遍存在，有种人才疏学浅无所为，却会投机钻营，在上司面前花言巧语、飞短流长。他们的最终目的都是为了获取钱财官位，这实非君子所为。在其位谋其职，我们能做的，就是认真把自己的本分做好，而不要去做一些华而不实的事情。

施惠無念

施惠
无念

　　谏诤之徒，以正人君之失_{过失}尔，必在得言_{犹当言}之地，当尽匡赞_{匡正辅佐}之规，不容苟免偷安，垂头塞耳。至于就养_{这里指侍奉国君}有方，思不出位，干非其任，斯则罪人。故《表记》_{《礼记》篇名}云："事君，远而谏，则谄_{献媚}也；近而不谏，则尸利_{如尸体只享受祭祀而无所事事。喻身居其位而不尽职责}也。"《论语》_{《论语·子张》}曰："未信而谏，人以为谤_{讥谤}己也。"

　　君子当守道崇德，蓄_{蓄养}价_{声望}待时，爵禄_{俸禄}不登，信由天命。须求_{索求}趋竞，不顾羞惭，比较

　　身居谏诤之位的臣子，是要负责纠正君王的过失的，必须在该说话的地方，尽他匡正辅佐的职责，不容许苟且偷安，低头塞耳，装聋作哑。至于侍奉君主这件事是有一定技巧和方式的，考虑问题不要超出自己的职务范围，如果所干的不是自己职内的事，就会成为朝廷的罪人了。所以《礼记·表记》里说："侍奉君主，如果你和君主关系不亲近却直言进谏的话，那就和献媚差不多；但与君主关系亲近却又不去直言进谏，那就是白白拿这俸禄了。"《论语·子张》里说道："如果你没有得到对方的信任就去进谏，对方会误以为你是在讥谤他。"

　　君子应该做到谨守正道品德，不断增进自己的德行，蓄养自身的声望以待时机。如若官职俸禄不能提高，那也是上天安排的结果。如果到处去奔走索取，丝毫没有廉耻之心，处处与别人比较

才能的高低，评论功绩的大小，声色俱厉，整日怨天尤人；或者拿宰相的短处相要挟，以此获得酬劳；或者在世人面前张扬鼓噪、混淆视听，以求被派遣任用。以这种方式来获得官职，自认为是有能力，这和为了吃饱而去偷别人的东西，为了保暖偷穿别人的衣服有何不同呢？大家看到那些钻营争权获得官职的人，就会说："不去索取又怎会有收获呢？"他们不知道，若是时运到来的话，就算是不去索取那也是会得到的。看到那些恬淡谦退没有得到重用的人，就会说："不去争取又怎么能成功呢？"他们不知道，如果时势不允许，一味地追求也是没用的。不求而得的人，求而不得的人，怎么算得尽呢！

材能，斟量_{估量。斟zhēn，考虑，比较} 功伐_{功劳}，厉色扬声，东怨西怒；或有劫持宰相瑕疵_{xiá cī。玉上的斑痕。喻微小的缺点}，而获酬谢；或有喧聒_{喧嚣刺耳。聒guō，声音嘈杂，使人厌烦}时人视听，求见发遣_{派出去做官}。以此得官，谓为才力，何异盗食致饱，窃衣取温哉！世见躁竞_{与人比高下，争权势} 得官者，便谓"弗索_{索取}何获"，不知时运之来，不求亦至也。见静退未遇者，便谓"弗为胡成"，不知风云_{指时势，人的际遇}不与，徒求无益也。凡不求而自得，求而不得者，焉_{哪里}可胜_尽算乎！

评析

这两段说了侍奉君主讲求方式，讲了近与远的关系和对获取官位的正确理解。的确，有些事是强求不来的，但机会也是留给有准备的人的，当一切都准备好时，遇到机会就要珍惜，要相信"是金子总会发光的"。

齐之季世末世，衰世，多以财货托附外家指母亲和妻子的娘家，喧动女谒指通过宫中受宠的女子干求请托。拜守宰郡守和邑宰。代指地方长官者，印组系印的绶带光华光亮华丽，车骑辉赫，荣兼九族，取贵一时。而为执政所患担忧，随而伺察侦查。既以利得，必以利殆招致祸端，微染风尘不良风气，便乖肃正公正无私，坑阱陷阱殊深，疮痏创伤。痏wěi未复，纵得免死，莫不破家，然后噬脐自啮腹脐。喻后悔不及。噬shì，咬，亦复何及。吾自南及北，未尝一言与时人论身份也，不能通达，亦无尤焉。

王子晋传说中的仙人。原为周灵王太子云："佐饔帮厨。饔yōng，熟食得尝，佐斗帮助打架得

北齐末年，很多人把钱财托付给外家，利用在宫中得宠的女子为自己拉关系。那被封为地方长官的人，则官印绶带光亮华丽，车马光鲜显赫，荣耀惠及整个家族，荣华富贵一时而得。但这些人一旦被执政者所厌恶，随即而来的便是严密侦查。因利而得到的，必因利而招致祸端，稍微沾染上世间不良的风气，便违背了为官应有的廉政品质，这样的陷阱太深，落下的创伤难以恢复，即便求得免于一死，也难免破家毁业。这时候再后悔，也已经来不及了。我从南方到了北方，从来没有跟别人谈论过一句有关自己过去身份地位的话，就算无法富贵显达，也不因此而怨天尤人。

王子晋说："帮助别人做饭，就会尝到美味佳肴，帮助别人打

架，同样也会受到伤害。"这句话说的是当别人做好事的时候，要参与进去，别人做坏事的话，就要远离那些人，不要跟别人结党去做不义的事。大凡是牵扯到有损别人的利益的事，都不要去参与。然而一只穷途末路的小鸟飞到自己的怀抱，有慈心的人都会产生怜悯之情，何况是敢死的勇士前来投奔于我，难道要抛弃他吗？伍子胥托渔夫摆渡施救，季布被藏于灵车中，孔融收留了张俭，孙嵩藏匿了赵岐，这些都是得到前人崇尚的行为，也是我一直以来所遵从奉行的，就算是为此而承担罪行，也心甘情愿死而瞑目。至于像郭解那样代人报仇，灌夫为朋友怒责田蚡索要田

伤。"此言为善则预参与，为恶则去，不欲党人非义之事也。凡损于物，皆无与焉。然而穷鸟入怀，仁人所悯，况死士归我，当弃之乎？伍员之托渔舟《史记·伍子胥传》载：伍奢被杀，楚兵又追杀子胥，一渔父以舟救渡。伍子胥逃至吴国，帮阖闾夺取王位，并率吴军攻破楚国。伍员，伍子胥。名员，字子胥。春秋时期吴国大夫、军事家，季布之入广柳《史记》载：季布原为项羽部将，多次围困刘邦。项羽兵败后，季布藏身送葬的广柳车中，逃至鲁地。后经夏侯婴向刘邦进言，季布被赦，后任河东太守。广柳，古代运棺柩的大车，孔融之藏张俭《后汉书》载：东汉人张俭因弹劾宦官侯览，遭追杀。他投奔好友孔褒，孔褒不在，其弟孔融毅然藏匿张俭。后孔褒、孔融被捕入狱。孔融，字文举。东汉时期文学家，孙嵩之匿赵岐《后汉书》载：东汉人赵岐，著名经学家，因得罪宦官，家人被杀。赵岐逃亡北海，卖饼为生。孙嵩载其归家，藏于复壁。后赵岐得赦，升太常卿。孙嵩被荐任青州刺史，前代之所贵，而吾之所行也，以此得罪，甘心瞑目。至如郭解字翁伯。西汉时期游侠。常藏匿亡命、报复杀人、私铸钱币，终以叛逆被杀。解xiè之代人报雠同"仇"，灌夫之横怒求地

《史记》载：灌夫为人好酒任性，其朋友魏其侯与丞相田蚡争田地，他借酒打抱不平，遭田蚡弹劾，以不敬罪族诛，游侠之徒，非君子之所为也。如有逆乱之行，得罪于君亲者，又不足恤同情焉。亲友之迫危难也，家财己力，当无所吝；若横生图计，无理请谒私下告求，非吾教也。墨翟墨子。战国时期思想家、教育家。墨家学派的创始人之徒，世谓热腹热心肠；杨朱字子居。战国时期思想家、哲学家。杨朱学派创始人之侣，世谓冷肠心肠冷漠。肠不可冷，腹不可热，当以仁义为节文节制，使行为有度尔。

地，这种属于游侠一类人的行为，并不是君子应该做的。如果是因谋逆犯上而得罪了君主和父母的话，那就更不值得同情了。当亲朋好友处于窘迫危难时，家里的财产和自己的能力，应该丝毫不加吝惜；如果图谋不轨，提出无理的请托，就不是我要教你们做的了。墨家学派的这类人，世人都觉得他们有一副热心肠；杨朱学派的这类人，世人都认为他们冷漠不堪。人的心肠太冷了不好，太热了也不好，而应该用仁义来对自己的言行进行节制和规范。

这两段都是在讲一个"度"字。纵然有令人羡慕的地位，也要懂得不张扬；心肠不能太冷也不能太热，适度就好；要用仁义来规范自己的言行。无论在什么时候，都要懂得处世之道，坚持适度原则。

以前，当我在修文令曹的时候，有山东的学士与关中的太史在争论历法，总是有十几个人参与，众说纷纭持续了好几年，于是内史发公文将此事交给议官来评议。我提出了自己的观点："基本上诸位所争论的，不过是'四分历'和'减分历'两种情形。观测推算天体运行的关键，可以通过日晷的影子来测算。现根据春分、秋分，冬至、夏至，日食、月食这些现象验证，可看出'四分历'过于疏略，'减分历'过于细密。主张'四分历'的一方认为政令有宽有猛，天体的运行同样也有长有短，并不是历法计算的失误；主张'减分历'的一方认为日月的运行有快有慢，如果用正确的方法来推求，就能够提前知道它们的运行情况，并不存在灾难、福气的说法。如果用疏略的'四

前在修文令曹 即林文馆。官署名。北齐武平四年（573年）设，置学士，掌撰述及校理典籍并训生徒。北周改称崇文馆，有山东学士与关中太史竞历 历法，凡十余人，纷纭累 持续岁，内史牒 写字用的木片、竹片。后指官府文书。牒dié 付 交付 议官平 评议。即论定是非曲直之。吾执论曰："大抵诸儒所争，四分 四分历 并减分 减分历 两家尔。历象之要，可以晷 guǐ。日晷 景 同"影" 测之。今验其分 春分秋分 至 冬至夏至 薄蚀 日食月食，则四分疏而减分密。疏者则称政令有宽猛，运行致盈缩 又称赢缩。有余与不足。古人认为岁星盈缩的现象是社会变化、人生祸福，甚至生老病死的征兆 ，非算之失也；密者则云日月有迟速，以术求之，预知其度 限度，无灾祥也。用疏则藏奸 虚假 而不信 确实，

用密则任数而违经。且议官所知，不能精于讼者，以浅裁深，安有肯服？既非格令_{律令}所司，幸勿当_{判定}也。"举曹贵贱，咸以为然。有一礼官，耻为此让，苦欲留连，强加考核。机杼_{胸臆。胸中的运筹能力}既薄，无以测量，还复采访讼人，窥望长短。朝夕聚议，寒暑烦劳，背春涉冬，竟无予夺_{给予或夺去。指判断结果}，怨诮_{埋怨，嘲讽}滋生，赧然而退，终为内史所迫。此好名之辱也。

分历'，就有可能会包藏虚假而不确实；如果用细密的'减分历'，就有可能虽顺应天数却与经义相违背。况且就议官对历法的了解，不可能比争论的双方更精通，让学识浅薄的人去评论学识渊博的人，又怎能使人信服呢？这种事既然并非律令所管，最好不要让议官来评论此事了。"整个修文令曹的人，无论地位高低，都认为我说得在理。有一位礼官，却耻于做出这种谦让，苦苦地不肯放手，费尽心思对此加以考核。由于他自身学识浅薄，并没有找到测量的方法，只得反复对争论的双方进行询问，想借此观察他们的优劣。他们早晚聚会讨论，不分寒暑，从春天到冬天，竟然还是没有结论，由此引来埋怨与嘲讽，礼官也只好羞愧告退，最终被内史指责得窘迫不堪。这就是追求虚名导致的耻辱。

本段是说争论历法的双方整日讨论，乐此不疲，但真的有必要争出个胜负吗？其实不然，适可而止就好。而能为之事，尽力而为，理所当然。明知不可为而为之，实非明智之举。

止足第十三

本篇简介

　　《止足》篇中的"止足"，就是知足的意思。全篇告诫人们做人要懂得知足，不要贪得无厌、不知满足。无论是对于官位还是钱财，适可而止就好，不要看得太重，懂得知足往往会更快乐。

《礼》《礼记·曲礼》云："欲不可纵，志不可满。"宇宙可臻_{zhēn。达到}其极_{极限，限度}，情性不知其穷，唯在少欲知足，为立涯限尔。先祖靖侯_{指颜之推的九世祖颜含。字宏都,谥靖侯}戒子侄曰："汝家书生门户，世无富贵。自今仕宦不可过二千石_{汉制，郡守每}_{年的俸禄为两千石粮食。以后"二千石"便成}_{为太守的代称。此指位居二千石俸禄的高官}，婚姻勿贪势家。"吾终身服膺_{铭记在心。膺yīng，胸，}以为名言也。

天地鬼神之道，皆恶满盈。谦虚冲损_{淡泊谦让}，可以免害。人生衣趣_{通"取"，仅仅}以覆寒露，食趣以塞饥乏耳。形骸之内，尚不得奢靡，已身之外，而欲穷骄泰_{骄奢}邪？周穆王_{姬姓、名满。周昭王之}_{子。西周第五位君主}、

《礼记》中说道："欲望不可放纵，志向不可满足。"宇宙如此广袤，还可达到它的边际，人的本能欲望却无法穷尽，只有少欲且懂得知足，才会为自己规定个限度。先祖靖侯曾告诫子侄："你们都是书香门第，世代没有大富大贵过。从今天起，你们若是为官，切不可选择超过太守的官位；结婚成家，不要攀附家世显赫的人家。"对于这些话我一直都牢记于心，并且当作是至理名言。

天地鬼神之道，都是厌恶满溢的。谦虚淡泊一些，可以防止祸患的发生。人生在世，穿衣服仅仅是为了覆盖身体以免寒冷袒露，吃东西仅仅是为了填饱肚子以免饥饿乏力而已。身体本身尚且不应该奢侈靡费，身体之外还求穷奢极欲吗？周穆王、秦始皇

和汉武帝，富有天下，拥天子之尊，不懂得适可而止，方招致失败忧患，何况是一般的人呢？我一直觉得在二十口之家，奴婢的人数再多也不能超过二十人，有十顷良田，屋子只能遮挡风雨，车马只求能代替扶杖步行，积攒几万钱财以备婚丧急用，超过这些数目，就应该仗义施舍；没有达到这个数目，千万不要用不正当的手段去索取。

做官做得稳妥的，是处在中品的官位，有五十个人在前面，也有五十个人在后面，这样就足以免除耻辱，没有倾覆的危险。如果官位比中品高，就当告退谢绝，安居家中。前不久，我担任了黄门侍郎，已经可以收敛告退

秦始皇 嬴姓，名政。秦庄襄王之子。中国历史上第一位皇帝。统一了中国，建立了秦王朝、汉武帝 刘彻。汉景帝刘启之子。西汉第七位皇帝。富有四海，贵为天子，不知纪极 终极，限度，犹自败累，况士庶 士人和普通百姓 乎？常以二十口家，奴婢盛多，不可出二十人，良田十顷，堂室才蔽 遮挡风雨，车马仅代杖策，蓄财数万，以拟吉凶 喜事与丧事 急速 指仓促间发生的事，不啻此者，以义 施舍而不求回报 散之；不至此者，勿非道 不正当的手段 求之。

仕宦称泰，不过处在中品，前望五十人，后顾五十人，足以免耻辱，无倾危也。高此者，便当罢谢，偃仰 安居，游乐 私庭。吾近为黄门郎 官名，即给事黄门侍郎。东汉始设此官，侍从皇帝，传达诏命。南朝后职掌机密，供皇备问。虽俸禄仅六百石，却权势显重，已可收退。当时羁

旅，惧罹^{lí。受，遭}^{逢，遭遇}谤讟^{诽谤。讟dú，}，思为此计，仅未暇尔。自丧乱已来，见因托风云，侥幸富贵，旦执机权^{权力}，夜填坑谷^{荒山野岭}；朔^{shuò。月初}欢卓^{卓氏。战国时}^{人，冶铁致富}、郑^{郑氏。西汉时期的大}^{工商业者，善冶铁}，晦^{huì。月底}泣颜、原^{颜，颜回；原，原宪，字子思。两人均是孔子弟子，以安贫乐道著闻于世。后人用此泛指贫士}者，非十人五人也。慎之哉！慎之哉！

了。但由于客居异乡，担心会遭到无故的诽谤，心里有此打算，却没有机会去实现。自从丧乱发生以来，我见到许多趁机取得权势，侥幸取得富贵的人。他们早上还掌握大权，夜晚就葬身在荒山野岭；月初还快乐得像卓氏、郑氏那些有钱人一样，到了月底就忧伤得跟颜回、原宪一般。这种人可不止五个十个呢。务必要谨慎，务必要谨慎啊！

评析

这三段都是在讲知足常乐。无论什么事情都要懂得知足，万万不可贪得无厌，不知满足。此部分家训从人的欲望说起，又讲到做官和积财，告诫大家不要太贪，做官做个中等的官职，钱财也不要太多。这是很有道理的，人往往欲望太多，就会陷入无休止的追求之中，这样不仅活得累，也必定招致一些祸端。

诚兵第十四

《诚兵》篇主要是以颜氏家族为例，告诫子孙带兵上战场会带来祸患，还是成为士大夫能够光耀门楣、建功立业。作者谆谆教诲子孙要"诫兵"，只要多看书、多学习，也可成为国之栋梁。

本篇简介

颜氏之先，本乎邹、鲁，或分入齐，世以儒雅为业，遍在书记〔指书籍、文字等〕。仲尼门徒，升堂者〔升堂入室。比喻人的学识技艺等方面有高深的造诣〕七十有二，颜氏居八人〔指颜回、颜无繇、颜幸、颜高、颜祖、颜之仆、颜哙、颜何〕焉。秦、汉、魏、晋，下逮齐、梁，未有用兵以取达〔显贵〕者。春秋世，颜高、颜鸣、颜息、颜羽之徒，皆一斗夫〔习武之人〕耳。齐有颜涿〔zhuó〕聚，赵有颜冣〔zuì〕，汉末有颜良，宋有颜延之，并处将军之任，竟以颠覆。汉郎颜驷〔sì〕，自称好武，更无事迹。颜忠以党楚王受诛〔《后汉书》载：颜忠因被告与楚王结党谋反而被诛〕，颜俊以据武威见杀〔《魏志》载：武威颜俊、张掖和鸾、酒泉黄华、西平曲演等，并举郡反，更相攻击，后俊为鸾杀〕。得姓已来，无清操者，唯此二

颜氏的祖先，原本生活在邹国、鲁国，也有的分散去了齐国，世代从事儒雅的事业，这些在书中多有记载。在孔子的学徒之中，学问精深的有七十二人，颜氏家族占了八人。从秦、汉、魏、晋时期，继而到南朝齐、梁时期，颜氏家族没有靠带兵用武来获取显贵的。春秋时期，颜高、颜鸣、颜息、颜羽等人，都只是一介武夫罢了。齐国的颜涿聚、赵国的颜冣、汉朝末期的颜良、刘宋时的颜延之，都曾就任过将军一职，最终都因此招祸。汉代侍郎颜驷，自称是好武之人，却未见他有什么事迹流传。颜忠由于党附楚王被诛杀，颜俊由于谋反占据武威而被杀害。自从有了"颜"这个姓氏以来，节操不清白的，只有

这两个人，最终他们都招致了灾祸败亡。近世以来国家战乱不止，那些士大夫们和贵族子弟虽然没有武艺在身，但有的也聚集众人，抛弃了他们以往所从事的儒业，想侥幸获得战功。我既然羸弱多病，又想起颜氏家族中的前辈由于喜爱带兵打仗而导致祸患的教训，因此将心思全放在读书这件事上，子孙们对这一点要牢记于心。孔子拥有可以举起城门门闩的力量，却不是因为力大而被世人所知晓，这就是圣人给我们树立的榜样啊。我所见到的当今的士大夫，才血气方刚，就以此自恃，又不能身披铠甲手执兵器上阵保家卫国，只是行踪诡秘，身着武士之服，卖弄拳勇，严重的身临危亡，轻微的自取其辱，最终无人幸免。

人，皆罹祸败。顷世_{近世}乱离，衣冠之士_{指士大夫}，虽无身手，或聚徒众，违弃素业，徼_{通"侥"}幸战功。吾既羸薄_{羸弱多病}，仰惟_思前代，故置心于此，子孙志之。孔子力翘门关，不以力闻_{《列子·说符篇》："孔子之劲，能招国门之关，而不肯以力闻。"招，同"翘"，举起；门关，古城门上的门闩}，此圣证也。吾见今世士大夫，才有气干_{气血躯体}，便倚赖之，不能被甲执兵，以卫社稷，但微行_{隐匿身份，易服出行}险服_{武士之服}，逞弄_{逞强卖弄}拳腕，大则陷危亡，小则贻耻辱，遂无免者。

本段在讲诫兵，作者从颜
氏家族中因为带兵上战场而带来
祸患的例子，论述还是士大夫能
够光耀门楣，建功立业，说明了
读书的重要性。培根说"知识
就是力量"，知识无论在何时都
是不可或缺的，它能给人带来智
慧，无论过去、现在还是将来。
有必要指出的是，作者完全否认
从军打仗的态度有所偏激，自古
以来建国立业都需文武之道，废
其一则不可成就大事。

　　对于国家的兴亡、战争的胜败，如果知识积累到极其渊博的境界，是可以讨论这些问题的。在军中运筹帷幄，在朝廷参政议政，如果不能为君主治理天下出谋划策，这是君子引以为耻的事。但是我常常看到一些文士，只是粗略看过一些兵书，稍微懂得一些谋略。如果身在太平盛世，他们会窥探宫廷的事务，一旦有点事就幸灾乐祸，带头叛逆作乱，连累善良的人；如果生活在动乱的年代，他们便会挑拨煽动，反复无常，四处游说，拉拢诱骗，看不清发展存亡的大势，相互竭力扶持拥戴。这都是招来杀身灭族灾祸的根源。一定要以此为诫啊！一定要以此为诫！

　　熟练使用五种兵器，擅长骑马，这才可以称得上是武夫。现在朝廷中的士大夫，只要是不肯读书的，就称自己是武夫，事实上不过是个酒囊饭袋罢了。

　　国之兴亡，兵之胜败，博学所至，幸讨论之。入帷幄_{营帐}之中，参庙堂_{朝廷}之上，不能为主_{君主}尽规以谋社稷，君子所耻也。然而每见文士，颇_{略微}读兵书，微有经略_{谋略}。若居承平之世_{太平盛世}，睥睨_{pì nì。窥伺}宫阃_{帝王的后宫。阃kǔn，妇女所居之处}，幸灾乐祸，首为逆乱，诖误_{被别人牵连而受到处分或损害。诖guà，牵累}善良；如在兵革_{指战争}之时，构扇_{挑拨煽动}反复，纵横_{合纵连横的简称}说诱_{游说诱惑}，不识存亡，强相扶戴_{扶立拥戴君王}。此皆陷身灭族之本_{根源}也。诚之哉！诚之哉！

　　习_{熟悉}五兵_{指五种兵器}，便乘骑，正可称武夫尔。今世士大夫，但不读书，即称武夫儿，乃饭囊酒瓮也。

。

　　这两段还是在突出学习的
重要性。文人当以学识为重，如
有济世之才，介入政治，则必须
有敏锐的思想。武夫都不读书，
犹如酒囊饭袋一般，或助纣为虐，
或火上浇油，最终身首异处，祸
及亲友。在当今社会，学习始终
是家家谈论的话题，人离不开知
识的获取，更离不开知识的积累
与沉淀。

养生第十五

《养生》篇主要是谈对当时人们通过服用药物来养生这种现象的看法。作者认为，养生并不是通过滥用药物来实现的，因为这样有时反而会产生害处，真正的养生是要懂得避免祸患，保全性命，珍爱生命，内外兼修。

本篇简介

神仙之事，未可全诬_{虚假}，但性命在天，或难钟值_{恰好遇到}。人生居世，触途_{处处}牵絷_{牵连，束缚。絷zhí}：幼少之日，既有供养之勤；成立之年，便增妻孥_{妻子儿女。孥nú}之累。衣食资须，公私驱役_{驱使劳役}。而望遁迹_{逃离，隐去}山林，超然尘滓_{尘世}，千万不遇一尔。加以金玉之费，炉器_{火炉器具。这里指炼丹需要的器具}所须，益非贫士所办。学如牛毛，成如麟角_{麒麟头上的角。比喻稀少}。华山之下，白骨如莽_{密聚丛生的草}，何有可遂_{愿望达成}之理？考之内教_{佛教}，纵使得仙，终当有死，不能出世_{超越，脱离尘世}，不愿汝曹专精于此。若其爱养神

得道成仙的事，不能说全都是虚假的，只是人的性命是由上天决定的，一般人很难遇到这种机会。人活在这个世界上，处处都要受到限制和牵绊：在年少的时候，有侍奉父母的辛劳；在成年的时候，又增加了妻子儿女的拖累。不仅要解决家人吃饭穿衣的需要，而且还要为公家和私人的事情奔走劳累。希望归隐在山林中，超脱于尘世之外，在千万的人当中也很难遇到一个。加上炼制丹药要耗费黄金宝玉，需要炉鼎器具，更不是贫穷的人可以办到的。学道的人像牛毛一样多，可成仙的人却像麟角一样少。在华山下，求仙学道的人的白骨多如野草，哪有尽如人意的道理？考察佛教典籍，说人纵然能够成仙，最后还是得死，并不能超脱俗世。所以，我不希望你们把精

力都集中在这些事上。如果你们能爱惜保养精神，调理养护气息，起居有规律，穿衣适应天气冷暖变化，饮食有所禁忌，吃一些有益的药物，能达到应尽之年，不会中途夭折，我也就没什么可说的了。学习各种服药之法，并不会因此而荒废日常的事务。庾肩吾经常服用槐实，在他七十岁的时候，还能看清楚小字，胡须头发还很黑；邺城中的朝廷官员，有人单独服用杏仁、枸杞、黄精、白术、车前这些药物，从中得到很多好处，在此不能一一陈说。我曾经患有牙病，牙齿松动快要掉落了，无论是吃冷的食物还是热的食物都会引起疼痛。后来看到《抱朴子》中讲牢固牙齿的方法，说早上叩动牙齿三百下会有好的效果。我坚持了几天，牙病便好了，现在我还在坚持这么做。如此之类的小小养生术，对别的事

明_{指人的精神、心思}，调护气息，慎节_{谨慎，节制}起卧，均适_{调节适应}寒暄_{冷暖}，禁忌食饮，将饵_{ěr。服食，吃}药物，遂_{顺应符合}其所禀_{bǐng。赐予，赋予}，不为夭折者，吾无间_{无非议，不批评}然。诸药饵法，不废世务也。庾肩吾_{字子慎。南朝文人}常服槐实，年七十余，目看细字，须发犹黑；邺中_{北齐都城。在今河北省临漳县西}朝士，有单服杏仁、枸杞、黄精、术、车前得益者甚多，不能一一说尔。吾尝患齿，摇动欲落，饮食热冷，皆苦疼痛。见《抱朴子》牢齿之法，早朝叩齿三百下为良。行之数日，即便平愈_{痊愈}，今恒持之。此辈小术，无损于事，亦可修也。凡

欲饵药，陶隐居陶弘景。字通明，自号隐居先生或华阳隐居，谥贞白先生。南朝医药家、文学家《太清方》中总录甚备完备，完整，但须精审，不可轻脱疏忽，轻率。近有王爱州在邺学服松脂松树树干分泌的树脂，不得节度，肠塞而死，为药所误者甚多。

情没有大的妨害，可以学习一下。

凡是想要服用药物，陶隐居的《太清方》收录的药方十分完备，但必须对方子精心审查，不能轻率。最近王爱州在邺城仿效别人服用松脂，由于服用没有节制，结果因肠道堵塞而死。被药物所害的人是很多的。

　　这篇是作者针对当时盛行的服药修身的养生法给出的一些看法。作者列举了一些被药物贻害的例子来警醒人们保养身体要顺应自然秉性，不可过于迷信药物的作用，更忌滥服药物。这对于现代养生方面也有很大的借鉴价值，警示人们不要为了养生而滥服药物或者所谓的营养品。

养生的人首先应当考虑避免灾祸，保全自己的性命。只有有了生命，然后才能去保养它；不要白费心思地去保养不存在的所谓长生不老的生命。单豹善于保养自己的身心却死在了外部的灾祸上；张毅善于防范外部灾祸却死在了身体内的疾病上，这是前代的贤人引以为戒的例子。嵇康写了《养生论》这本书，却因为为人傲慢而被杀；石崇希望服用药物来延年益寿，但因为贪恋钱财美色而招杀身之祸，这都是前代那些糊涂人的例子。

夫养生 摄养身心，以期保健延年 者先须虑祸，全身保性，有此生然后养之，勿徒 白白地 养其无生也。单豹养于内 内部，内心 而丧外；张毅养于外而丧内，前贤所戒 警戒 也。嵇康著《养生》之论，而以傲物 傲慢 受刑；石崇 字季伦，小名齐奴。西晋时期官员。以奢豪著称 冀 希望 服饵之征 征兆。此指吉祥长寿，而以贪溺取祸，往世之所迷也。

作者强调了养生的前提是要保全性命，否则所做的一切都是徒劳的。作者通过几个例子，告诉我们不但要重视自己的身体健康，还要做到内外兼修。

夫生不可不惜，不可苟惜_{指以不当手段爱惜。}。涉险畏之途，干祸难之事，贪欲以伤生，谗_{诋毁他人，说他人的坏话}慝_{tè。邪恶，恶念}而致死，此君子之所惜哉；行诚孝_{忠孝}而见_{用在动词前，表被动。译为"被"}贼_{伤害，杀害}，履仁义而得罪，丧身以全家，泯_{mǐn。灭，亡}躯而济国，君子不咎_{归罪，责备也。}也。自乱离_{战乱，动乱}已来，吾见名臣贤士，临难求生，终为不救，徒取窘辱，令人愤懑_{fèn mèn。愤慨}。侯景之乱，王公将相，多被戮辱，妃主姬妾，略无全者。唯吴郡太守张嵊_{字四山，谥忠贞。南朝人。嵊shèng。}，建义_{指发动义军讨伐侯景}不捷，为贼所害，辞色_{言语，脸色}不挠_{náo。弯曲，屈服}；及鄱阳王世子_{帝王及诸侯王妻所生的长子。此处指萧嗣}谢夫人_{萧嗣的妻子，}

对待生命不能不珍惜，也不能无原则地爱惜。走上险恶艰难的道路，做下招致祸患的事情，贪图欲望满足而损害身体，诋毁他人心有恶念而导致死亡，这是君子所惋惜的；恪守忠孝而被杀害，遵循仁义而遭罪，为了保家而丧生，为了救国而捐躯，君子是不会责怪的。自从战乱以来，我看到一些有名望的官员和贤能的士人，在危难来临的时候，乞求生存，最终也没有活下来，白白遭受窘迫和屈辱，真是叫人愤懑。在侯景之乱的时候，朝廷的王公大臣很多都遭杀戮侮辱，妃嫔、公主、姬妾，几乎没有幸存的。只有吴郡的太守张嵊，率领义军反抗未成功，被叛军所杀，他的言辞和神色至死都不屈服；还有鄱阳王世子的夫人谢氏，她登上屋顶怒骂反贼，被箭射死。谢夫人是谢遵的女儿。为什么那些贤明智能之士坚守操行就如此困难，而婢妾们舍生就死就如此容易呢？这真是让人觉得可悲啊。

登屋诟_{gòu。辱骂}怒，见_被射而毙。夫人，谢遵女也。何贤智操行若此之难？婢妾引决_{自杀}若此之易？悲夫！

评
析

人的生命是可贵的，不可不加珍惜，但也不可以吝惜。作者强调君子应该以正确的方式爱惜生命，强调了对待生命的态度：不可苟且偷生，苟延残喘，要舍生取义。作者还讽刺了很多官吏在面对灾祸的时候还不如婢妾勇敢。此段文字对于倡导正确的生死观、义利观具有重要的借鉴意义。

归心第十六

《归心》篇主要是围绕佛教展开的论述。作者在对佛教教义进行简单阐述的基础上，针对当时人们对佛教思想的五种诽谤进行了回击。此外，还通过一些事例论证了佛教的因果报应思想，告诫子孙后代要皈依佛门，虔诚修行。

三世（佛教用语。指过去、现在、未来这三世）之事，信而有征（应验），家世归心（指归心佛教），勿轻慢也。其间妙旨，具诸经论（佛教以经、论、律为三藏。记述佛的言论的书叫经；解释经义的书叫论；记录戒规的叫律），不复于此，少能赞述。但惧汝曹犹未牢固，略重劝诱（引导）尔。

原夫四尘五荫（佛教用语。四尘，指色、香、味、触；五荫，指色、受、想、行、识），剖析形有（有形之物）；六舟三驾（佛教用语。六舟，即六度，又叫六到彼岸。指使人由生死的此岸渡到涅槃的彼岸的六种法门，即布施、持戒、忍辱、精进、静虑、智慧；三驾，佛教以羊车喻声闻乘、鹿车喻缘觉乘、牛车喻菩萨乘，总称三驾），运载群生。万行归空（通过各种途径的修行而皈依空门），千门（千法门的略称。指各种修行方法）入善，辩才智惠，岂徒七经（七部儒家经典。即《诗》《书》《礼》《易》《春秋》《公羊》《论语》）、百氏（诸子百家）之博哉？明（高明之处）非尧、舜、周、孔所及也。内外两教（内教，指佛教；外教，指儒家思想），本为一体，渐积（逐渐积累）为异，

佛教中关于过去、现在、未来这"三世"的事情，是可信并且是有应验的。咱们家世世代代皈依佛教，不可轻视怠慢。佛教精妙的内涵，都记录在佛经中，这里就不再赞美转述了，只是我担心你们的信佛之心不够坚定，所以再对你们稍加劝勉和引导。

推究佛教的"四尘""五荫"的道理，剖析世间有形之物的奥妙；凭借佛教的"六舟""三驾"的修行方法和途径，就能普度众生。佛教有很多修行的方法让人皈依空门，有许多的法门让人进入善道，这其中充满着高明辩才和超凡智慧，岂止是儒家七经和诸子百家学问的广博？佛教的高明之处，是尧、舜、周公、孔子的学问达不到的。佛教和儒学，本互为一体，经过逐渐的演变，

两者就有了差异，所达到的境界深浅也不一样。佛教的经书典籍的初学门径，设立有五戒，这与儒家所讲的仁义礼智信是相符合的。仁，就是不杀生的禁戒；义，就是不偷盗的禁戒；礼，就是为人不奸诈邪恶的禁戒；智，就是不喝酒的禁戒；信，就是不乱说话的禁戒。至于狩猎、征战、宴请、刑罚这一类的事情，都产生于人们的本性，不能都消除，只能让它们有所节制，使它们不能泛滥成灾。那些奉行周公、孔子之道而违背佛教教义的人，是多么糊涂啊。

深浅不同。内典佛教的经文初门，设五种禁；外典佛经以外的典籍仁义礼智信，皆与之符。仁者，不杀之禁也；义者，不盗之禁也；礼者，不邪之禁也；智者，不酒之禁也；信者，不妄之禁也。至如畋狩打猎。畋tián军旅，燕享同"宴飨"。宴请，享受刑罚，因民之性，不可卒尽除，就为之节节制，节度，使不淫滥过度尔。归归向，归依周、孔而背背离，背叛释宗佛教。因佛教的创始人为释迦牟尼，故称，何其迷分辨不清，糊涂也！

评析

这两段，作者强调了佛教的重要性，劝解后代要皈依佛门，并要有一颗坚定的信佛之心。同时解释了佛教和儒学作为内教和外教的一致性，只信周礼和儒学而背弃佛教的教义，这样是很不明智的。在现代社会，我们也有必要挖掘佛教典籍中有价值的内容，充实我们的人生观和价值观。

俗[世俗]之谤者，大抵有五：其一，以世界外事及神化无方为迂诞[荒唐而不切事理]也；其二，以吉凶祸福或未报应为欺诳[欺骗迷惑。诳kuáng，欺骗、瞒哄]也；其三，以僧尼行业多不精纯为奸慝[奸佞邪恶]也；其四，以糜[通"靡"。浪费]费金宝减耗课役[赋税、徭役]为损国也；其五，以纵有因缘[佛教用语。意指产生结果的直接原因及促成这种结果的条件]如报善恶，安能辛苦今日之甲，利益后世之乙乎？为异人也。今并释之于下云。

释一曰：夫遥大[遥远而庞大]之物，宁[何，怎么]可度量？今人所知，莫若[不如]天地。天为积气，地为

世俗对佛教的指责，大概有以下五个方面：第一，认为佛教所说的现实世界以外的事情和神灵的幻化无穷是迂腐荒诞的；第二，认为现实的吉凶祸福没有得到相应的报应，佛教的因果报应是骗人的；第三，认为和尚、尼姑行业中人大多品行不清白、道行不纯熟，属于邪恶的行为；第四，认为兴佛事浪费钱财又不交税、不服役，造成国家损失；第五，认为即使存在因果轮回而报以善恶，怎么能让今天的甲某人辛勤努力，而让后世的乙某人受益呢？这是不同的两个人。现在我将对这五个方面的诽谤做以下分析。

对第一种指责的回应是：遥远而巨大的东西，怎么可以度量呢？现在人们知道的东西，最大的也没有超出天地的。天是由气体集聚而成，大地是由土块堆

积而成，太阳是阳气的精华，月亮是阴气的精华，星星是宇宙万物的精华，这些是儒家所信奉的学说。有的星星会坠落，坠落下来便成了石头；万物的精华如果是石头，就不会有光亮，其特质又沉重，那靠什么把它悬挂在天上呢？一颗星星的直径，大的有几百里那么长，一个星宿的头和尾，相隔的有几万里；几百里长的物体在天空万里相连，它们按一定的宽窄和纵横顺序排列，保持定势而没有盈缩变化。另外，星星和太阳以及月亮相比较，形状和颜色是相同的，只是以体积的大小把它们区别开来，可是太阳和月亮也是石头吗？石头的性质坚固严密，太阳中的金乌和月亮上的玉兔怎么能进入里面呢？石头在空气之中，怎么能自己运行呢？日月星辰，如果全是气体，气体很轻，飘浮在空中，应该和天融合在一起，来回循环运转，

积块，日为阳精，月为阴精，星为万物之精，儒家所安_{喜，善好}也。星有坠落，乃为石矣；精_{这里指星星}若是石，不得有光，性_{特性}又质重，何所系属_{联缀}？一星之径，大者百里，一宿首尾，相去数万，百里之物，数万相连，阔狭_{广阔狭窄}从斜_{纵横}，常不盈缩。又星与日月，形色同尔，但以大小为其等差，然而日月又当石也？石既牢密，乌兔_{古代神话传说太阳中有金乌，月亮上有玉兔}焉容？石在气中，岂能独运？日月星辰，若皆是气，气体轻浮，当与天合，往来环转，不得错违_{交错，背离}，其

间迟疾 缓慢和快速，理宜一等，何故日月五星 即金木水火土 二十八宿 我国古代天文学家为把太阳和月亮所经天区的恒星分成二十八个星区，各有度数 法度，规律，移动不均？宁 岂，难道 当气坠，忽变为石？地既滓 zǐ。沉淀的杂质 浊，法 按理来说 应沉厚，凿土得泉，乃浮水上，积水之下，复有何物？江河百谷，从何处生？东流到海，何为不溢？归塘 即归墟。传说为海中无底之谷 尾闾 古代传说中泄海水之处，渫 xiè。泄 何所到？沃焦 古代传说中东海南部的沃焦山 之石，何气所然 同"燃"？潮汐 cháo xī。通常指由于月球和太阳的引力而产生的水位定期涨落的现象 去还，谁所节度？天汉 银河 悬指，那不散落？水性就下，何故上腾？天地初开，便有星宿。九州 传说中我国中原上古行政区划。即冀、兖、青、徐、扬、荆、豫、梁、雍

不得出现差错，它们之间的运行速度，按理来说应该是相同的，那为什么太阳、月亮、五大星辰还有二十八个星宿，分别有它们自己的运行规律，运行的速度也不一样呢？难道是气体坠落的时候忽然间变成了石头吗？大地既然是泥土杂质构成，按道理应当沉重厚实，但往地下凿就有泉水，才知大地是浮在水上的，那么积水的下面又是什么呢？长江、黄河及无数山间的水流，又是从哪里发源的呢？向东流入大海，可海水为什么没有溢出来呢？流入归塘从尾闾泄出又排出到了哪里呢？沃焦山上的石又是被什么气体点燃的呢？潮汐的起落，又是谁在控制？银河悬挂在天空上，为什么没有散落下来呢？水的特点就是要往下流，那为什么升腾到天上去了呢？天地初开的时候，就有了星宿。当时九州的地域尚

未确定，诸侯列国尚未划分，疆界区分和分野归属，是如何依据星辰运动的位置来确定的呢？自从分封建国以来，谁在制定分割的界限？地上的国家有增有减，天上的星宿却没有变化，其对应的人世间的凶吉祸福照样发生，没有偏差。天空那么大，星宿也那么多，为什么与地上的分野对应的天上的星宿只挂在中原地区的上空？被叫作旄头的昴星对应着匈奴的疆域，那么像西胡、东越、雕题、交址这些地区就抛弃不管，没有对应的星宿吗？要是探究起这样的问题来，终无结束的时候，难道这些问题按人世间的寻常道理解释不了，还必须到宇宙之外去寻求答案？

未划，列国未分，翦疆区野 ^{划分疆界。翦疆，剪裁疆界；区野，区分界址。}，若为躔次 ^{日月星辰运行的轨迹。古人认为地上各州郡邦国与天上一定的区域相对应，谓之分野。躔chán。}？封建 ^{封邦建国}已来，谁所制割？国有增减，星无进退，灾祥祸福，就中 ^{其中，居中}不差。乾象 ^{天象}之大，列星之伙 ^{同伴。这里指多}，何为分野，止系中国 ^{古代的中原地区}？昴 ^{mǎo。二十八个星宿之一}为旄 ^{mǎo。旗杆头上装饰的牦牛尾}头，匈奴之次，西胡 ^{古代西域各族的泛称}、东越 ^{古族名}，雕题 ^{古代的部族}、交址 ^{古地区名。泛指五岭以南}，独弃之乎？以此而求，迄 ^终无了者，岂得以人事寻常，抑必宇宙外也？

评析　作者在总结了当时盛行的五种对佛教的诽谤后，对第一种诽谤给予回击。作者从自然界中常见的日月星辰出发，开始一步步地追问世界的本原，以此对上述诽谤提出质疑。作者的这种精神是值得我们学习的，虽然其认识受历史局限，但这种严谨的方法我们也可以运用于学术研究和日常生活实践中。

凡人之信，唯耳与目，耳目之外，咸_{全，都}致疑焉。儒家说天，自有数义：或浑或盖_{儒家的浑天说和盖天说}，乍宣乍安_{宣夜说和《安天论》}。斗极_{北斗星和北极星}所周，管维_{星辰得以运转的枢纽}所属，若所亲见，不容不同，若所测量，宁_{怎能}足依据？何故信凡人之臆说_{个人想象的说法}，迷_{分辨不清，不懂}大圣_{佛家称佛或者菩萨为大圣}之妙旨，而欲必无恒沙_{"恒河沙数"的省称。此言其多不可胜数}世界、微尘_{佛教用语。指极细小的物质}数劫也？而邹衍_{战国末期阴阳家。道家代表人物。五行学说创始人}亦有九州之谈。山中人不信有鱼大如木，海上人不信有木大如鱼；汉武不信弦胶_{续弦胶。这种胶能续断了的弓弩弦}，魏文不信火布_{指火浣布}；胡人见锦，不信有虫食树吐丝所成；昔在江南，不信有千人毡

一般人都相信自己耳朵听到和眼睛看到的事情，凡眼见与耳闻之外的事情都会怀疑。儒家所讲的天，有好几种说法：有浑天说，有盖天说，有宣夜说，有的则信《安天论》。北斗七星绕着北极星旋转，是斗枢来作为运转的枢纽。如果是大家亲眼看见，就不会有不同的说法，如果是揣测度量，那怎么能用它来作为依据呢？为什么相信普通人随意的猜测，反而怀疑佛教的精意妙旨，为什么不相信世界像恒河的沙子一样多，即使是细小的尘埃也经历了几次的劫难？邹衍也有世界上存在九州的说法。山林中的人不相信世界上有像树那么大的鱼，海上的人不相信有鱼一般大的树；汉武帝不相信有弦胶，魏文帝不相信有火浣布；胡人看见绸缎，不相信是用吃树叶的虫子吐的丝制成的；以前我在江南的时候，不相信有可以容纳上千人的毡帐，等去了

黄河以北地区，才发现有人不相信有可以装下两万斛货物的大船。这都是我亲身经历过的事情。

世间有巫师和懂得各种幻术的人，还能把脚踩在火焰和刀刃上，种下瓜子瞬间就可以摘果，连水井也可以随意移动，转瞬之间，使事物千变万化。凭借人的力量，尚且能够做到这些，更何况佛的神通感应之力，更是不可估量想象的：变出高达千里的经幢，广达千里的宝座，变化出庄严洁净的极乐世界，冒出神奇的七宝塔来。

帐，及来河北_{黄河以北}，不信有二万斛船。皆实验_{真实的经历}也。

世有祝师_{能祝物的巫师}及诸幻术，犹能履火蹈刃，种瓜移井，倏忽之间，十变五化。人力所为，尚能如此，何况神通感应，不可思量：千里宝幢_{经幢。指刻有佛号或经咒的石柱}，百由旬_{古印度的计程单位。一由旬的长度，在我国有四十里、六十里、八十里几种说法}座，化成净土_{佛教指无五浊（劫浊、见浊、烦恼浊、众生浊、命浊）垢染的清净世界。与世俗众生居住的世间相对}，踊_{升起，冒出}出妙塔乎？

评析　　作者意在强调除了人们眼睛看到的和耳朵听到的之外还有很多是真实存在的，人们不应当眼界狭小。从我们现在来说，反而是开阔眼界的平台太广，获取信息的途径太多，得到的信息太杂了，开始盲听盲信了，所以我们要学会筛选。古时候的人们只信亲耳听到和亲眼看到之事，有一定的片面性，现在我们是走到了另一个极端，同样具有一定的片面性，所以克服这些片面性就显得尤为重要。

释二曰：夫信谤之征，有如影响（影子与回声）。耳闻目见，其事已多，或乃精诚不深，业缘（佛教用语。指善业生善果、恶业生恶果的因缘。谓一切众生的境遇、生死都由前世业缘所决定）未感，时傥差阑（略迟，较晚），终当获报耳。善恶之行，祸福所归。九流（战国时期的九个学术流派。即儒家、道家、阴阳家、法家、名家、墨家、纵横家、杂家、农家）百氏，皆同此论，岂独释典（佛经）为虚妄乎？项橐（古代的神童。橐tuó）、颜回之短折；伯夷、原宪之冻馁（寒冷饥饿）；盗跖（相传是黄帝时的大盗。春秋时期柳下惠的弟弟柳下跖是天下大盗，所以世人称他为盗跖。跖zhí）、庄蹻（战国楚威王时的将军，后为大盗。蹻qiāo）之福寿；齐景、桓魋（向魋。春秋时期宋国司马。魋tuí）之富强。若引之先业（佛教用语。佛教认为一个人生命中的祸福，由前世的作为所决定。含有善恶、苦乐因果报应之意。业包括行动、语言、思想意识三个方面，分别指身业、口业、意业），冀以后生，更为通耳。如以行善而偶（偶尔）钟（适逢）祸报，为恶而傥值

对第二种指责的解释是：诚实和欺诳的报应应验，就好像影子随着形体，回声随着声音一样，人们已经听到和看到过很多这样的事情了。有的时候因为心不够诚，善恶报应未现，时间出现略迟，但最终还是会得到报应。因为善恶的行为，正是祸福的归宿。世上九流百家，都有这个说法，难道只有佛经中的说法是虚假的吗？项橐、颜回的短命早死；伯夷、原宪的挨饿受冻；盗跖、庄蹻的福报长寿；齐景公、桓魋的富裕强大。如果把这些看作是前世做了善事或者是恶行，报应到了后世身上，这便讲得通了。如果行善而偶然遇到灾祸的报应，作恶

而或许碰上得福的效验，便产生埋怨，认为佛教的因果报应是欺诈骗人的学说，这就相当于说尧、舜的事迹是虚假的，周公和孔子的话是不可信的。那你依靠什么、信仰什么来安身立命呢？

遇到福征，便生怨尤 埋怨，责怪，即为欺诡 欺诈，欺骗，则亦尧、舜之云虚，周、孔之不实也，又欲安所依信而立身乎？

释三曰：**开辟**_{指盘古开天辟地}已来，不善人多而善人少，何由悉责其**精洁**_{精粹纯洁}乎？见有名僧高行，弃而不说；若睹凡僧流俗，便生非毁。且学者之不勤，岂教者之为过？俗僧之学经律_{佛教徒称记述佛的言论的书叫经；记述佛家戒律的书叫律}，何异世人之学《诗》《礼》？以《诗》《礼》之教，**格**_{衡量}朝廷之人，**略**_{大致}无全行者；以经律之禁，格出家之辈，而独责无犯哉？且**阙行**_{道德修养上有过错}之臣，犹求禄位；毁禁之**侣**_{僧侣}，何惭**供养**_{因佛教徒不事生产，靠人提供食物，故称}乎？其于**戒行**_{佛教指恪守戒律的操行}，自当有犯。一披

对第三种指责的解释是：开天辟地有了人类以来，坏人多好人少，怎么能要求所有的和尚、尼姑都为人清白、做人高尚呢？看见有著名的僧人品行高尚，却放在一边不提；如果看见普通的僧人行为庸俗，便开始对他们诽谤诋毁。况且学习的人不勤奋，难道是教育者的过错吗？普通的僧人学习佛经、戒律，和世人学习《诗经》《礼记》有什么区别呢？用《诗经》《礼记》所要求的标准去衡量朝廷中的官员，几乎没有几个能完全达到标准的；同样用佛经、戒律来评判出家的人，怎么能唯独要求他们不犯错误呢？况且那些缺乏德行的大臣，还在追求高官厚禄；那些违背了佛经戒律的僧人们，又何必为自己接受供养而感到愧疚呢？僧人们面对佛教的戒律，难免有触犯

的时候。但他们一旦披上佛教的法衣，就进入了僧侣的行列，一年中所计划的，全是斋供、讲法、诵经、持戒的事情，比起一般世人，差距又不只是山高深海那样巨大了。

对第四种指责的解释是：信仰佛教有多种途径，出家只是其中的一种而已。一个人如果能把忠诚和孝心放在心上，把仁慈和对别人施行恩惠当成安身立命的根本，就像须达、流水两位长者一样，就没有必要剃掉须发，哪里用得着把所有的田地都用于宝塔寺庙，让所有在册的人都去当和尚尼姑呢？这都是因为执政者不能节制佛事，所以使得那些非法的寺庙，妨碍了百姓的耕作，没有职业的僧人，耗空了国家的粮食税收，这并不是佛教原本的意愿。或者也可以这样说：修道学佛是为自身打算；省费用是为

法服僧、道所穿的法衣，已堕僧数，岁中所计，斋讲诵持斋供、讲法、诵经、持戒，比诸白衣南北朝时，中国佛教徒穿缁衣（黑衣），教外的世俗人穿白衣。故常以白衣代称世俗之人，犹不啻山海也。

释四曰：内教多途，出家自是其一法耳。若能诚孝在心，仁惠为本，须达又称"须达多"。梵语音译，意为"善与"。是古印度舍卫城的给孤独长者、流水指流水长者，不必剃落须发。岂令罄qìng。尽，用尽井田而起塔庙，穷穷尽编户登记在册以为僧尼也？皆由为政不能节之，遂使非法之寺，妨妨碍民稼穑耕作，种植，无业之僧，空国赋算，非大觉参透、领悟佛教的真谛。此代指佛教之本旨也。抑又论之：求

道者，身计也；惜费者，国谋也。身计国谋，不可两遂。诚臣徇 xùn。顺从，遵从 主而弃亲，孝子安家而忘国，各有行也。儒有不屈王侯高尚其事，隐有让王辞相避世山林。安可计其赋役，以为罪人？若能偕化黔首 平民，老百姓，悉入道场 佛寺，如妙乐 古代西印度国名 之世，禳佉 ráng qū。梵语。印度古代神话中的国王名，即转轮王 之国，则有自然稻米，无尽宝藏，安求田蚕 泛指农桑 之利乎？

国家打算。为自身打算和为国家打算，二者不能两全。就如忠贞的大臣为了报效君主而抛弃了亲人，孝顺的人为了家庭而不能为国家尽忠，各有各的行为准则。儒家当中有不肯屈身侍奉王侯，以高尚标准行事的人，隐士当中有辞让王爵相位避开尘世隐居山林的人，怎么能够计算他们的赋税徭役，并把他们当成有罪之人呢？如果能教化所有的老百姓，使他们全部信奉佛教，像在妙乐世界，禳佉王国里，有自然生长的庄稼，有无穷无尽的宝藏，怎么还要去谋求种田、养蚕的收益呢？

"己所不欲，勿施于人。"
作者用对比的方法为人们对佛教
的指责做了辩护，指明不应该对
出家的僧人过于苛求，尤其是很
多应该品德高尚的人并没有达到
至高的境界。在现实社会中，有
一些人习惯于对别人苛责却对自
己宽容，这就像本文中的一些人
对出家僧人的诽谤一样，这是不
应该的。我们需要做的是严于律
己，宽以待人。

释五曰：形体虽死，精神犹存。人生在世，望于后身_{佛教认为人死要转生，故有前身、后身之说}似不相属_{相关}。及其殁_{死，去世}后，则与前身似犹老少朝夕耳。世有魂神，示现梦想，或降童妾，或感妻孥，求索饮食，征须_{征求}福佑_{赐福保佑}，亦为不少矣。今人贫贱疾苦，莫不怨尤前世不修功业。以此而论，安可不为之作地_{为后身留有余地}乎？夫有子孙，自是天地间一苍生耳，何预_{通"与"，参加，干涉}身事？而乃爱护，遗其基址_{建筑物的地基。这里比喻事业的根基}，况于己之神爽_{神魂，心灵}，顿_{决然，定然}欲弃之哉？凡夫蒙蔽，不见未来，故言彼生与今非一体耳。若有天眼_{佛教所讲的五}

_{眼（肉眼、天眼、慧眼、法眼、佛眼）之一。即天趣之眼，能透视六道、远近、上下、前后、内外及未来等}，鉴其

对第五种指责的解释是：人的肉体虽然死了，但是精神还会存在。人活在这个世界上，遥想自己后身的事情好像与自己没有什么关系。等到人死之后，就会发现自己的后身与前身就好像人的老年和少年、清晨与傍晚的关系一样密切。人世间有死了的魂魄给亲人托梦的事情，有的托梦于童仆、侍妾，有的托梦于妻子、儿女，向他们索要食物，求得赐福保佑，这样的事情也是很多的。现世的人生活贫穷疾苦，没有不怨恨前世的时候不行善积德来进行修行的。从这一点来说，前世怎么能不修行为后世做准备呢？人有儿子和孙子，也不过是天地之间的普通人，和我自己又有什么关系呢？然而却对他们爱护有加，给他们留下生前的基业，那对自己的灵魂，难道要决然抛弃不管吗？很多凡夫俗子愚昧无知，不能够预见未来，所以说来生和今生不是一体的。如果他们有天

眼，能够预见未来，看到心念随生随灭，生死轮回不断，怎么会感到不害怕呢？再说，君子的为人处世，贵在能够克制自己的私欲而坚守礼教，能够救济百姓，对他人有益。管理家庭的人想要家庭幸福美满，治理国家的人希望国家繁荣富强、蒸蒸日上。家中的仆人、妻妾、臣子、百姓与自己有什么关系，值得这样为他们辛苦操劳呢？这也和尧、舜、周公、孔子他们那样，为了别人的幸福而牺牲了自己的欢乐罢了。一个人修道，能够救济普度多少平民百姓，免去多少人的罪行劳累？希望你们好好想想这个问题。如果你们要顾及世俗的生计，成家立业，不能抛弃妻子孩子，以至于不能出家修行，但也要在关心生计的同时兼顾修行，遵守戒律，留心诵读佛经，以此作为通往来世幸福的桥梁。人生宝贵，千万不要虚度年华呀。

念念_{前后相续之念}随灭，生生_{佛教指轮回}不断，岂可不怖畏_{恐惧}邪？又君子处世，贵能克己复礼_{约束自我，使言行合乎先王之礼。语出《论语·颜渊》："颜渊问仁。子曰：'克己复礼，天下归仁焉。为仁由己，而由人乎哉？'"}，济时益物。治家者欲一家之庆，治国者欲一国之良，仆妾臣民，与身竟何亲也，而为勤苦修德乎？亦是尧、舜、周、孔虚失_{无故失去}愉乐耳。一人修道济度几许苍生？免脱几身罪累？幸_{表示希望之辞}熟_{仔细}思之！汝曹若观俗计，树立门户，不弃妻子，未能出家，但当兼修戒行，留心诵读，以为来世_{佛教谓人死后会重新投生，故称转生之世为来世}津梁_{渡口的桥梁}。人生难得，无虚过也。

作者通过对佛教中转世轮回教义的解说，告诫人们要相信因果报应，世事轮回，要多行善少作恶。虽然这是对当时人们认为轮回学说是一种虚假之谈的回应，但对于现代人们的生活却意义重大。随着市场经济发展，很多人失去了自己的信仰，在物质利益面前迷失了自己，做了很多不该做的事，用佛教的话来说就是在"作恶"。虽然这样的轮回说有消极的一面，但这种抑恶扬善的思想在当今仍是需要提倡的。

儒家的君子，大都远离厨房，因为他们见到活着的动物就不忍心看到它们被杀死的样子，如果听到它们被杀时的惨叫声就不忍心吃它们的肉。高柴、折像不了解佛教的教义，还能做到不杀生，这是仁慈的人天生的善心。有生命的事物，没有不爱惜自己生命的。不做杀生的事情，你们要努力做到。好杀生的人，在死的时候会遭到报应，灾祸殃及子孙后代的也有很多，我不能把这些事全部记录下来，姑且就在最后写上几条。

梁朝有个人，经常用鸡蛋清来洗头发，说这样会使头发光亮，每次洗头发都要用二三十枚鸡蛋。在他临死的时候，只听到头发中有几千只小鸡啾啾的叫声。

在江陵有个姓刘的人，靠卖鳝鱼羹维持生计，后来生了一个长着鳝鱼头的小孩儿，从脖子往

儒家君子，尚离庖厨_{厨房}，见其生不忍其死，闻其声不食其肉。高柴_{字子羔，又称子羔。孔子的弟子}、折像_{《后汉书·方术传》："折像幼有仁心，不杀昆虫，不折萌芽。"}，未知内教，皆能不杀，此乃仁者自然用心。含生_{一切有生命者。多指人类}之徒，莫不爱命。去杀_{不杀生}之事，必勉行之。好杀之人，临死报验，子孙殃祸，其数甚多，不能悉录_{一一记录}耳，且示数条于末。

梁世有人，常以鸡卵白_{鸡蛋清}和沐，云使发光，每沐辄_{用，动用}二三十枚。临死，发中但闻啾啾数千鸡雏声。

江陵刘氏，以卖鳝羹_{黄鳝做成的汤}为业。后生一儿头是鳝，自颈

以下，方为人耳。

王克为永嘉郡守，有人饷_{赠送}羊，集宾欲燕_{同"宴"，宴请}，而羊绳解，来投_{奔向}一客，先跪两拜，便入衣中。此客竟不言之，固无救请。须臾，宰羊为羹，先行_{送到}至客。一脔_{luán。切成小块的肉}入口，便下皮内，周行遍体，痛楚号叫。方复说之，遂作羊鸣而死。

梁孝元在江州时，有人为望蔡_{古代地名。望蔡县}县令，经刘敬躬乱，县廨_{县署。廨xiè}被焚，寄寺而住。民将牛酒作礼，县令以牛系旛柱_{悬佛幡的柱子。旛fān}，屏除形像_{这里指佛像}，铺设床坐，于堂上接宾。未杀之顷，牛解，径来至阶而拜，县令大笑，

下才是人形。

王克在担任永嘉太守的时候，有人给他送了一只羊，他便邀请宾客，想把酒设宴。但是那只羊挣脱了绳子，奔向一位客人，先跪下拜了两拜，便钻到了那位客人的衣服里。这位客人什么话也没有说，也没有为羊求情。过了一会，羊被杀做成了羊肉，先送到了那位客人的面前。他把一小块肉放入口中，便感觉羊肉进到了自己的皮下，传遍全身，痛得大叫。正当别人提到刚才羊向他求救，他却没有救羊的事情，他就发出阵阵的羊叫声死去。

梁孝元帝在江州的时候，有个望蔡县的县令，经历了刘敬躬的叛乱，县衙被烧毁了，所以县令就寄住在寺院里。百姓送了他牛和酒作为礼物，县令把牛拴在了寺院的幡柱上，并搬走了佛像，摆放了座椅，在佛堂上接待宾客。还没杀牛的时候，牛挣脱绳子，直接跑到台阶下给县令跪拜，县

令大笑，命令手下把牛杀了。酒足饭饱后，县令便在屋檐下休息。一会儿醒来感觉身体发痒，就用手到处抓挠身上起的疹子，疹子后来成了恶疮，过了十几年这个县令便死了。

杨思达在西阳当郡守的时候，正好碰上了侯景之乱，又遇上大旱粮食歉收，饥饿的百姓就去偷田里的麦子。杨思达派遣了一名手下去看守麦田，抓住偷麦子的人就砍掉他们的手腕，一共砍了十几个人的手腕。这名手下后来生了一个男孩，生下来就没有手。

齐国有一个担任奉朝请的官员，家里生活十分奢华。他觉得如果不是他亲手杀死的牛，吃起来就不够鲜美。在他三十几岁的时候，得了重病，看见很多牛向他奔来，全身就像被刀割一样疼，最后在痛苦号叫中死去。

江陵有一个叫高伟的，跟随我到了齐国。有几年的时间，他都到幽州的湖中捕鱼。后来生病

命左右宰之。饮噉dàn。同"啖"，吃醉饱，便卧檐下。稍醒而觉体痒，爬搔隐疹，因尔成癞，十许年死。

杨思达为西阳郡守，值侯景乱，时复旱俭粮食歉收，饥民盗田中麦。思达遣一部曲手下守视，所得盗者，辄截手腕，凡戮十余人。部曲后生一男，自然无手。

齐有一奉朝请古代官名。古代诸侯春季朝见天子叫朝，秋季朝见天子叫请，统称春朝秋请，家甚豪侈。非手亲手杀牛，噉之不美。年三十许，病笃病重，大见牛来，举体如被刀刺，叫呼而终。

江陵高伟，随吾入齐。凡数年，向幽州淀湖泊中捕鱼。后病，

每见群鱼啮_{niè。咬}之而死。

世有痴人，不识仁义，不知富贵并由天命。为子娶妇，恨其生资_{指嫁妆}不足，倚作舅姑_{公婆}之尊，蛇虺_{huǐ。毒蛇。借指内心邪恶}其性，毒口加诬，不识忌讳，骂辱妇之父母。却成教妇不孝己身，不顾他恨。但怜己之子女，不爱己之儿妇。如此之人，阴_{指阴曹地府}纪_{同"记"，记载}其过，鬼夺其算_{寿命}。慎不可与为邻，何况交结乎？避之哉！

了，经常看到很多鱼来咬他，最后也因为这个而死了。

世上有一种愚钝无知的人，不懂什么是仁义，也不知道人的富贵都是命中注定的。给儿子娶媳妇，怨恨媳妇的嫁妆太少，仗着自己是公婆的身份，有着蛇蝎般的恶毒心肠，对儿媳妇侮辱谩骂，毫无忌讳，甚至还骂儿媳妇的父母。这其实是在教儿媳不孝顺自己，也不顾及儿媳心中的怨恨。这种人只知道疼爱怜惜自己的儿子和女儿，不知道爱护自己的儿媳。像这样的人，阴间也会把他的罪行记录下来，鬼神也会折减他的寿命。一定要小心，不要和这样的人成为邻居，更不要说与他们成为朋友了。还是避开他们吧！

评析

作者通过举例子来向人们证明真正的君子是有善心的人，不论是对动物还是对人。如果没有善心只有恶行，在死的时候是要遭到报应的，很多人就是为此而死。姑且不论文中所提及之事是否真实，对这些事件的反思是有价值的。在现代社会，无论是对人与自然还是人与人之间的相处都应该有善意之心。

书证第十七

《书证》篇主要是谈对经典古籍和相关文献中字、词、音韵、方言等的考证，颇有作者自己的读书心得体会。作者主要是想通过这种形式告诫子孙后代，做学问不仅要博览全书，还要有严谨的态度，以免出了错误，贻笑大方。

本篇简介

《诗》《诗经·周南·关雎》云："参差长短不齐的样子 荇菜多年生草本植物。荇 xíng。"《尔雅》云："荇，接余也。"字或为莕 xíng。先儒解释皆云：水草，圆叶细茎，随水浅深。今是水悉有之，黄花似莼 chún。莼菜。多单生水草，浮在水面，叶子椭圆形，开暗红色花，茎叶可食，江南俗亦呼为猪莼，或呼为荇菜。刘芳字伯文。北魏人。著《毛诗笺音义证》十卷 具写 有注释。而河北俗人多不识之，博士古代的学官 皆以参差者是苋菜一年生草本植物。苋 xiàn，呼人苋为人荇，亦可笑之甚。

《诗经·周南》说："参差荇菜。"《尔雅》里说："荇菜就是接余。""荇"字有时候也被写成"莕"。古代的学者都解释为：荇菜，是一种水草，它的叶子圆圆的，茎细细的，依水流而定生长的深浅。现在但凡有水的地方都会生长，它的黄色花朵就好似莼菜，江南的人也称为猪莼，有的人也叫它荇菜。刘芳也对其有所解释。可是黄河以北地区的人大多都不认识它，古代的学官博士都把这种参差不齐的荇菜当作苋菜，把人苋叫为人荇，真是可笑至极。

就《书证》篇而言，作者通过对一些易于混淆的字词辨析，教导子孙后代要养成严谨的治学态度。以下段落不再——评析。

受恩莫忘

受恩莫忘

《诗》《诗经·邶风·谷风》云："谁谓荼tú苦？"《尔雅》《毛诗传》并以荼，苦菜也。又《礼》《礼记·月》云："苦菜秀植物开花。"案《易统通卦验玄图》《隋书·经籍志》里载有《易通统卦验玄图》一卷，没写作者是谁。此当指这本书曰："苦菜生于寒秋，更冬历春，得夏乃成。"今中原苦菜则如此也。一名游冬，叶似苦苣qǔ而细，摘断有白汁，花黄似菊。江南别有苦菜，叶酸浆，其花或紫或白，子大如珠，熟时或赤或黑，此菜可以释劳缓解疲劳。案郭璞字景纯。晋代河东闻喜人注《尔雅》，此乃蘵zhī。即龙葵黄蒢一种中草药。蒢chú也。今河北谓之龙葵一年生草本植物，可供药用，有清热解毒、消肿生肌的作用。梁世讲《礼》者，以此当苦菜。既无

《诗经》里讲："谁谓荼苦？"《尔雅》和《毛诗传》里也讲到荼就是苦菜。另外，《礼记》里说："苦菜孟夏时节开花。"据《易统通卦验玄图》解释："苦菜在深秋的时候发芽，经历寒冬、暖春，最后在夏天长成。"如今中原地区的苦菜就是这样的。有时也叫作"游冬"，叶子很像苦苣但比它还细些，折断以后会有白色的汁液流出，花朵黄黄的好似菊花一般。在江南也有一种"苦菜"，叶子像酸浆草，它的花有紫的、有白的，果实大的像珠子一样，长熟后有的发红、有的发黑，服食此菜可以缓解疲劳。据郭璞注的《尔雅》，这菜即蘵，也称黄蒢。现黄河以北地区的人称为龙葵。梁朝讲《礼记》的人，把它当作苦菜。它既没有宿根而且要到春

天才生长，这种认识大错特错。此外，高诱在其注的《吕氏春秋》里说："开花但不结果实的叫英。"苦菜应该被称作英，也就知道它并非龙葵了。

宿根 一些两年及以上生的草本植物的根。它们的根在茎叶枯萎后仍然可以生存，来年春天继续发芽，这种根称宿根，至春方生耳，亦大误也。又高诱 汉末涿郡人 注《吕氏春秋》 又名《吕览》。战国末期杂家学派的代表著作。秦国吕不韦主持编撰 曰："荣 开花 而不实 果实 曰英。"苦菜当言英，益知非龙葵也。

《诗》《诗经·唐风·杕杜》云："有杕dì。树木孤独之杜即杜梨，也叫棠梨。一种野生梨。挺拔的样子。"江南本版本并木傍施大。《传》《毛诗传》曰："杕，独貌也。"徐仙民徐邈。字仙民。东晋时期官员、学者。著《毛诗音》两卷音徒计反。《说文》曰："杕，树貌也。"在木部。《韵集》音次第之第，而河北本皆为夷狄之狄，读亦如字一字有两个或两个以上读音，衣本音读叫"如字"，此大误也。

《诗经》里讲："有杕之杜。"江南的《诗经》版本里"杕"字都是"木"字旁加个"大"字。《毛诗传》说："杕，孤独挺拔的样子。"徐仙民《毛诗传》的注音为徒计反。《说文解字》解释："杕，树的样子。"编在"木"部。《韵集》把它读作次第的"第"，但黄河以北地区的抄本都写作夷狄的"狄"，读音也作"狄"字的本音，这是极大的误解啊。

导读

　　《诗经》说："駉駉牡马。"江南地区的版本都写为牝牡的"牡"，河北黄河以北的版本全是放牧的"牧"。邺下的博士问我："《駉颂》既然是称赞鲁僖公在野外放牧的事情，那为什么还要去纠结是母马还是公马呢？"我是这样回答的："根据《毛诗传》：'駉駉，是形容良马躯体肥壮的样子。'接着又说道：'诸侯有六个马厩，四种马：良马、战马、狩猎的马、劣马。'如果是解释为放牧的意思，母马、公马都说得通，那就不会限于良马才能用"駉駉"来形容了。良马，天子用它来驾驶用玉装饰的车，诸侯用它来朝见天子或郊外祭祀

原文

　　《诗》〔《诗经·鲁颂·駉》〕云："駉駉〔jiōng jiōng。肥壮的马〕牡马〔公马〕。"江南书皆作牝牡〔鸟兽的雌性和雄性。牝 pìn〕之牡，河北本悉为放牧之牧。邺下博士见难〔nàn。诘难〕云："《駉颂》既美僖公〔鲁僖公〕牧于坰野〔shǎng。郊外〕之事，何限騲〔cǎo。雌马〕骘〔zhì。公马〕乎？"余答曰："案《毛传》〔《毛诗传》〕云：'駉駉，良马腹干〔人和动物躯体的主干〕肥张也。'其下又云：'诸侯六闲〔马厩。厩 jiù，马棚，马圈〕四种：有良马，戎马，田〔狩猎马〕，驽〔低劣的马〕。'若作放牧之意，通于牝牡，则不容限在良马独得駉駉之称。良马，天子以驾玉辂〔古代帝王而乘坐的用玉装饰的车。辂 lù，古代车名〕，诸侯以充朝聘〔古代诸侯亲自或派使臣按期朝见天子〕郊祀〔古代于郊外祭祀天地，南郊祭天，北郊祭地。郊谓大祀，祀为群祀〕，必无驽也。

《周礼·囷人 ^{官名，掌管养马放牧等事。亦以}
职》：'良马，匹一人。驽马，丽 ^{偶，}
^{成对}一人。'囷人所养，亦非騲也。
颂人举其强骏者言之，于义为
得也。《易》^{《易经》}曰：'良马逐
逐 ^{极速狂奔}_{的样子}。'《左传》云：'以其
良马二。'亦精骏之称，非通
语也。今以《诗传》良马，通
于牧騲，恐失毛生 ^{指为《诗经》作}_{传的汉代人毛公}之
意，且不见刘芳义证乎？"

天地，肯定是没有母马的。《周
礼·囷人职》说：'良马，通常
一个人饲养一匹。而驽马，一个
人却饲养两匹。'可见囷人养的
也不是母马。歌颂的人列举强骏
的马来赞美，在道理上才讲得
通。《易经》说：'良马狂奔。'
《左传》说：'赵旃用他的两匹
良马。'也是对壮硕的马的称呼，
并不是所有的马都通用的说法。
现在认为《毛诗传》的良马，通
指母马和公马，恐怕是有违毛公
的本义，难道看不见刘芳在《毛
诗笺音义证》里的解释吗？"

《礼记·月令》篇说:"荔挺出。"郑玄解释道:"荔挺,是马薤。"《说文解字》里解释:"荔,是像蒲草但比它要小,荔的根可以用来做刷子。"《广雅》里讲:"马薤即荔。"《通俗文》也把它叫作马蔺。《易统通卦验玄图》说:"荔的草茎长不出来,国家就多发生火灾。"蔡邕的《月令章句》讲:"荔的草茎好似冒出来。"高诱解释《吕氏春秋》时说:"荔草的茎冒出来了。"这样《月令》把荔挺解释为草的名字,是错误的。在黄河以北一带的沼泽地大都生长着这种植物。在江南地区也有很多这东西,有人把它种在阶前的庭院中,只称为旱蒲,所以不认识马薤。讲解《礼记》的人就认为"荔"是"马苋"。马苋是可以吃的植物,也叫"豚耳",俗名叫"马齿"。

《月令》《礼记·月令》云:"荔挺出。"郑玄注云:"荔挺,马薤xiè也。"《说文》《说文解字》云:"荔,似蒲而小,根可为刷。"《广雅》云:"马薤,荔也。"《通俗文》解释经史用的字典。汉服虔撰写 亦云马蔺蔺实的别名。多年生草本植物。蔺lìn;蠡lí。《易统通卦验玄图》云:"荔挺不出,则国多火灾。"蔡邕《月令章句》云:"荔似挺。"高诱注《吕氏春秋》云:"荔草挺出也。"然则《月令注》荔挺为草名,误矣。河北平泽平湖,沼泽率全,皆生之。江东颇有此物,人或种于阶庭,但呼为旱蒲,故不识马薤。讲《礼者》乃以为马苋。马苋堪食,亦名豚耳,俗名马齿。江陵尝有一僧，面形上广下狭，刘缓幼子民誉，年始数岁，俊晤_{聪明伶俐}善体物_{描述事物}，见此僧云："面似马苋。"其伯父绦_{tāo}因呼为荔挺法师。绦亲讲《礼》名儒，尚误如此。

江陵以前有位僧人，脸型上面宽下面窄，刘缓的小儿子民誉，才几岁大，但却聪明伶俐，善于描述事物，见到这位僧人时说道："长得像马苋。"他的伯父刘绦就叫这个僧人为"荔挺法师"。刘绦本人就是讲授《礼记》的著名学者，竟然也会错到这种地步。

《诗经》说："将其来施施。"《毛诗传》说："施施，很难往前走的意思。"郑玄《毛诗传笺》里讲："施施，慢慢前进的样子。"《韩诗外传》也把"施施"重叠起来用。黄河以北地区的《毛诗传》也都写作"施施"。江南地区的旧版本，全部写作一个"施"字，于是常人都认为这是正确的，恐怕这样写法多少有点小错误吧。

《诗》《诗经·王风·丘中有麻》云："将其来施施缓慢地走的样子。"《毛传》云："施施，难进之意。"郑《笺》《毛诗传笺》云："施施，舒行貌也。"《韩诗》《韩诗外传》亦重chóng为施施。河北《毛诗》皆云施施。江南旧本，悉单为施，俗遂是之，恐为少误。

《诗》_{《诗经·小雅·大田》}云："有渰yǎn萋萋，兴云祁祁qíqí。"《毛传》云："渰，阴云貌。萋萋，云行貌。祁祁，徐貌也。"《笺》_{《〈毛诗传〉笺》}云："古者，阴阳和_{调和}，风雨时_{按时，准时}，其来祁祁然，不暴疾也。"案渰已是阴云，何劳复云"兴云祁祁"耶？"云"当为"雨"，俗写误耳。班固《灵台诗》云："三光_{日、月、星}宣精_{光明}，五行_{水、火、木、金、土。我国古代认为这是构成各种物质的五种元素，常以此来说明宇宙万物的起源和变化}布序_{依次展布}，习习祥风，祁祁甘雨。"此其证也。

《诗经》说："有渰萋萋，兴云祁祁。"《毛诗传》说："渰，阴云的样子。萋萋，云行走的样子。祁祁，云慢慢行走的样子。"郑玄的《毛诗传笺》里讲："古代，阴阳和谐，风雨会按时到来，它们来的时候慢慢的，不会来得突然疾猛。"考察渰已经是指阴云，又何必再说"兴云祁祁"呢？正确的该是把"云"当作"雨"。恐怕是一般人抄写错误了。班固的《灵台诗》讲道："三光宣精，五行布序，习习祥风，祁祁甘雨。"就是这一说法的旁证啊。

《礼记》讲："定犹豫，决嫌疑。"《离骚》说："心犹豫而狐疑。"古代学者没有对此进行解释的。据《尸子》讲："五尺大的狗叫犹。"《说文解字》说："陇西把狗的幼崽叫犹。"我认为人带着狗行走时，狗好像喜欢走在人的前面，当它等不到人时，就又会跑回来迎接，这样来来回回地跑，整天如此，这就是"豫"之所以表示不确定的原因，所以叫犹豫。有的人同意《尔雅》里讲的："犹，像麂，善长爬树。"犹，是一种动物的名字，当听见人的声音时，就会爬上树去，这样上下来回攀爬，所以叫犹豫。狐狸是种野兽，生性多疑，因此当它听见河水冰层下没有流水的声音时，才敢渡河。现在俗话说："狐狸性多疑，老虎会占卜。"就是这个意思。

《礼》《礼记·典礼上》云："定犹豫，决嫌疑。"《离骚》曰："心犹豫而狐疑。"先儒未有释者。案《尸子》先秦古籍。作者尸佼。据《汉书·艺文志》："《尸子》二十篇。名佼，鲁人，秦相商君师之。鞅死，佼逃入蜀。"曰："五尺犬为犹。"《说文》云："陇西谓犬子幼小的狗为犹。"吾以为人将犬行，犬好豫事先，预先在人前，待人不得，又来迎候，如此返往，至于终日，斯乃豫之所以为未定也，故称犹豫。或以《尔雅》曰："犹如麌一种小型的鹿。腿细而有力，善于跳跃，善登木。"犹，兽名也，既闻人声，乃豫缘木爬树，如此上下，故称犹豫。狐之为兽，又多猜疑，故听河冰无流水声，然后敢渡。今俗云："狐疑，虎卜一种占卜的方式。"则其义也。

　　《左传》曰："齐侯痎[jiē]，遂痁[shān]。"《说文》云："痎，二日一发之疟[nüè。一种急性传染病]。痁，有热疟也。"案齐侯之病，本是间[隔]日一发，渐加重乎故，为诸侯忧也。今北方犹呼痎疟，音皆。而世间传本多以痎为疥[jiè。一种皮肤病，又称疥癣]，杜征南[杜预。字元凯。位居征南大将军。西晋时期军事家。曾为《左传》作注]亦无解释，徐仙民音介，俗儒就[从]为通云："病疥，令人恶寒，变而成疟。"此臆说也。疥癣小疾，何足可论，宁[难道，怎么]有患疥转作疟乎？

　　《左传》里讲："齐侯得了痎病，之后转变成痁病了。"《说文解字》说："痎，是种两天发病一次的疟疾。痁，是伴有发热情况的疟疾。"据考证：齐侯的病，原本是间隔一日才发病，因为它逐渐加重的缘故，所以诸侯才为他担忧。现在北方地区仍叫痎疾，读作"皆"。但民间流传的版本大多认为"痎"是"疥"，杜预对这一点也没有解释，徐仙民给"痎"注音为"介"，一般的学者就按这个说法解释道："得了疥病，会使人害怕寒冷，进而变成疟疾。"这是他们主观的猜测、臆断。疥癣这种小病，哪里值得一提，怎么会有得了疥癣而转为疟疾的呢？

《尚书》讲："惟影响。"《周礼》说："土圭测影，影朝影夕。"《孟子》说："图影失形。"《庄子》讲："罔两问影。"这些"影"字，都应当理解为光景的"景"。凡是阴影，都是依托光而生存的，所以就把它叫作景。《淮南子》叫它景柱，《广雅》里说："晷柱挂景。"都是这么回事。到了晋代葛洪著的《字苑》里，"景"的偏旁开始加"彡"，注音叫于景反。但世人就擅自改动《尚书》《周礼》《庄子》《孟子》里面的"景"字，而用葛洪所说的"影"字，是个很大的错误。

《尚书》曰："惟影响。"《周礼》（也称《周官》《周官经》。儒家十三经之一）云："土圭（古代用以测量日影、正四时和测度土地的器具。圭 guī）测影，影朝影夕。"《孟子》（战国时期孟子的言论汇编。由孟子及其弟子编撰。儒家经典著作）曰："图影（画影）失形。"《庄子》云："罔两（影子外边的淡影。罔 wǎng）问影。"如此等字，皆当为光景之景。凡阴景者，因光而生，故即谓为景。《淮南子》（又名《淮南鸿烈》《刘安子》。是在道家基础上综合诸子百家学说精华的巨著。西汉刘安主持编写）呼为景柱，《广雅》云："晷柱（日晷上测量日影的标杆）挂景。"并是也。至晋世葛洪《字苑》，傍始加彡，音于景反。而世间辄改治《尚书》《周礼》《庄》《孟》从葛洪字，甚为失矣。

太公姜子牙。姜姓，吕氏，名尚，一名望，字子牙，别号飞熊。商末周初人。相传被周文王封为太师，称"太公望"，俗称太公。辅佐周武王伐纣建立了周朝《**六韬**》我国古代兵书名。最早收录此书的《隋书·经籍志》中记为"周文王师姜望撰"，有天**陈**同"阵"，队伍行列，战斗队形、地陈、人陈、云鸟之陈。《论语》曰："卫灵公问陈于孔子。"《左传》："为**鱼丽**战阵的名称之陈。"俗本多作阜傍车乘之车。案诸陈队，并作陈、郑之陈。夫行陈之义，取于陈列耳，此**六书**汉代学者根据小篆归纳出的六种造字原则和用字原则。即象形、指事、会意、形声、转注、假借为假借也。《**苍**》《苍颉篇》《**雅**》《尔雅》及近世字书，皆无别字，唯**王羲之《小学章》**《小学章》为古代字书。作者为晋朝内史王羲。因"羲"字繁体为"羲"，因形近而误为"羲"，独阜傍作车，纵复俗行，不宜追改《六韬》《论语》《左传》也。

姜太公的《六韬》中，有天陈、地陈、人陈、云鸟之陈。《论语》里说："卫灵公问陈于孔子。"《左传》讲："是鱼丽之陈。"通常的版本"阵"都写为"阜"字旁加上乘车的"车"字。考证各种军队陈列队伍的"陈"，都写作陈、郑的"陈"。行陈的含义，是取自"陈列"中的意思，这是六书假借的方法。在《苍颉篇》《尔雅》以及近代的字书中，都没有写成别的字，只有王羲之的《小学章》里，唯独将"陈"字写为"阜"字旁加个"车"字，即使今天的人都通行这种写法，但也不应该再去更改《六韬》《论语》《左传》中的"陈"字。

《诗经》有句诗："黄鸟来回飞舞，栖息在丛生的灌木上。"《毛诗传》说："灌木就是丛生的树木。"这是《尔雅》里的解释，因而李巡解释说："树木丛生称为灌。"《尔雅》在解释的最后篇章又说道："树木族生就是灌。"族也有丛聚的意思。所以江南《诗经》的古本中"灌"都写成丛聚之"丛"，因为古版本中"藂"字像"冣"字，近代的儒士们，因此把它改为"冣"字，解释为："树木中最高的那个。"考证各家《尔雅》和《诗经》的解释都没有这样说过，只有周续之的《毛诗注》中有，注音为徂会反，刘昌宗《诗注》，注音为在公反，也注为祖会反。这些全部都是牵强的说法，有违《尔雅》的释意。

《诗》^{《诗经·周南·葛覃》}云："黄鸟于飞，集于灌木。"《传》云："灌木，丛木也。"此乃《尔雅》之文，故李巡^{东汉人。曾为《尔雅》作注}注曰："木丛生曰灌。"《尔雅》末章又云："木族生为灌。"族亦丛聚也。所以江南《诗》古本皆为丛聚之丛，而古丛^{丛字的繁体字为"叢"，异体字为"藂"}字似冣_{zuì。"最"的古字}字，近世儒生，因改为冣，解云："木之冣高长者。"案众家《尔雅》及解《诗》无言此者，唯周续之^{字道祖。南朝人}《毛诗注》音为徂会反，刘昌宗^{晋朝人}《诗注》音为在公反，又祖会反：皆为穿凿，失《尔雅》训也。

"也"是语已（语尾）及助句（语助词）之辞，文籍备有之矣。河北经传，悉略此字，其间字有不可得无者，至如"伯也执殳（shū。古时的一种兵器。用竹木做成，有棱无刃）"，"于旅（次序）也语"，"回（颜回）也屡空（贫穷）"，"风，风也，教也"，及《诗传》云："不戢（jí。约束，戢也）；不傩（nuó。《续家训》作"难"，是。见《小雅·桑扈》篇），傩也。""不多，多也。"如斯之类，傥（假如）削此文，颇成废阙（缺漏）。《诗》言："青青子衿（jīn）。"传曰："青衿，青领也，学子之服。"按古者，斜领下连于衿，故谓领为衿。孙炎、郭璞注《尔雅》，曹大家（汉代班昭。班固、班超的妹妹。屡受召入宫，为皇后及诸贵人教师，号曰"大家"。家 gū，通"姑"）注《列女传》，并云："衿，交领（古代衣服）

"也"是句末语气词或在句中做助词，文章典籍中常用这个字。北方的经书传本中都省略了这个字，但其中有些地方的"也"字是不能省的，比如"伯也执殳""于旅也语""回也屡空""风，风也，教也"，以及《毛诗传》说："不戢，戢也；不傩，傩也。""不多，多也。"诸如此类的句子，假如省略了"也"字，这些句子都会成为残缺的语言。《诗经》有："青青子衿。"《毛诗传》说："青衿，青色的衣领，是学子所穿的衣服。"据考证，在古代，衣服上的斜领下面连着衣襟，所以把领叫"衿"。孙炎、郭璞解释的《尔雅》，曹大家注解的《列女传》，都说道：

"衿，就是交领。"邺下的《诗经》版本，就没有"也"字，许多儒生于是就错误地解释说："青衿、青领，是衣服不同两处的名字，都用青色来装饰。"以此来解释"青青"两个字，实在是很大的错误！还有一些盲从俗流的学者，听说经传中经常需要"也"字，就随意加上去，经常加的不是地方，反而更加可笑了。

交叠于胸前的衣领也。"邺下《诗》本，既无"也"字，群儒因谬说云："青衿、青领，是衣两处之名，皆以青为饰。"用释"青青"二字，其失大矣！又有俗学世俗流行之学。此指盲从世俗流行之学的人，闻经传中时须也字，辄于是、就以意加之，每不得所，益成可笑。

《易》有蜀才<small>字长生。东晋时成汉范贤的自称。曾注《周易》</small>注，江南学士，遂不知是何人。王俭<small>南朝齐著作家、目录学家</small>《四部目录》，不言姓名，题云："王弼<small>bì</small>后人。"谢炅<small>jiǒng</small>、夏侯该，并读数千卷书，皆疑是谯周<small>字允南。三国时期蜀汉学者、官员</small>；而《李蜀书》一名《汉之书》，云："姓范名长生，自称蜀才。"南方以晋家<small>西晋王朝</small>渡江后，北间传记，皆名为伪书，不贵省读<small>阅读。省 xǐng</small>，故不见也。

《易经》有蜀才注释的版本，江南地区的学者，竟不清楚他是什么人。王俭的《四部目录》，也没有说他的姓名，只写道："是王弼的后代。"谢炅、夏侯该，都是读过数千卷书的人，都怀疑这个人是谯周；而《李蜀书》又叫《汉之书》，里面说："这人姓范，名叫长生，自己叫自己蜀才。"在南方地区，因为西晋渡江之后，北方的经传书籍，都被他们叫作伪书，人们不去重视阅读这些书，所以没见到这段文字。

《礼记·王制》说："裸股肱。"郑玄注解道："谓揎衣出其臂胫。"现在的书中都写成摆甲的"摆"。国子博士萧该说："摆应该写作揎，注音"宣"，摆是穿着的含义，不是把手臂露出的意思。"根据《字林》的解释，萧该的读法是正确的，徐爰认为此字的读音为"患"，这是错误的。

《礼·王制》云："裸股_{大腿}肱_{gōng。胳膊}。"郑注云："谓揎_{xuān}衣出其臂胫_{jìng。小腿。从膝盖到脚跟的一段}。"今书皆作摆甲_{穿上甲胄，贯甲。摆huàn}之摆。国子博士萧该_{南朝梁鄱阳王恢之孙。精通《汉书》}云："摆当作揎，音"宣"，摆是穿着之名，非出臂之义。"案《字林》，萧读是，徐爰音"患"，非也。

《汉书》："田肎_{kěn。"肯"的古字}贺上。"江南本皆作"宵"字。沛国刘显_{字嗣芳。著有《汉书音》两卷}，博览经籍，偏_{特别}精班《汉》，梁代谓之《汉》圣。显子臻_{zhēn。刘臻}，不坠_{失传}家业。读班史，呼为田肎。梁元帝尝_{曾经}问之，答曰："此无义可求，但臣家旧本，以雌黄改'宵'为'肎'。"元帝无以难之。吾至江北，见本为"肎"。

《汉书》里说："田肎贺上。"江南的版本都写为"宵"字。沛国的刘显，阅读过很多的经传书籍，特别精通班固的《汉书》，梁代的人都把他称作"汉圣"。刘显的儿子刘臻，没有丢弃家传学业。他读班固的《汉书》时，就读作"田肎"。梁元帝曾经问他，他回答道："这个字没有什么意义可探究，只是因为家里的旧本中，用雌黄把'宵'改成了'肎'。"梁元帝也没法诘难他。我到江北地区后，看见那里的版本原来就写作"肎"。

《汉书·王莽传》说道："紫色蛙声，余分闰位。"大概是说王莽的紫色不是玄黄的正色，蛙声也不符合音律的准则。近代有一位学者，名望很高，竟然说："王莽不仅肩膀像老鹰，目光如老虎般，并且肤色是紫色，声音如青蛙。"这也是错误的。

《汉书·王莽传》云："紫色蛙声，余分闰位非正统的帝位。"盖大概谓非玄黄黑色和黄色。是正色之色，不中符合律吕古代校正乐律的器具。在这里比喻准则、标准之音也。近有学士，名问甚高，遂云："王莽非直鸢yuān。老鹰髆bó。同"膊"，胳膊虎视，而复紫色蛙声。"亦为误矣。

简策字，竹下施束ci，末代末世。指一个朝代衰亡的时期。此指秦末隶书，似杞宋杞、宋都是古国名。杞为夏之后，宋为商之后，是以并称之宋，亦有竹下遂为夹者，犹如刺字之傍应为束，今亦作夹。徐仙民《春秋》《礼音》，遂以筴cè为正字字形和拼法符合标准的字。区别于异体字、错字、别字等。亦指本字，以策为音，殊为颠倒。《史记》又作悉字，误而为述，作姤dù。同"妒"字，误而为姤gòu。《易》卦名。六十四卦之一，裴裴骃。字龙驹。南朝史学家、徐徐广，字野民。南朝学者，撰有《史记音义》十二卷、邹邹诞生皆以悉字音述，以妒字音姤。既尔，则亦可以亥为豕字音，以帝为虎字音乎？

简策的"策"字，是"竹"字下加上一个"束"，秦末的隶书中，写成杞宋的"宋"，也有"竹"下加个"夹"字的，就好比"刺"字的偏旁应该是"束"字，现在却变成了"夹"字。徐仙民在《春秋礼音》中，就是用"筴"字当作原字，把"策"当注音，实在是颠倒次序。《史记》中在写"悉"字的时候，误写成了"述"，写"妒"字时，误写成了"姤"，裴骃、徐邈、邹诞生全都用"悉"字注音"述"，用"妒"字给"姤"注音。既然这样用，难道也可以用"亥"给"豕"字注音，用"帝"给"虎"字注音了吗？

张揖说："虙是指现在说的伏羲氏。"孟康《汉书·古文注》也说道："虙就是现在的伏羲。"然而皇甫谧说："伏羲可能就是宓羲。"依据各类儒家经义、占验之书，都没有"宓羲"的称号。虙字上面是"虍"，宓字上面是"宀"，下面都是"必"，末代人传抄的时候，就误把"虙"写成"宓"，而皇甫谧的《帝王世纪》就据此另外给伏羲立个称号为"虙"。用什么去证明"宓"字是抄错了呢？孔子的弟子虙子贱曾经在单父当官，是虙羲的后人，他的姓俗体字也写作"宓"，有的又把"宓"下加个"山"字。现在兖州永昌郡城，就是以前单父所在地，郡城东门有个子贱碑，是汉朝时立的，上面写着："济南的伏生，是子贱的后代。"因此就知道"虙"字和"伏"字，自古以来就是通用的字，后人把"伏"误写成"宓"，就可以明白了。

张揖云："虙fú。通"伏"，今伏羲氏也。"孟康三国时魏人《汉书》古文注亦云："虙，今伏。"而皇甫谧云："伏羲或谓之宓fú羲。"按诸经史纬候纬书与《尚书中候》的合称，遂无宓羲之号。虙字从虍，宓字从宀，下俱为必，末世传写，遂误以虙为宓，而《帝王世纪》因更立名耳。何以验之？孔子弟子虙子贱为单父春秋鲁国邑名。故址在今山东单县南宰，即虙羲之后，俗字亦为宓，或复加山。今兖州永昌郡城，旧单父地也，东门有"子贱碑"，汉世所立，乃曰："济南伏生，即子贱之后。"是知虙之与伏，古来通字，误以为宓，较可知矣。

《太史公记》汉魏南北朝人称司马迁《史记》为《太史公记》曰："宁为鸡口，无为牛后大意是：宁做进食的鸡口，小而洁；不做出粪的牛后，大而臭。牛后，牛肛门。"此是删节取《战国策》记载战国时期谋臣策士言行和事迹的著作。西汉刘向编耳。案延笃字叔坚。东汉学者《战国策音义》曰："尸，鸡中之主。从，牛子。"然则，"口"当为"尸"，"後"后的繁体字当为"從"从的繁体字，俗写误也。

据《史记》记载，"宁为鸡口，无为牛后。"这是摘录自《战国策》一书的。按照延笃的《战国策音义》说："尸，鸡中之主。从，牛子。"由此看来，鸡口的"口"字应该是"尸"字，牛后的"后"字应该是"从"字，这是一般的传本抄写错了。

应劭在其著作《风俗通》中写道:"《太史公记》:'高渐离更换姓名,给人打杂,隐姓埋名在宋子县,时间久长,觉得很艰苦,听到主人家堂上有客人击筑,无法克制展露才艺的冲动,心痒难耐,不能什么都不说。'"据考证:伎痒,是指擅长某项技能,迫切想表现自己,像内心发痒了一样。因此潘岳在《射雉赋》中也写道:"徒心烦而伎痒。"如今的《史记》都将"伎痒"写为"徘徊",或者是"彷徨不能无出言",这是一般的流传版本写错了。

应劭 字仲远。东汉学者。劭 shào 《风俗通》云:"《太史公记》'高渐离 战国时燕国人。擅长击筑 变名易姓,为人庸保 受雇作杂役的人,匿作于宋子 县名。今河北赵县北,久之作苦,闻其家堂上有客击筑 古代乐器名,伎痒 jì yǎng。某人擅长一技,遇到机会就想去展现,像痒一样难以忍耐,不能无出言。'"案伎痒者,怀其伎而腹痒也。是以潘岳《射雉赋》亦云:"徒心烦而伎痒。"今《史记》并作"徘徊",或作"彷徨不能无出言",是为俗传写误耳。

太史公_{司马迁}论英布曰："祸之兴自爱姬，生于妒媢_{逢迎取悦}，以至灭国。"又《汉书·外戚传》亦云："成结_{形成}宠妾妒媢之诛。"此二媢并当作媢_{mào}，媢亦妒也，义见《礼记》《三苍》。且《五宗世家》亦云："常山宪王_{汉景帝的儿子刘舜}后妒媢。"王充_{字仲任。东汉学者}《论衡》云："妒夫媢妇生，则忿怒斗讼。"益知媢是妒之别名。原英布之诛为意_{怀疑}贲赫_{汉代的一名大夫。后因揭发英布谋反之事而被封为将军}耳，不得言媢。

太史公司马迁曾评价英布说："灾祸因他的爱姬而兴起，产生于妒媢之心，以至于国家灭亡。"此外，《汉书·外戚传》中也评述道："杀身之祸是由宠妾妒媢造成的。"这两个"媢"字都应当作"媢"字，媢即是嫉妒的意思，这个字的含义在《礼记》《三苍》中可以见到。而且《史记·五宗世家》也说："常山宪王的王后为人妒媢。"王充在《论衡》中说："有妒夫媢妇出现，就会产生恼怒争斗诉讼。"由此进一步可知"媢"是"妒"的别名。追究英布被杀的原因，是因为他怀疑贲赫，不能说是"媢"。

《史记·始皇本纪》记载了："二十八年，丞相隗林、丞相王绾等人，在东海之滨议事。"很多《史记》版本都写作"山林"的"林"。隋开皇二年的五月（公元 582 年），长安的一个老百姓挖掘出秦朝时期的铁秤砣，旁边有镀铜的镌刻铭文两处。其中一处说："廿六年，皇帝尽并兼天下诸侯，黔首大安，立号为皇帝，乃诏丞相状、绾，法度量，则不壹、嫌疑者，皆明壹之。"共四十个字。另一处写道："元年，制诏丞相斯、去疾，法度量，尽始皇帝为之，皆□刻辞焉。今袭号而刻辞不称始皇帝，其于久远也。

《史记·始皇本纪》："二十八年，丞相隗_{wěi}林、丞相王绾等，议于海上_{指东海之滨。}"诸本皆作山林之林。开皇_{隋文帝杨坚的年号}二年五月，长安民掘得秦时铁称权_{秤砣}，旁有铜涂_{通"镀"}镌_{juān。雕刻}铭二所_{量词。相当于处}。其一所曰："廿六年，皇帝尽并兼天下诸侯，黔首大安，立号为皇帝，乃诏丞相状、绾，法度量，则不壹、嫌疑_{疑惑不明}者，皆明壹之。"凡四十字。其一所曰："元年，制诏丞相斯、去疾，法度量，尽始皇帝为之，皆□刻辞焉。今袭号而刻辞不称始皇帝，其于久远也。如后嗣为之者，不称成功盛德。刻此诏左，使毋疑。" 《全秦文》中为："元年，制诏丞相斯、去疾，法度量，尽始皇帝为之，皆有刻辞焉。今袭号而刻辞不称始皇帝，其于久远也。如后嗣为之者，不称成功盛德。刻此诏，故刻左，使毋疑。" 凡五十八字，一字磨灭，见有五十七字，了了分明。其书兼为古隶。余被 受敕 委任 写读 dòu。同"逗"，语句中的停顿 之，与内史令 古代官名 李德林对，见此称权，今在官库。其丞相状字，乃为状貌之状，犭旁作犬。则知俗作隗林，非也，当为隗状耳。

如后嗣为之者，不称成功盛德。刻此诏左，使毋疑。"这五十八字，有一个字磨损看不清，只见到五十七个字，十分清晰，书写的字体是古隶。我受诏命抄录、点逗这两处铭文，与内史令李德林核对，见到了这个秤砣，现在保存在官库里。"丞相状"这几个字中，就是状貌的"状"，犭旁加犬。由此才知道世人写作"隗林"是不对的，当作"隗状"。

　　《汉书》里面说："中外禔
福。""禔"字应当为"示"部。禔，
是安的意思，音"匙匕"的"匙"，
它的含义可以在《三苍》《尔雅》
《方言》中看到。黄河以北的学
者都认为是这样的。而江南地区
的抄本中，这个字很多误写为从
"手"部，写文章的人讲究对偶，
都把它解释成"提挈"的意思，
恐怕是错的。

　　《汉书》云："中外禔福 安宁，
幸福。
禔 zhí，安。《古代汉
语词典》注音为 tí 。"字当从示。禔，安
也，音匙匕之匙，义见《苍》《雅》
《方言》全名《輶轩使者绝代语释别国方言》。中
国第一部汉语方言词汇集。西汉扬雄撰。
河北学士皆云如此。而江南书本，
多误从手，属文者对耦 对偶。修辞的
一种。耦 ǒu，
并为提挈 提携。挈 qiè 之意，恐为误也。

　　或问："《汉书注》：'为元后汉元帝皇后父名禁翁禁，故禁中为省中。'何故以省代禁？"答曰："案《周礼·宫正》：'掌王宫之戒令纠jiū。同"纠"，督察禁。'郑注云：'纠，犹割也，察也。'李登云：'省，察也。'张揖云：'省，今省詧chá。同"察"也。'然则小井、所领二反，并得训察。其处既常有禁卫省察，故以省代禁。詧，古察字也。"

　　有人问道："《汉书注》记载：由于汉元帝皇后父亲的名字叫禁，所以把'禁中'改成'省中'。为什么要用'省'替代'禁'？"我回答说："根据《周礼·宫正》里讲：'掌管王宫的禁令，负责纠察楚绝之事。'郑玄注解说：'纠，如同割的意思，督查的意思。'李登认为：'省，就是考察的意思。'张揖说：'省，就是如今的省詧。'因此小井反、所领反，这两种读音所代表的意义，都表示察的意思。王宫里既然经常有禁卫管理省察的事情，因此用'省'代替'禁'。'詧'字，就是古代用的'察'字。"

《后汉书·明帝纪》说："给四个姓氏的小侯设置学校。"据资料，汉桓帝行冠礼时，同时赐给四姓及梁、邓小侯丝帛，由此便了解到他们都是外戚。汉明帝在位时，外戚有樊氏、郭氏、阴氏、马氏这四个姓氏。人们把他们称为小侯的原因，可能是因为年纪很小就获封侯，所以仍然需要多学习。有人认为他们属侍祠侯、猥朝侯，这些被封侯的不是位列上等的诸侯，所以叫作小侯。《礼记》说："庶方小侯。"就是它的意思了。

《汉明帝纪》_{《后汉书·明帝纪》}："为四姓_{东汉明帝时期的外戚四姓，即樊氏、郭氏、阴氏、马氏子弟、子孙}小侯_{旧时称功臣或外戚被封侯的}立学。"按桓帝_{汉桓帝刘志}加元服_{冠。古称行冠礼为加元服}，又赐四姓及梁、邓小侯帛，是知皆外戚_{指帝王的母族、妻族}也。明帝_{汉明帝刘庄}时，外戚有樊氏、郭氏、阴氏、马氏为四姓。谓之小侯者，或以年小获封，故须立学耳。或以侍祠_{侍祠侯}猥朝_{猥朝侯}，侯非列侯_{诸侯。指王子封为侯者}，故曰小侯。《礼》_{《礼记·曲礼下》}云："庶方_{偏远地区}小侯。"则其义也。

《后汉书》云："鹳雀衔三鳝_{黄鳝}鱼。"多假借为鳣鲔_{zhān wěi。古书上鱼名}之鳣，俗之学士，因谓之为鳝鱼。案魏武《四时食制》："鳣鱼大如五斗奁_{lián。盛放梳妆用品的器具。作圆形、长方形或多边形}，长一丈。"郭璞注《尔雅》："鳣长二三丈。"安有鹳雀能胜一者，况三乎？鳣又纯灰色，无文章_{花纹}也。鳝鱼长者不过三尺，大者不过三指，黄地黑文，故都讲_{古代学舍中协助博士讲经的儒生}云："蛇鳝，卿大夫服之象_{征象}也。"《续汉书》_{纪传体断代史。记载了自汉光武帝至孝献帝间的历史。西晋司马彪撰}及《搜神记》_{记录古代民间传说中神奇怪异故事的小说。东晋史学家干宝著}亦说此事，皆作鳝字。孙卿_{即荀卿}云："鱼鳖鳅_{qiū。旧同"鳅"，泥鳅}鳣。"及《韩非》

《后汉书》中写道："鹳雀的口中叼着三条鳝鱼。"这里的"鳝"字常常与鳣鲔的"鳣"字通假，因此，一般的学者们就认为《后汉书》中的鳝鱼就是鳣鱼。按照魏武帝曹操所著的《四时食制》中所记载："鳣鱼体积之大如同可装五斗物品的箱子一般，身子的长度有一丈。"郭璞所注解的《尔雅》中写道："鳣鱼的长度可达到两三丈。"鹳雀怎么可以叼住一条这样大的鱼，更何况是三条呢？并且鳣鱼是纯灰色的，身上没有任何的花纹。鳝鱼的长度最多不超过三尺，最大不超过三指，鱼身的底色是黄色，有黑色的花纹。因此学舍讲经的儒生们说："蛇鳝的颜色是卿大夫身上官服的装饰图案。"《续汉书》和《搜神记》中也写到这件事，都将"鳣"字写作"鳝"字。荀子说："鱼、鳖、鳅、鳣。"以及《韩非子》

《说苑》中也都写道："鳝鱼身形像蛇，蚕的身形像蠋。"这两本书都写作"鳝"字。把"鳝"假借为"鳝"，这个用法由来已久了。

《说苑》皆曰："鳝似蛇，蚕似蠋^{zhú。鳞翅目昆虫的幼虫。青色，似蚕，大如手指}。"并作鳝字。假鳝为鳝，其来久矣。

《后汉书》："酷吏以严刑峻法残虐百姓的官吏樊晔为天水郡守，凉州为之歌曰：'宁见乳虎正在哺乳的母虎穴，不入冀府寺指天水郡官署。寺，官署，官府办公之地。'"而江南书本"穴"皆误作"六"。学士因循，迷而不寤wù。通"悟"，理解，明白。夫虎豹穴居，事之较明显，显著者，所以班超云："不探虎穴，安得虎子？"宁当论其六七耶？

《后汉书》中写道："酷吏樊晔在当天水郡的太守时，凉州的百姓给他作了一首歌谣唱道：'宁见乳虎穴，不入冀府寺。'"但是江南地区的《后汉书》底本和副本都将"穴"字错写成了"六"字。有些学者沿袭了这个错误，因而迷惑不解。老虎豹子都是在穴中居住，这样的事情非常明显，就像班超所说："不探虎穴，安得虎子？"怎么会去计量虎是有六只还是七只呢？

《后汉书·杨由传》中写道："风吹牍削肺。"这里的"肺"当作"柿"，是指削竹简木牍时掉落的小木屑。从前，在简牍上写错了字就要将错字刮去，因此《左传》中说："将竹简上的字削除后扔掉。"表达的就是这个意思。有人把"札"称作"削"，王褒的《童约》中写道："书削代牍。"苏竟在信中写道："昔以摩研编削之才。"这些语句都可以作为"札"就是"削"的例证。《诗经》中写道："伐木浒浒。"《毛诗传》解释道："浒浒就是木头削落的样子。"史官们将"柿"假借为肝肺的"肺"字，于是，民间的传本有的将它写成了脯腊的"脯"字，也有写成反哺的"哺"字。学者们解释道："削哺是屏风的名字。"这种解释既没有任何依据，也极为荒谬。原文指的是利用风

《后汉书·杨由传》云："风吹削肺（削札牍时削下的碎片）。"此是削札牍（zhá dú。古人写字用的木片、竹简）之柿（fèi。削下的碎木片）耳。古者，书误则削之，故《左传》云"削而投之"是也。或即谓札为削，王褒《童约》曰："书削代牍。"苏竟书云："昔以摩研（切磋研究）编削（编纂书籍。削即札。古代书籍用木片或竹简写成）之才。"皆其证也。《诗》云："伐木浒浒（今本《诗经》作许许，伐木声）。"《毛传》云："浒浒，柿貌也。"史家假借为肝肺字，俗本因是悉作"脯腊"之"脯"，或为"反哺"之"哺"。学士因解云："削哺，是屏障（屏风）之名。"既无证据，亦为妄矣！

此是风角_{古代占候之术}占候耳。《风角书》_{《风角要占》。讲风角占候的书籍}曰："庶人风者，拂_{掠过}地扬尘转削_{吹动木屑}。"若是屏障，何由可转也？

角占卜吉凶。《风角书》中写道："如果是常人之风，只能轻轻拂过地面将尘土扬起，吹动碎木屑随风打转。"如果"削肺"是指屏风的话，怎么可能被风吹动呢？

《三辅决录》中写道："前队大夫范仲公，只有一筒大蒜加盐豆豉。""果"字应当写作魏颗的"颗"字。北方地区常常习惯于将一块东西说成一颗东西，"蒜颗"是民间的习惯用语。因此陈思王曹植在《鹞雀赋》中写道："头如果蒜，目似擘椒。"《老子化胡经》中也写道："合口诵读经书的声音窸窸窣窣，眼中泪珠一颗颗流下。""颗""碨"这两字的字形虽然有差别，但读音和含义却大体相同。江南一带只知道将其称作"蒜符"，不知道有蒜颗的叫法。学者们递相沿袭，将"果"称为裹结的"裹"，解释说盐和蒜都放在一个包裹里，一起装进竹筒里。《正史削繁音义》又将蒜颗的"颗"注音为苦戈反，他们都是错误的。

《三辅决录》云："前队^{指南阳郡。王莽时改南阳郡为前队。队suì}大夫^{南阳郡置大夫，职如太守}范仲公，盐豉蒜果共一筩^{tǒng。同"筒"。}。"果当作魏颗^{春秋时魏国大夫}之颗。北土通呼物一块，改为一颗，蒜颗是俗间常语耳。故陈思王《鹞雀赋》曰："头如果蒜，目似擘^{bò。分开，剖裂}椒。"又道经^{指《老子化胡经》}云："合口诵经声璅璅^{suǒ suǒ。通"琐"，形容声音细碎}，眼中泪出珠子碨^{kē。通"颗"，颗粒}。"其字虽异，其音与义颇同。江南但呼为蒜符，不知谓为颗。学士相承，读为裹结之裹，言盐与蒜共一苞裹^{包裹。苞，通"包"，}，内^{nà。古同"纳"，纳入，放入}筩中耳。《正史削繁音义》^{南朝阮孝绪撰}又音蒜颗为苦戈反，皆失也。

有人访_{询问}吾曰："《魏志》蒋济_{字子通。三国魏明帝时为护军将军}上书云'弊趹_{guì。精疲力竭}之民'，是何字也？"余应_{告诉}之曰："意为趹即是皷倦_{疲乏。皷 guì，疲倦}之皷耳。张揖、吕忱并云：'支傍作刀剑之刀，亦是剞_{jī。刻镂的刀具}字。'不知蒋氏自造支傍作筋力之力，或借剞字，终当音九伪反。"

有人来询问我道："《魏志》中有记载称蒋济上书朝廷写道'弊趹之民'，趹是什么字呢？"我回答他说："我想趹就是'皷倦'的'皷'字。张揖与吕忱都说：'支'字旁加上刀剑的'刀'字，也就是'剞'字'。不知道'趹'是蒋济将'支'字旁加上筋力的'力'字之后所造之字，还是与'剞'字通假。不管是什么情况，这个字都应当读作九伪反。"

　　《晋中兴书》中写道："泰山人羊曼，平时放诞骄纵，为人仗义，喜爱喝酒而不拘礼节，兖州人称他为鬷伯。"鬷伯的"鬷"字没有注音也没有注释。梁孝元帝曾经问我说："我一直不认识这个字。只有张简宪教过我才知道，这个字读作'噎羹'的'噎'。从那以后我就一直遵从这个读音，但依旧不知道出处。"张简宪是湘州的刺史张缵的谥号，江南地区的人都认为他是非常有学问的人。据考证：写《晋中兴书》的作者何法盛生活的年代与当时的年代很近，这个"鬷"字应该是从年老的人们那里传下来的。世间也有"鬷鬷"这个词语，大概意思就是没有什么不能给予也没有什么不能接纳的。顾野王所写的《玉篇》错把这个字写成"黑"字旁加"沓"字。顾野王虽然博学广识，

　　《晋中兴书》_{南朝何法盛撰}："太山_{即泰山}羊曼_{字祖延。晋人}，常颓纵_{疏慢放纵}任侠_{凭借权威、勇力或财力等手段扶助弱小，帮助他人}，饮酒诞节_{放纵无节制}，兖州号为鬷_{tà。放纵豁达}伯。"此字皆无音训_{对古籍中的字词注音释义}。梁孝元帝常_{通"尝"，曾经}谓吾曰："由来不识。唯张简宪见教，呼为噎_{tà。不咀嚼而吞咽食物}羹之噎。自尔便遵承之，亦不知所出。"简宪是湘州刺史张缵谥也，江南号为硕学。案法盛_{何法盛}世代殊近，当是耆老_{老年人。耆 qí，古代六十岁称耆}相传。俗间又有鬷鬷语，盖无所不施，无所不容之意也。顾野王_{南朝陈人。精通经史}《玉篇》误为黑傍沓_{tà}。顾虽博物，犹

出简宪、孝元之下，而二人皆云重边。吾所见数本，并无作黑者。重沓是多饶积厚之意，从黑更无义旨。

但他的见识仍然比不上张简宪和梁孝元帝，他两人都说应是"重"字旁。我所看到的很多版本中，也并没有"黑"字旁的写法。"重沓"是充足富饶存储丰厚的意思，写作"黑"字旁就反而没有意义了。

《古乐府·清调曲·相逢行》的歌词里，先描述了三个儿子，然后才提及三个儿媳妇，媳妇是相对于公公婆婆的称谓。《古乐府》最后一章写道："丈人且安坐，调弦未遽央。"古时候，儿媳妇供奉公公婆婆，日夜都陪在身旁，和儿女没有区别，因此诗词中才这样写。"丈人"也是对年长老人的称呼，现在世间的百姓仍习惯将他们死去的祖父称为"先亡丈人"。我怀疑"丈"字应该是"大"字，北方地区的风俗，有儿媳妇称公公作大人公的习惯。"丈"字和"大"字很容易混淆。近代的文人写了很多《三妇诗》，内容大多是描写缔结婚姻并匹配自己的众多妻子的意思，又加入了一些淫秽的词句，那些雅正高尚的君子，怎么会这么荒唐呢？

《古乐府》_{《乐府·清调曲·相逢行》}歌词，先述三子，次及三妇，妇是对舅姑之称。其末章云："丈人且安坐，调弦未遽央_{仓促未尽。遽 jù}。"古者，子妇供事舅姑，旦夕在侧，与儿女无异，故有此言。丈人亦长老之目_{称呼}，今世俗犹呼其祖考_{已故的祖父}为先亡丈人。又疑"丈"当作"大"。北间_{北方}风俗，妇呼舅为大人公。"丈"之与"大"，易为误耳。近代文士，颇作《三妇诗》，乃为匹嫡_{缔结婚姻}并耦己_{与自己成双成对。耦 ǒu，同"偶"}之群妻之意，又加郑、卫之辞_{指春秋时郑国、卫国的歌词。后用以指代淫荡的词句及文学作品}，大雅君子_{指道德才学俱佳者}，何其谬乎？

《古乐府》歌百里奚词曰：

"百里奚 春秋时贤相。本为虞国大夫，晋灭虞时被俘，后逃至宛，被楚人抓获。秦穆公听说他很贤能，于是用了五张羊皮将他赎回，五羊皮。忆别时，烹伏雌 孵卵的母鸡，吹扊扅 yǎn yí。门闩。今日富贵忘我为！"吹当作炊煮之炊。案蔡邕《月令章句》曰："键，关牡 门闩也，所以止扉 关闭门扇，或谓之剡移 即扊扅。门闩。"然则当时贫困，并以门牡木作薪炊耳。《声类》作扊，又或作店 diàn。门闩。

《古乐府》中歌唱百里奚的歌词中说："百里奚，五羊皮。忆别时，烹伏雌，吹扊扅。今日富贵忘我为！"词中的"吹"当写作炊煮之"炊"。据考证：蔡邕写的《月令章句》中说："键，就是木门闩，是用来闩门用的，也将它称作剡移。"如此看来，百里奚当时的生活十分贫苦，连门闩都拿来当作木柴烧饭了。这个字在《声类》中写作"扊"，有时也写作"店"。

《通俗文》这本书，民间都写作"河南服虔字子慎造"。服虔既然是汉朝人，书中的《叙》却引用了苏林、张揖的文字。苏林、张揖都是三国时期魏国人。况且在郑玄以前，都不懂反切这种注音方法。《通俗文》这本书中反切的注音方法与现在的注音习惯相吻合。阮孝绪又说这本书是"李虔所著"。北方地区抄录的这本书，我家收藏有一本，根本没有写作者是李虔。《晋中经簿》和《七志》中，都没有这本书的条目，最终无从知晓这本书是谁写的。但是《通俗文》这本书的文辞妥帖恰当，作者实在是才华横溢的人。殷仲堪所写的《常用字训》，也引用到服虔所著的《俗说》，现在这本书也找不到了，不知道这

《通俗文》_{训释经史用字之书}，世间题云"河南服虔字子慎造_{撰著}"。虔既是汉人，其《叙》乃引苏林_{字孝友。东汉末魏初学者}、张揖_{字稚让。三国时期文字训诂学家}。苏、张皆是魏人。且郑玄以前，全不解反语_{反切。古代一种注音方法}。《通俗》_{《通俗文》}反音，甚会_{相合}近俗_{近来的习惯}。阮孝绪_{字士宗。南朝时期目录学家}又云"李虔所造"。河北此书，家藏一本，遂无作李虔者。《晋中经簿》_{我国较早的一部以四部分类为主的图书目录。作者荀勖，字公曾。西晋文学家、音律学家和目录学家}及《七志》_{图书目录分类专著。南朝王俭撰}，并无其目，竟不得知谁制。然其文义允惬_{yǔn qiè。妥帖，恰当}，实是高才。殷仲堪_{东晋人。曾任荆州刺史。所著《常用字训》已亡佚}《常用字训》，亦引服虔《俗说》，今复无此书，未

知即是《通俗文》，为当_{抑或}有异？或更有服虔乎？不能明也。

本书就是《通俗文》，还是别的不同的什么书？或许还有另外一位名叫服虔的人吗？真是无从知晓啊。

有人问我说："《山海经》这本书是夏禹和伯益著的，可里面却有长沙、零陵、桂阳、诸暨等地名，像这样的秦汉郡县地名提到了不少，您觉得这是为什么呢？"我回答道："史书上的文章有缺漏，这样的情况已经由来很久了。加上秦始皇焚书坑儒、董卓烧毁经典，经书典籍杂乱无章，造成的问题还不仅仅只是这些。例如《神农本草经》是由神农所编写的，可是书中却出现了豫章、朱崖、赵国、常山、奉高、真定、临淄、冯翊等这样的汉代郡县名字，及这些郡县所出产的药物；《尔雅》是周公所著的，但是却说'西周人张仲对父母孝敬，对兄弟友爱'；孔子修订了《春秋》，可是《春秋左氏传》中却写着孔子去世的语句；《世本》是春秋时左丘明所著写的，可其中却提及战国时期的燕王喜和汉高祖刘邦的

或问："《山海经》中国古代地理著作。分《山经》《海经》《大荒经》《海内经》，夏禹及益伯益，亦称大费。古代嬴姓各族祖先，相传擅长畜牧狩猎，因助禹治水有功被选为继承人。禹死，益让位于启所记著述，而有长沙、零陵、桂阳、诸暨，如此郡县不少，以为何也？"答曰："史之阙文缺疑不书或遗漏的文句，为日久矣。加复秦人灭学指秦朝焚书坑儒、董卓焚书指东汉末年董卓作乱时，烧概观阁，焚烧经典之事，典籍错乱，非止于此。譬犹《本草》神农所述，而有豫章、朱崖、赵国、常山、奉高、真定、临淄、冯翊等郡县名，出诸药物；《尔雅》周公所作，而云'张仲孝友'；仲尼修《春秋》，而《经》《春秋左氏传》书孔丘卒；《世本》左丘明所书，而有燕王喜、汉高祖；《汲冢

琐语》西晋太康二年，汲郡人不准盗挖了魏襄王墓，得书数十车，其中有《琐语》十一篇，记录战国时期各国卜梦妖怪相书，乃载《秦望碑》秦始皇东游秦望山时所立的碑；《苍颉篇》李斯所造，而云'汉兼天下，海内并厕，豨黥陈豨被黥刑。豨xī；黥qíng，古代在人脸上刺字并涂墨之刑韩覆韩信遭覆灭，畔古同"叛"讨灭残'；《列仙传》刘向所造，而赞云七十四人出佛经；《列女传》亦向所造，其子歆又作《颂》，终于赵悼后战国时期赵悼襄王赵偃之后，而传有更始韩夫人汉更始帝刘玄的宠姬韩夫人、明德马后东汉光武帝刘秀的皇后及梁夫人嬺汉和帝的姨妹梁嬺。嬺yì。皆由后人所羼chàn。掺杂，搀入，非本文也。"

名字；战国时期的《汲冢琐语》，里面却提及了秦始皇东游秦望山所立的《秦望碑》的碑文；《苍颉篇》是秦朝人李斯所写的，可是书中却说道'汉朝一统天下，四海之内都统一，陈豨被黥刑，韩信遭覆亡，叛乱被讨伐，残兵被消灭'；《列仙传》是西汉人刘向所著写，但是其书中的《赞》却说七十四人是源自于佛经；《列女传》也是刘向写的，他的儿子刘歆又为《列女传》写了《列女传颂》，书中的记事截止到战国时期的赵悼后，然而《列女传》的传文中却写到了汉更始帝的韩夫人、汉光武帝的明德马皇后和梁夫人嬺。以上这些例子都是后人掺杂在书里的内容，并不是书中原文所写。"

有人问我说："《东宫旧事》为什么称'鸱尾'是'祠尾'？"我回答说："写《东宫旧事》的张敞是吴地人，不注重考察研究古事，随意记写注释，滥袭民间讹误错谬，写了这样的文字。吴地人将'祠祀'称为'鸱祀'，因此作者将'祠'写成'鸱'字；吴地人将'绀'念为'禁'，因此用'纟'旁加'禁'来替代'绀'字；吴地人读'盏'做竹简反，因此用'木'字旁加'展'替代'盏'字；吴地人读'镬'字为'霍'，因此用金字旁加'霍'替代'镬'字；又将'金'字旁加'患'字替代'镮'字，用'木'字旁加'鬼'替代'魁'字，'火'字傍加'庶'来替代'炙'字，在'既'字下加'毛'字替代'髻'字；金花就是用'金'字旁加'华'字，窗扇就是将'木'字旁加'扇'字。诸如此类，主观想象、任意妄写的字不少。"

或问曰："《东宫旧事》何以呼鸱尾〔古代宫殿屋脊两端的装饰性构件。因外形略如鸱尾，故称。鸱 chī，传说是水中精灵，能避火灾，故置之殿堂〕为祠尾？"答曰："张敞者，吴人，不甚稽古〔研习、考证古事〕，随宜〔随意〕记注，逐乡俗讹谬〔指文字在流传抄写中出现错讹谬误。讹 é，错误〕，造作书字耳。吴人呼祠祀为鸱祀，故以祠代鸱字；呼绀〔gàn〕为禁，故以纟傍作禁代绀字；呼盏为竹简反，故以木傍作展代盏字；呼镬〔huò。无足鼎。古时用来煮肉、鱼的器具〕字为霍字，故以金傍作霍代镬字；又金傍作患为镮〔huán。环〕字，木傍作鬼为魁字，火傍作庶为炙字，既下作毛为髻字；金花则金傍作华，窗扇则木傍作扇。诸如此类，专辄〔专断，擅独〕不少。

又问："《东宫旧事》'六色蒟縅jì wēi，是何等物？当作何音？"答曰："案《说文》云：'蒟jūn，牛藻也，读若威。'《音隐》即《说文音隐》：'坞瑰反。'即陆机所谓'聚藻，叶如蓬'者也。又郭璞注《三苍》亦云：'蕰wēn。蕰藻，藻之类也，细叶蓬茸生。'然今水中有此物，一节长数寸，细茸如丝，圆绕可爱，长者二三十节，犹呼为蒟jūn。大叶藻。又寸断五色丝，横着线股间绳之，以象蒟草，用以饰物，即名为蒟；于时当绁xiè。缚六色蒟，作此蒟以饰绳带用色丝织成的束带。绳 gǔn，张敞因造纟旁畏耳，宜作隈。"

他又问道："《东宫旧事》中提及'六色蒟縅'是什么东西？应当读成什么音？"我回答道："据《说文解字》中说：'蒟，就是牛藻，读作'威'的音'，《说文音隐》中注音为'坞瑰反'，就是陆机所说的'聚藻，叶子如同蓬草'的那种水藻。此外郭璞注解《三苍》时也写道：'蕰，水藻一类的东西，细长的叶子上面长着杂乱蓬松的绒毛。'然而现在的水中有这种植物，它的一节就有几寸长，细细的绒毛如同丝一般，围绕成一个圆形，十分讨人喜爱。长的有二三十节，人们依然称它为'蒟'。另外将五色丝线剪成一寸一寸的长度，横放在几股线中间用绳子捆住，把它做成蒟草的样子，用来装饰物品，就给它命名为"蒟"。当时一定是要捆六色的丝毛，用这种蒟来装饰绳带，因此张敞就造了'纟'旁加'畏'的字，应该读'隈'字的音。"

柏人城的东北方向有一座孤山，古书中都没有关于这座山的记载。只有阚骃所著的《十三州志》写道：舜进入大麓，大麓指的就是这座山，大麓山上现在还有尧的祠堂。民间有的称这座山叫宣务山，有的称这座山为虚无山，没人知道这些名称出自哪里。赵郡的士大夫中李穆叔、李季节兄弟二人和李普济，也都十分有学识，但是也不能够肯定家乡这座山的名字和由来。我曾经在赵州担任赵州佐，和太原的王绍一起读柏人城西门内的石碑文字。这块石碑是汉桓帝时期柏人县的百姓为县令徐整建立的，石碑上刻着："本县内有罐嵍山，是仙人王子乔成仙的地方。"这样才知道这就是罐嵍山，"罐"字不知道它的出处。"嵍"字依照各种字书的记载，就是"旄丘"之"旄"字。

柏人_{县名。西汉置，在今河北唐山西}城东北有一孤山，古书无载者。唯阚骃_{kàn yīn。字玄阴。北魏敦煌人}《十三州志》以为舜纳_{进入}于大麓_{山林}，即谓此山。其上今犹有尧祠焉。世俗或呼为宣务山，或呼为虚无山，莫知所出。赵郡士族有李穆叔、季节兄弟、李普济，亦为学问，并不能定乡邑此山。余尝为赵州佐_{辅官}，共太原王邵读柏人城西门内碑。碑是汉桓帝时柏人县民为县令徐整所立，铭曰："山有罐嵍_{quán wù}，王乔所仙。"方知此罐嵍山也。罐字遂无所出。嵍字依诸字书，即旄丘之旄也。旄字，《字林》

一音亡付反，今依附俗名，当音权务耳。入邺，为魏收说之，收大嘉叹。值其为《赵州庄严寺碑铭》，因云"权务之精"，即用此也。

"旞"字在《注音》中注音为亡付反，现在依照民间的通俗称呼，应该读作权务。我到了邺城后，同魏收说起了这件事，他对这件事赞许了一番。当时魏收正在撰写《赵州庄严寺碑铭》，因此写了"权务之精"一语，就是用了我的考证。

有人问我："一个晚上为什么要划分为五更？'更'作什么解释呢？"我回答说："从汉、魏到现在，一个晚上被分为甲夜、乙夜、丙夜、丁夜、戊夜，也称作鼓，分为一鼓、二鼓、三鼓、四鼓、五鼓，又称作一更、二更、三更、四更、五更，都是用'五'划分时段。《西都赋》中也写道：'卫以严更之署。'之所以这样，如果把正月当作建寅之月，北斗星的斗柄就在太阳落下的时候指向寅，太阳升起的时候斗柄就指向午。斗柄从寅指到午，一共要经过五个时辰。冬天和夏天，虽然昼夜长短不一样，然而就时辰间隔的长短来说，最多不超过六个时辰，最

或问："一夜何故五更？更何所训？"答曰："汉、魏以来，谓为甲夜、乙夜、丙夜、丁夜、戊夜，又云鼓，一鼓、二鼓、三鼓、四鼓、五鼓，亦云一更、二更、三更、四更、五更，皆以五为节。《西都赋》

西汉班固所作

亦云：'卫 保卫 以严更之署 督行夜鼓的郎署。职责是护卫汉宫 。'所以尔者，假令

正月建寅 我国古代按北斗星斗柄在一年中的移动位置来确定月份。夏历以正月为岁首，

所以说正月建寅 ，斗柄 北斗七星中玉衡、开阳、摇光三星组成斗柄，称作"杓"。杓 biāo

夕则指寅，晓则指午矣；自寅至午，凡历五辰 古人用十二地支，即子、丑、寅、卯、辰、巳、午、未、申、

酉、戌、亥来表示一昼夜的十二个时辰，每个时辰等于现在的两小时。从寅时开始，经卯、辰、巳、午，共五个时辰。

冬夏之月，虽复长短参差，然辰间辽阔，盈 最多 不过六，缩 少

不至四，进退常在五者之间。
更，历也，经也，故曰五更尔。"

少不小于四个时辰，长短基本都
在五个时辰左右。'更'字，就
是经历、经过的意思，因此称为
五更。"

《尔雅》中写道："术，就是山蓟。"郭璞注解说："现在说的术像蓟草一样，在山中生长。"据记载：术的叶子形状像蓟草一般，近代的学者们就把"蓟"读作筋肉的"筋"，用"蓟（筋）"与"地骨"作对偶使用，这样恐怕错解了它本来的含义。

《尔雅》云："术 zhú。草名。根茎可入药，山蓟 jì 也。"郭璞注云："今术似蓟而生山中。"案术叶其体似蓟，近世文士遂读蓟为筋 南北朝时，曾将"筋"字俗写为"蓟"，所以极易与"蓟"字相混 肉之筋，以耦 ǒu。同"偶" 地骨 枸杞的别名 用之，恐失其义。

或问："俗名傀儡子_{指木偶戏。傀儡kuǐ lěi}为郭秃，有故实_{典故，出处}乎？"答曰："《风俗通》云：'诸郭皆讳秃。'当是前代人有姓郭而病秃者，滑稽戏调_{开玩笑}，故后人为其象，呼为郭秃，犹《文康》_{古乐舞名，又名《礼毕》。扮演对象为晋太尉庾亮。庾亮谥文康，故名}象庾亮耳。"

有人问我道："民间称木偶戏为郭秃，有什么典故出处呢？"我回答说："《风俗通》中写道：'所有郭姓人士都忌讳秃字。'应当是前代有姓郭的人患秃顶，此人举止滑稽、言语诙谐，因此后人就依照他的样子做成木偶，称为'郭秃'，就如同《文康》舞中人物造型都模仿庾亮一样。"

有人问我说："为什么把治狱参军叫作长流参军？"我回答说："《帝王世纪》中写道：'少昊帝驾崩的时候，他的神灵降临在长流山上，负责主持秋天的祭祀。'据考证，《周礼·秋官》中写道，刑狱的官员掌管刑罚。长流的职务，在汉、魏时就是帮助官吏捕贼的官吏。从两晋、宋之后，才被称作参军，隶属于司寇，因此用少昊帝居住的长流山来作为它的美名。"

或问曰："何故名治狱参军为长流_{指治狱参军。也称长流参军}乎？"答曰："《帝王世纪》_{晋朝皇甫谧撰}云：'帝少昊_{传说的远古部落首领}崩，其神降于长流之山，于祀主秋_{主持秋祭。即秋祭之神主}。'案《周礼·秋官》，司寇_{主管刑狱的官员}主刑罚。长流之职，汉、魏捕贼掾_{yuàn。佐助。后为官府中佐助官吏的通称}耳。晋、宋以来，始为参军，上属司寇_{官名}，故取秋帝_{少昊帝}所居为嘉名焉。"

客有难主人曰："今之经典，子皆谓非，《说文》所言，子皆云是，然则许慎胜孔子乎？"主人拊掌（拍手，鼓掌。表示欢乐或愤激。拊 fǔ）大笑，应之曰："今之经典，皆孔子手迹耶？"客曰："今之《说文》，皆许慎手迹乎？"答曰："许慎检以六文（六书），贯（通）以部分（指许慎在《说文解字》中首创的部首编排法），使不得误，误则觉（发现，明白）之。孔子存其义而不论其文也。先儒尚得改文从意，何况书写流传耶？必如《左传》止戈为武，反正为乏，皿虫为蛊（gǔ），亥有二首六身之类，后人自不得

有位客人诘问我："现在的经典书籍，你都说它们是有错的，《说文解字》中所解释的，你都予以肯定，难道说许慎比孔子更高明吗？"我鼓掌笑答他说："现在的经典书籍都是孔子亲笔所写吗？"客人反问我说："现在的《说文解字》都是许慎亲笔所写吗？"我回答他说："许慎用六书来查验文字，用部首贯穿全书，使文字不容易出现错误，一旦出现错误就能够发现。孔子修订书籍只注重文章的大意但是不推究文字本身。前代的学者们尚且能修改文字来顺应文章大意，更何况又经传抄流传呢？一定要像《左传》中说的'止'和'戈'构成'武'字，'乏'是'正'字加'反'字，'皿'加'虫'就是'蛊'字，'亥'有'二首六身'这类明确字体结构的情况，后人自然不能够妄加

改动，怎么敢用《说文解字》去校验这些文字的对与错呢？况且我也不认为《说文解字》完全正确，《说文解字》中引用的其他典籍内容，与现在通行的典籍内容不相符合的，我也不敢盲目信从它。如司马相如的《封禅书》写道：'导一茎六穗于庖，牺双觡共抵之兽。'这里的'导'就解释为选择的'择'。汉光武帝的诏书中写道：'非徒有豫养导择之劳'的'导'也是选择的意思。可是《说文解字》中说'导是一种禾名'，并且引用《封禅书》为例证。也许真的有一种禾名叫'导'，但那并不是司马相如《封禅书》文中用过的'导'。如果按'导'是禾名的含义，'禾一茎六穗于庖'还能成通顺的文句吗？就算是司马相如天生愚笨，勉强写下了这句话，那么下句话就应当写成：'麟双

辄改也，安敢以《说文》校其是非哉？且余亦不专以《说文》为是也，其有援引经传，与今乖者，未之敢从。又相如《封禅书》曰：'导一茎六穗于庖，牺〔古时宗庙祭祀用的纯色牲畜〕双觡〔gě。骨角〕共抵〔本。指角的根部〕之兽。'此导训择，光武诏云'非徒有豫〔预先〕养导择〔选择〕之劳'是也。而《说文》云导是禾名，引《封禅书》为证。无妨自当有禾名导，非相如所用也。'禾一茎六穗于庖'，岂成文乎？纵使相如天才鄙拙，强为此语，则下句当云'麟双觡共抵之兽'，不

368
○
369

得云牺也。吾尝笑许纯儒纯粹的儒者。此指专于文字训诂，不达文章之体，如此之流，不足凭信。大抵大体服佩服其为书，隐括也写作隐栝，古代用作校正木材弯曲的器具。这里引申为修改、校订有条例，剖析穷根源，郑玄注书，往往引以为证。若不信其说，则冥冥懵懵懂懂、稀里糊涂不知一点一画，有何意焉。"

骼共抵之兽'，不能说'牺双骼共抵之兽'了。我曾经笑话许慎是纯粹的儒生，只注重文字而不了解文章的体裁，像这类引证，就不足以遵从信服。但大体来说我还是信服许慎撰写的《说文解字》，书中文字的审订有明确的条例，剖析字的含义能穷尽它的根源，郑玄给经书注解时，就常常引用《说文解字》作为根据。如果不相信《说文解字》中的解释，就会糊里糊涂，不知道文字的一点一画有什么意义。"

世上研究文字、音韵、训诂之学的人，不通晓古今字体的变化，定是要依照小篆来修订校正文字，凡像《尔雅》《三苍》《说文解字》中的文字，哪能尽得仓颉造字时最初的本意呢？也是随着时代的推移增减笔画，相互之间各有异同。西晋之前的字书，怎么可以全部否定呢？只要它们能够体例完整而不是由人们随意发挥就可以了。考证校订文字对错的时候，特别需要仔细斟酌。如像"仲尼居"，这三个字中就有两个字不符合正体，《三苍》在"尼"字旁加了"丘"字，《说文解字》在"尸"字下加了"几"字，像这样的例子，怎么能够随意跟从呢？古时候不存在一个字有两种形体的情况，同时有很多假借的现象，用"中"替代"仲"，用"说"替代"悦"，用"召"假借作"邵"，用"间"假借作"闲"。像这样假借的字，也不需要修改。

世间小学者，不通古今，必依小篆，是正_{订正，校订}书记，凡《尔雅》《三苍》《说文》，岂能悉得苍颉_{又作仓颉。旧传为皇帝史官，受鸟兽印迹启发创造了文字。颉jié}本指_{本意}哉？亦是随代损益，互有同异。西晋已往字书，何可全非？但令体例成就，不为专辄_{专断，专擅}耳。考校是非，特须消息_{仔细斟酌}。至如"仲尼居"，三字之中，两字非体，《三苍》尼旁益丘，《说文》尸下施几：如此之类，何由可从？古无二字_{指一个字有两个形体，两种写法}，又多假借，以中为仲，以说为悦，以召为邵，以间为闲。如此之徒，亦不劳改。自有讹谬，过成鄙俗[陋俗]，乱[亂]旁为舌，揖下无耳，鼋[yuán]鼍[tuó]鼍从龟[龜]，奋[奮]、夺[奪]从雚[guàn]，席中加带，恶[惡]上安西，鼓外设皮，凿[鑿]头生毁，离[離]则配禹，壑乃施豁，巫混经[經]旁，皋分泽[澤]片，猎[獵]化为猲[gé]，宠[寵]变成寵[lŏng]，业[業]左益片，灵[靈]底着器；率字自有律音，强改为别，单字自有善音，辄析成异。如此之类，不可不治。吾昔初看《说文》，蚩薄[嗤笑鄙薄]世字[俗字]，从正则惧人不识，随俗

有些文字本来就有错误，沿用时间长了形成了不好的习惯，"乱"的偏旁写成"舌"，"揖"字下不加"耳"，把"鼋""鼍"写成"龟"字旁，把"奋"、"夺"写成"雚"字旁，把"席"字中间写成"带"字，"恶"字上首写成了"西"，"鼓"字右边写成"皮"，"鑿"字上部写成"毁"字，"離"字左边写成"禹"，"壑"字上面写成"豁"，把"巫"字和"經"字的"坙"旁搞混，"皋"字写成"澤"的半边，"獵"字写成了"猲"字，"寵"写成了"寵"，"業"字的左边加了"片"字，"靈"的下边加了"器"字；"率"字本身就有"律"这个读音，非要改成别的字；"单"字本来就有"善"的读音，却随意地分成不同的字。像这类现象，不能不修改订正。我以前初读《说文解字》的时候，非常鄙夷这些俗传的字。想遵循正体书写又担心别人不认识，追从俗体又觉得不妥当，如此一来就没办法下

笔了。随着见识的逐渐增多，进一步懂得了变通的道理，改正了从前用字的偏执，把随俗和正体二者折中。如果是写文章著书立说，就选择与《说文解字》中相近似的字体来使用，如果是写官府的公文告示或是来往的书信，就顺从世俗的习惯吧。

则意嫌其非，略是不得下笔也。所见渐广，更知通变，救前之执_{偏执}，将欲半焉。若文章著述，犹择微相_{稍微}影响_{近似、差不多的意思}者行之，官曹_{官署}文书，世间尺牍_{书信}，幸不违俗_{约定俗成的习惯}也。

案弥亘绵延。亘gèn字从二间舟像"舟"字在"二"字中间。《诗》云："亘之秬jù。黑黍秠pī。黑米"是也。今之隶书，转舟为日将二字中间的舟写为日，指写作"亘"。而何法盛《中兴书》《晋中兴书》乃以舟在二间为舟航字，谬也。《春秋说》纬书。已佚以人十四心为德，《诗说》纬书。已佚以二在天下为酉，《汉书》以货泉东汉王莽时货币名。钱币上有"货泉"二字为白水真人汉代钱币"货泉"的别称，《新论》东汉桓谭著。已佚以金昆指银子。"银"字拆开为"金""艮""艮"又近"昆"，故错作"金昆"为银，《国志》《三国志》。西晋陈寿著以天上有口为吴，《晋书》以黄头小人隐语，指"恭"字为恭，《宋书》以召刀为邵，《参同契》《周易参同契》。最早系统论述道教炼丹的书。东汉魏伯阳著以人负告为造：如此之例，盖数术术数。此指拆字一类的方术谬语，

据考证：弥亘的"亘"字，从属于"二"字当中加"舟"字。《诗经》里说的"亘之秬秠"的"亘"就是这个字。现在的隶书，将"二"字中间的"舟"字写成了"日"字。可是何法盛所写的《晋中兴书》中却认为"舟"字加在"二"字中间所组成的字是"航"字，真是十分荒谬。《春秋说》中将"人十四心"作"德"字，《诗经》中将"二在天下"作"酉"字，《汉书》中把"货泉"称为"白水真人"，《新论》中以"金昆"指"银"字，《三国志》中用"天上有口"指"吴"，《晋书》中用"黄头小人"指"恭"字，《宋书》中用"召刀"指"邵"字，《周易参同契》中用"人负告"指"造"字。像这样的例子，都是拆字附会的错谬说法，假借别

的字来附会己意，并杂以游戏玩笑罢了。就好像把"贡"字转变成"项"字，把"叱"字当成"七"字一样，怎么能用这样的方法来确定文字的读音呢？就像潘岳、陆机等人的《离合诗》《赋》《杙卜》《破字经》，还有鲍照写的《谜字》，都是为了迎合当下社会上流行的风气，根本够不上用形声造字方法去评价它们。

假借依附，杂以戏笑耳。如犹转贡字为项，以叱为七，安可用此定文字音读乎？潘潘岳。字安仁。西晋文学家、陆陆机。字士衡。西晋文学家、书法家诸子《离合诗》《赋》、《杙卜》占卜书名。杙 shì，古代占卜时用的器具，后称为星盘《破字经》，及鲍照《谜字》，皆取会迎合流俗，不足以形声论之也。

　　河间_{郡名}邢芳语吾云："《贾谊传》云：'日中必熭_{wèi。暴晒、晒干。}，'注：'熭，暴_{pù}也。'曾见人解云：'此是暴疾之意，正言日中不须臾，卒然_{突然。卒，同"猝"}便昃_{zè。太阳偏西}耳。'此释为当乎？"吾谓邢曰："此语本出太公《六韬》，案字书，古者'暴_{暴的异体字}晒'字与'暴_{zè。暴的异体字}疾'字相似，唯下少_{稍微}异，后人专辄加傍日耳。言日中时，必须暴晒，不尔者，失其时也。晋灼_{西晋学者。注《汉书》}已有详释。"芳笑服而退。

　　河间的邢芳和我说："《汉书·贾谊传》中写道：'太阳当头时，一定要把东西拿到外面去晒干。'注解写道：'熭就是暴的意思。'我曾经看见别人解释说：'这就是迅猛快速的意思，就是说正午的时间很短，太阳很快就西斜了。'这样的解释恰当吗？"我对邢芳说："'日中必熭'这句话原本出自于姜太公的《六韬》，考证字书中的说法，古时候暴晒的'暴'字和暴疾的'暴'字字形相似，只是字的下半部分稍有不同，后人擅自给'暴'字加了'日'字旁。这句话的意思是说太阳正午当头的时候，一定要把东西晾晒在阳光下，不这样做的话，就错过了最好的时间。晋灼对这句话已经有了详尽的解释。"邢芳心服口服地笑着走了。

音辞第十八

《音辞》篇是作者对各地语言和音韵方面的一些体会和感悟。作者对各地方言存在的差异进行了比较，另外也分析了南北地区发音的不同。

本篇简介

376

○

377

夫九州之人，言语不同，生民已[同"以"]来，固常然矣。自《春秋》[指《公羊传》。又名《春秋公羊传》《公羊春秋》。是专门解释《春秋》的典籍。作者相传是子夏弟子、战国时齐人公羊高]标齐言[齐国方言]之传，《离骚》目[看作]楚词之经，此盖其较明之初也。后有扬雄著《方言》，其言大备[完备，齐备]。然皆考名物[事物的名称、特征等]之同异，不显声读[文字的声调和读音]之是非也。逮[到]郑玄注《六经》，高诱解《吕览》《淮南》，许慎造《说文》，刘熹[刘熙。东汉经学家、训诂学家]制《释名》，始有譬况[古代的一种注音方法。用近似的字来比照说明某字的读音。譬 pì]假借以证音字耳。而古语与今殊别，其间轻重、清浊[语音学术语，指语音的清声与浊声。发音时声带不振动的为清声，反之为浊声]，犹未可晓；加以内言外言[古代注家譬况字音用语。所谓内外指韵的洪细而言，内言发洪音，外言发细音]、

九州的人们，语言各不相同，自有人类以来，向来如此。自从《春秋公羊传》用齐国的方言记载历史，《离骚》被视为楚辞的经典，这大概是言语有明显差异的初始阶段吧。之后，扬雄著出了《方言》，这方面的论述非常详备。然而书中大都是考证事物名称、特征的异同，并未标出读音对错。直到郑玄解注《六经》，高诱诠释《吕览》和《淮南子》，许慎编写出《说文解字》，刘熙编著了《释名》，这才开始用譬况、假借的方法来辨别字音。然而，古代语言与现代语言有着巨大的差异，而其中语音的轻重、清浊，仍未知晓；加上古人多采用内言

外言、急言徐言、读若这一类的
注音方法，就更加使人疑惑。孙
叔言创编了《尔雅音义》，这是
汉朝末年唯一懂得使用反切法注
音的人。直至三国魏时，这种注
音方法才盛行起来。地位甚高的
乡公曹髦不会反切注音法，被人
们认为是一件奇怪的事。自此之
后，关于音韵方面的书籍大量出
现，但又各有方言的特点，相互
非难嘲笑，争辩是非对错，不知
道哪种说法是正确的。后来大家
都以帝王所在都城的语言来参考
比较各地方言俗语，研究考证古
今读音，调和二者，取其中正。
经过反复研究与权衡，只有金陵
和洛阳的语言适合作为标准音。
南方水土柔和，所以南方人口音
清脆悠扬、快速急切，不足之处
在于发音浅而浮，言辞多浅陋粗
俗；北方山高水深，语音低沉浊

急言徐言、读若^{古代注音、释义用语}之类，益使人疑。孙叔言创《尔雅音义》，是汉末人独知反语^{即反切。古代的一种注音方法}。至于魏世，此事大行。高贵乡公^{指曹髦。魏文帝曹丕之孙。髦 máo}不解反语，以为怪异。自兹厥^{jué}其后，音韵锋出，各有土风^{方音土语}，递相非笑，指马^{战国时名家公孙龙提出"物莫非指，而指非指""白马非马"等命题，讨论名与实之间的关系。后以"指马"指称争辩是非、差别}之谕，未知孰是。共以帝王都邑，参校方俗，考核古今，为之折衷。摧^{què。同"榷"，商讨，研究}而量之，独金陵^{南京}与洛下^{洛阳}耳。南方水土和柔，其音清举^{声音清脆悠扬}而切诣^{谓发音迅急。诣 yì}，失在浮浅，其辞多鄙俗；北方山川深厚，其音沈浊而铊钝^{浑厚，不尖锐。铊é，圆}，得其质直，其辞多古语。然冠冕君子，南方为优；闾里^{乡里}小人，北方为愈。易服而与之谈，南方士庶，数言可辩；隔垣^{yuán。矮墙}而听其语，北方朝野^{朝廷与民间。此指官员和普通百姓}，终日难分。而南染吴、越，北杂夷虏，皆有深弊，不可具论。其谬失轻微者，则南人以钱为涎，以石为射，以贱为羡，以是为舐；北人以庶为戍，以如为儒，以紫为姊，以洽为狎。如此之例，两失甚多。至邺^{到邺城。颜之推《观我生赋》自注云："至邺便值陈兴。"}

重迟缓，长处是朴实直率，言辞多留着许多古语。就士大夫的言谈水平而论，南方高于北方；从平民百姓的言谈水平来看，北方胜过南方。让南方的士大夫与平民换穿衣服，只须谈上几句话，就可以辨别出他们的身份；隔墙听人交谈，北方的士大夫与平民言谈水平的差别很小，听一天也分辨不清他们的身份。但是南方话沾染吴语、越语的音调，北方话夹杂进外族的语言，二者都存在很大的弊病，这里不能详细论述。其中错误差失较轻的例子，则如南方人把"钱"读作"涎"，把"石"读作"射"，把"贱"读作"羡"，把"是"读作"舐"；北方人把"庶"读作"戍"，把"如"读作"儒"，把"紫"读作"姊"，把"洽"读作"狎"。像这些例子，南方与北方都错得很多。我到邺城以来，只知道崔子约、崔瞻叔侄，李岳、李蔚兄弟，对语言略有研究，稍稍作了些切磋补正的工作。李概编著的《音韵决疑》，经常有错误出现；阳休之著述的《切韵》，很是草率粗略。我家的儿女，即使在幼儿时期，已逐渐对他们的语言督导矫正。孩子若有一个字的发音有差错，我都把这视为自己的过失。谈论某种物品，没有经过从书本中考证过的，就不敢随便称呼名字，这是你们所知道的吧。

已来，唯见崔子约、崔瞻叔侄，李祖仁、李蔚兄弟，颇事言词，少为切正切磋相正。李季节 李概。字季节。北齐学者 著《修续音韵决疑》，时有错失；阳休之 字子烈。朝北朝时期学者。著有《韵略》一书 造《切韵》指《韵略》，殊为疏野粗略草率。吾家儿女，虽在孩稚，便渐督正之。一言讹替差错，差误，以为己罪矣。云为品物物品，东西，未考书记者，不敢辄名，汝曹所知也。

评析　　颜之推严谨的家庭教育不仅体现在家风熏陶，也表现在文字语言的学习上。他为子孙后代树立良好的严谨学风，将儿女之过失视为己之过失，从自身找原因而不是迁怒于人，这种教育子女的方法体现了家长表率，值得我们在家庭教育实践中体悟和学习。

古今言语，时俗不同；著述之人，楚、夏各异。《苍颉训诂》后汉杜林所撰，反稗为逋卖反切"稗"字的音为"逋卖"，即用"逋"的声母和"卖"的韵母拼读出"稗"字。稗bài；逋bū，反娃为於 wū 乖；《战国策》音刿为免；《穆天子传》音谏为间；《说文》音夏为棘，读"皿"为"猛"；《字林》音看为口甘反，音伸为辛；《韵集》以成、仍、宏、登合成两韵，为、奇、益、石分作四章；李登《声类》以系音羿；刘昌宗《周官音》读乘若承：此例甚广，必须考校。前世反语，又多不切，徐仙民《毛诗音》

古时与现在的语言，因习俗风气不同而不同；著述人也因所处南北地域的不同而在语音上有差异。《苍颉训诂》一书，把"稗"的反切音注为"逋卖"，把"娃"的反切音注为"於乖"；《战国策》把"刿"注音为"免"；《穆天子传》把"谏"注音为"间"；《说文》把"夏"注音为"棘"，把"皿"读为"猛"；《字林》把"看"注音为"口甘反"，把"伸"注音为"辛"；《韵集》把"成""仍""宏""登"合成两个韵，把"为""奇""益""石"分入四个韵部；李登的《声类》以"系"作"羿"的音；刘昌宗的《周官音》把"乘"读作"承"。这类例子很多，因此需要对其修改校正。古人标注的反切，也有很多不确切之处，徐仙民的《毛诗音》把"骤"的读音注为"在遘反",《左传音》把"椽"的读音注为"徒缘切",像这样不能作为依据的反切,还有很多。当今的学者,语音也有读得不正确的。古人是什么人,必须要追随他们的错误吗?《通俗文》写道:"入室求曰搜。"作者把"搜"的音注为"兄侯反"。如果这样,那么"兄"应当发音为"所荣反"。如今北方的人就流行这个发音,这也同样是古语中不可沿用的。玙璠,是鲁国人的宝玉,应当读为"余烦",南方地区的人都把"璠"读成"藩屏"的"藩";"岐山"的"岐"应当发音为"奇",而南方地区的人则会发音为"神祇"的"祇"。江陵陷落后,这两个发音就在关中盛行起来了。不知道它们的依据是什么,因为我才疏学浅,还未听说过。

反骤为在遘,《左传音》切椽为徒缘,不可依信,亦为众矣。今之学士,语亦不正。古独何人,必应随其伪僻乎?《通俗文》曰:"入室求曰搜。"反为兄侯。然则兄当音所荣反。今北俗通行此音,亦古语之不可用者。玙璠
<u>yú fán。
两种美玉</u>,鲁人宝玉,当音余烦,江南皆音藩屏之藩;岐山当音为奇,江南皆呼为神祇之祇。江陵陷没,此音<u>被</u>遍布于关中。不知二者何所承案,以吾浅学,未之前闻也。

评析

颜公谦虚谨慎,通过涉猎群书、细致考证,分析语音之差异。这种一丝不苟的治学精神为现代学者树立了榜样。

北人之音，多以举、莒为矩。唯李季节云："齐桓公与管仲于台上谋伐莒，东郭牙望见桓公口开而不闭，故知所言者莒也。然则莒、矩必不同呼音韵学名词。汉语音韵学家依据口、唇的形态将韵母分为开口呼、齐齿呼、合口呼、撮口呼四类,合称四呼。"此为知音懂得音韵的人矣。

北方人的语音，大多把"举""莒"读为"矩"。只有李季节说："齐桓公和管仲在台上商议攻伐莒国的事情，东郭牙看见齐桓公的嘴是张开而不是闭拢，所以知道齐桓公所说的是莒国。这样看来'莒'和'矩'应该有闭口和开口的发音区别。"这是懂音韵的人。

语音的学习讲求细致入微，这是古人对中国文化的严谨态度。

评

析

物体自身有精巧与粗糙之分，这种精巧和粗糙就称之为好或恶；人对事物的取舍，这种取舍的态度称之为好或恶。这后一个"好恶"的读音见于葛洪、徐邈的著作。而黄河以北地区的读书人读《尚书》的时候却将"好（hào）生恶（wù）杀"读作"好（hǎo）生恶（è）杀"。这两种读音一种是就物体质地而论，一种是就人的感情而论，混而为一实在说不通。

夫物体自有精麤，精麤谓之好恶 hǎo è；人心有所去取，去取谓之好恶 hào wù。此音见于葛洪、徐邈。而河北学士读《尚书》云好生恶杀。是为一论物体，一就人情，殊不通矣。

此段还是强调多音字读音的问题，读音不准，易误解字词的含义。以下段落中也常涉及此类问题，不再一一评析。

甫者，男子之美称，古书多假借为"父"字。北人遂无一人呼为甫者，亦所未喻。唯管仲_{姬姓，管氏，名夷吾，字仲，谥敬。春秋时期法家代表人物。中国古代政治家、军事家。任齐国相，齐桓公尊称为仲父}、范增_{秦末农民战争领袖项羽的谋士。项羽尊称他为亚父}之号，须依字读耳。

"甫"是古时男子的美称，古书多假借为"父"字。北方人竟然没有一个人将假借字"父"读成"甫"的，这是因为他们不明白两字之间的通假关系。只有管仲仲父、范增亚父二人名号中的"父"字，应该依本字发音。

据考证：大多数字书，都把"焉"解释为一种鸟的名字，也有的说是一种虚词，都注音"于愆反"。自从葛洪著《要用字苑》以来，分清了"焉"字的读音与含义：如果解释为"何""安"的意思，就应该读作"于愆反"，像"于焉逍遥""于焉嘉客""焉用佞""焉得仁"这类的句子就是这样；如果用作句末语气助词和语句结构助词，应该读作"矣愆反"，像"故称龙焉""故称血焉""有民人焉""有社稷焉""托始焉尔""晋、郑焉依"等这类的句子就是这样。南方地区至今沿用这种不同读音，明明白白易于理解，然而黄河以北地区却混作一音，虽然遵循古读，却不能通行于今天。

案诸字书，焉者鸟名，或云语词，皆音于愆反。自葛洪《要用字苑》分焉字音训：若训何训安，当音于愆反，"于焉逍遥""于焉嘉客""焉用佞""焉得仁"之类是也；若**送句**<small>古代文章有发送之说。发句安头，送句施尾。</small>及助词，当音矣愆反，"故称龙焉""故称血焉""有民人焉""有社稷焉""托始焉尔""晋、郑焉依"之类是也。江南至今行此分别，**昭然**<small>明白</small>易晓，而河北混同一音，虽依古读，不可行于今也。

邪者，未定之词。《左传》曰："不知天之弃鲁邪？抑鲁君有罪于鬼神邪？"《庄子》云"天邪地邪"、《汉书》云"是邪非邪"之类是也。而北人即呼为也，亦为误矣。难者曰："《系辞》云：'乾坤，《易》之门户邪？'此又为未定辞乎？"答曰："何为不尔！上先标问，下方列德<u>阐明阴阳之德</u>以折之耳。"

邪，是表示疑问的词。《左传》中说："不知道是上天抛弃鲁国邪（呢）？还是鲁国国君得罪了鬼神邪（呢）？"《庄子》说："天邪（吗）？地邪（吗）？"《汉书》说："是邪（呢）？非邪（呢）？"一类都是这种用法。但是北方人却将它读成"也"，这也是错误的。批评我的人说："《周易·系辞》说：'乾卦坤卦，大概是《易经》的门户邪（吧）？'这个'邪'字也是表示疑问的语气词吗？"我回答他："为什么不是呢！前面先标明问题，后面才解释阴阳之德的道理来做裁断呀。"

南方地区的学者读《左传》，都是口口相传，自订章法，军队自己溃败称败（蒲迈反），打败别的军队说败（补败反）。我在各种记传中未看见"败"注音为"补败反"的，徐仙民在读《左传》时，只有一处注了这个音，又不说明自败和败人的区别，这就显得有些牵强附会了。

江南学士读《左传》，口相传述，自为凡例 通例，章法，军自败曰败，打破人军曰败。诸记传未见补败反，徐仙民读《左传》，唯一处有此音，又不言自败、败人之别，此为穿凿耳。

古人云："膏粱〔指富贵之人、富贵之家〕难整。"以其为骄奢自足，不能克励〔克制私欲，力求上进〕也。吾见王侯外戚，语多不正，亦由内染贱保傅〔古代保育、教导太子等贵族子弟及未成年帝王、诸侯的男女官员，统称为保傅〕，外无良师友故耳。梁世有一侯，尝对元帝饮谑，自陈"痴钝"，乃成"飔𣢗〔sī〕段"。元帝答之云："飔异凉风，段非干木。"谓郢州〔yīng〕为永州，元帝启报简文，简文云："庚辰吴入，遂成司隶。"如此之类，举口皆然。元帝手教诸子侍读〔官名。职务是陪帝王、太子读书，并为之讲学〕，以此为诫。

古人说："富贵人家的性格难正。"因为他们骄奢淫逸，自我满足，无法克制内心的私欲，不求上进。我所见的那些王侯外戚，语音大都不纯正，这也是由于在家受水平低下保傅的熏染，在外又没有优秀师友指教的原因。梁朝有一位侯王，曾经与梁元帝一起饮酒说笑，为陈述自己的愚笨迟钝，把"痴钝"说成"飔段"。梁元帝戏答他说："说你是"飔"，你不同于凉风；说你是"段"，你又不是干木。"又把"郢州"说成"永州"，梁元帝把此事告知简文帝，简文帝说："庚辰吴军入郢都的"郢"，却成了后汉的司隶校尉鲍永的"永"。"这类发音不正的例子，那些王侯外戚张口就是。梁元帝亲自教导几位孩子的侍读官员，就将这些作为对他们的告诫。

黄河以北地区的人把"攻"字读为"古琮切",与"工""公""功"三字的读音不同,这是极端错误的。近代有个名叫"暹"的人,他却称自己为"纤";名字叫"琨"的,自称为"衮";名字叫"洸"的,自称为"汪";名字叫"䂮"的,自称为"鸂"。不仅音韵有差错,也会使他们的儿孙们在避讳先人的名讳时变得纷繁杂乱。

河北切"攻"字为"古琮",与工、公、功三字不同,殊为僻_{差错}也。比世有人名暹_{xiān},自称为纤;名琨,自称为衮;名洸_{guāng},自称为汪;名䂮_{yuè},自称为鸂_{xī}。非唯音韵舛_{chuǎn}错,亦使其儿孙避讳纷纭_{盛多、杂乱的样子}矣。

杂艺第十九

《杂艺》篇是作者对各种技艺的介绍，包括书法、绘画、骑射、博弈、投壶、医学等。他强调对技艺的学习要把握一个度，既要发挥技艺对生活和性情的积极作用，又不能因专注于此而荒废正业。

本篇简介

真草书体名。真书和草书。真书，即带有隶书痕迹的楷书**书迹，微须留意。江南谚云："尺牍**书信**书疏，千里面目也。"承晋、宋余俗，**相与**共同，一道**事之，故无顿狈狈**狈**为难，窘迫**者。吾幼承门业**家传的学业**，加性爱重，所见**法书**书法字帖**亦多，而玩习功夫颇至，遂不能佳者，**良**实在，的确**由无分**缺乏天分**故也。然而此艺不须过精。夫巧者劳而智者忧，常为人所役使，更觉为累。**韦仲将**韦诞。字仲将。三国魏书法家。擅长各种书体**遗戒，深有以**原因**也。

楷书、草书的书法，需要多加用心。南方的谚语说："一尺长短的信函，就是你在千里之外给人看到的脸面。"现在的人继承了东晋、宋的风气，都用功研习书法，因此不会在这方面觉得为难窘迫。我从小就继承了家传的学业，再加上自己天生喜欢书法，所看到的书法字帖也多，在书法的赏玩研习上下了很大功夫，最终还是不能达到很高的水平，可能是我确实没天赋的原因吧。然而这门技艺也不需要过于精湛。巧者多劳，智者多忧，若因此而常被别人役使，反而感觉精通书法是一种负累。韦仲将给子孙留下不要学习书法的诚言，是很有道理的。

作者对于书法的学习有自己的独特认识，但刻意强调练习书法不宜过于精湛，尤其是把一技之长视为生活之忧，显然是一孔之见，并不值得今人提倡。

人有喜慶

不可生妒

忌心

人有喜庆

不可生妒

忌心

王逸少王羲之。字逸少。东晋书法家 风流才士，萧散潇洒，不受拘束 名人，举世惟知其书，翻反而 以能自蔽也。萧子云每叹曰："吾著《齐书》，勒成一典，文章弘义大义，正道，自谓可观，唯以笔迹得名，亦异事也。"王褒字子渊。南北朝文学家、书法家地胄清华门第清高显贵。地胄，南北朝时，称皇族帝室为天潢，世家豪门为地胄，后亦泛指门第。胄zhòu，才学优敏，后虽入关，亦被礼遇。犹以书工，崎岖碑碣古人讲方形的刻石称碑、圆形的刻石称碣。此为刻石的总称。碣jié 之间，辛苦笔砚之役，尝悔恨曰："假使吾不知书，可不至今日邪？"以此观之，慎勿以书自命。虽然，厮猥sī wěi。地位低下。猥，卑鄙，下流之人，以能书拔擢提拔。擢zhuó，提升 者多矣。故道不同不相为谋也。

王羲之是个风流才士，洒脱不受拘束的名人，世间之人都知道他书法写得好，反而因此掩盖了他的其他才能。萧子云常常慨叹道："我撰写《齐书》，编纂成为一部史家经典，书中文章大义，我自认为很值得一看，可到头来却因为抄写的书法让我得名，也是一件怪事啊。"王褒门第高贵，学富五车，文思敏捷，后来虽然到了北周，也仍然受到礼遇。但是他还是因为擅长书法，奔波于碑碣之间，辛苦劳碌地为别人写字，他曾懊悔地说："如果我不会书法，可能不至于像现在这样吧？"由此看来，千万不要以精通书法而自命不凡。当然，那些社会地位低下的人，因为书法出众而得到提升的例子也很多。所以说处境不同的人是不能互相谋划的。

作者对于书法人生的评议，具有鲜明的时代色彩，对于书法人士的遭遇分析也不具有普遍性的意义。但其就书法所言"道不同不相为谋"，如果延伸分析，拓展至人生理想的选择也具有一定的参照价值。

梁氏秘阁_{即内府。古代宫中珍藏图书之处}散逸以来，吾见二王_{指王羲之、王献之父子}真草多矣，家中尝得十卷。方知陶隐居_{陶弘景。南朝隐士}、阮交州_{指阮研。字文机。南朝书法家}、萧祭酒_{萧子云。他曾为梁国子祭酒}诸书，莫不得羲之之体，故是书之渊源。萧晚节所变，乃右军_{指王羲之。王羲之曾为右军将军，故称}年少时法也。

梁朝秘阁珍藏的图书文献散失以来，我所见到的王羲之、王献之的楷书、草书真迹还很多，家里曾经收藏有十卷。看了这些作品，我才洞悉陶弘景、阮研、萧子云三人的书法笔意，没有不是从王羲之的字体中来的，可见王羲之的字是书法的渊源。萧子云晚年书体有所变化，是学习了王羲之年轻时的笔法。

评析

此段内容强调了书法家对于后世的重要影响。

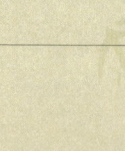

自东晋、刘宋以来，有很多精通书法的人。一时形成了风气，相互产生了影响。所有的书籍文献都写得美观端正，即使出现个别俗体字，也不会有大的影响。直到梁武帝天监年间，这种风气也没有改变。到了大同末年的时候，异体错字大量出现。萧子云改变字的形体，邵陵王常用不规范的字，致使朝野上下一致效仿，将他们视为典范，结果画虎不成反类犬，造成了很大的损害。以至于一个字简化只用几个点代替，有的将字体随意安排，有些则被随意改变偏旁的位置，自此之后，书籍便无法阅读。北朝经历了长期战乱，书写字迹丑陋不堪，加上擅自生造新字，字体粗俗拙劣甚于南方。竟然将"百""念"两字组合成"忧"字，把"言""反"两字拼凑成"变"字，把"不""用"

晋、宋以来，多能书者。故其时俗，递相染尚。所有部帙，楷正可观，不无俗字，非为大损。至梁天监之间，斯风未变；大同之末，讹替滋生。萧子云改易字体，邵陵王_{梁武帝第六子萧纶。封邵陵王}颇行伪字_{不规范的字}，朝野翕然_{形容一致。翕 xī}，以为楷式_{法则，典范}，画虎不成，多所伤败。至为一字，唯见数点，或妄斟酌，逐便转移。尔后坟籍，略不可看。北朝丧乱之余，书迹鄙陋，加以专辄造字，猥拙甚于江南。乃_{竟然}以百念为忧_忧，言反为变_变，不用为罢_罢，追来为归_归，更生为苏_甦，先人为老。如此非一，遍满经传。唯有姚元标_{北朝书法家}工于楷隶，留心小学，后生师之者众。泊_{jì。至，到}于齐末，秘书缮写_{誊写，编录}，贤于往日多矣。

两字组合成"罢"字，把"追""来"两字组合成"归"字，将"更""生"两字组合成"苏"字，"先""人"两字组合成"老"字。这种情况不是个别的，而是遍布于经籍传书之中。只有姚元标擅长于楷书、隶书，潜心研究文字训诂的学问，当时有很多年轻人跟从他学习。直到北齐末年，掌管典籍文献的官吏所抄写的字体，就比以前强多了。

要避免异体错字，必须潜心研究文字训诂之学。

南方地区民间有《画书赋》一书，是陶弘景弟子杜道士所撰写。这个人识字不多，却轻率地制定字体的规则，假托名师，世人以讹传讹，信以为真，后辈之中很多人被他所误导。

　　江南闾里间有《画书赋》，乃陶隐居弟子杜道士所为。其人未甚识字，轻为轨则_{准则}，托名贵师，世俗传信，后生颇为所误也。

　　书法的规则要符合一定的要求，否则遗患无穷。

画绘之工，亦为妙矣。自古名士，多或能之。吾家尝有梁元帝手画蝉雀白团扇及马图，亦难及也。武烈太子〔梁元帝长子萧方等〕偏能写真〔画人的真容〕，坐上宾客，随宜〔随其所宜〕点染，即成数人，以问童孺，皆知姓名矣。萧贲、刘孝先、刘灵，并文学已外，复佳此法。酖〔玩〕阅古今，特可宝爱。若官未通显，每被公私使令，亦为猥役〔杂役〕。吴县顾士端出身湘东王国侍郎，后为镇南府刑狱参军，有子曰庭，西朝中书舍人。父子并有琴书之艺，尤妙丹青〔红色和青色的颜料。借指绘画〕，常被元帝所使，每怀羞恨。彭城

擅长绘画，也是件好事。自古以来的名士，很多都有这本领。我们家里曾保存有梁元帝亲手画的蝉雀白团扇和马图，这画工也是旁人难以超越的。武烈太子擅长画人物肖像，在座的宾客，他随手勾画，就能画出这些人的样子，拿去问小孩，小孩都能说出画中人的名字。萧贲、刘孝先、刘灵这些人，除了擅长文学，也擅长绘画。赏玩的古今名画，确实让人爱不释手。但擅长绘画的人如果没有显赫的官职，就常会被公家或私人使唤叫去为他们画画，作画也就成了一种下贱的苦差事。吴县的顾士端做过湘东王国侍郎，后来担任镇南府刑狱参军，他有个儿子叫顾庭，在梁朝任中书舍人。父子俩书法琴艺高超，尤其擅长绘画，所以经常被梁元帝叫去画画，父子俩常常感到羞愧和

愤恨。彭城的刘岳，是刘橐的儿子，任骠骑府管记、平氏县令，富有才学也为人豪爽，绘画技艺高超。后来他随同武陵王萧纪进入蜀地，下牢关战败以后，就为陆护军画支江寺的壁画，与工匠们杂处在一起。以上三位贤人假如都不懂得绘画，而是专攻儒学，难道会蒙受这种耻辱吗？

刘岳，橐 tuó。指刘橐 之子也，仕为骠骑府管记 古代对书记、记官参军等文翰职官的通称、平氏县令，才学快士 豪爽之士，而画绝伦。后随武陵王 梁武帝第八子萧纪。封武陵王 入蜀，下牢之败 指梁元帝承圣二年，武陵王萧纪的叛军被陆法和击败之事。下牢，即下牢关，在今湖北宜昌市西北，遂为陆护军 指陆法和。护军，官名。即监军 画支江寺壁，与诸工巧 泛指匠人、工匠 杂处。向使三贤都不晓画，直运素业 清素之业。指儒业，岂见此耻乎？

评析

作者对于绘画技艺的态度具有时代的局限性，这一点与书法的态度如出一辙。我们不能苛求古人的历史观点，但时代的变迁要求我们决不能拘泥于其中的偏执。

弧矢 ^{弓箭}之利，以威天下，先王所以观德择贤，亦济身之急务也。江南谓世之常射以为兵射，冠冕儒生，多不习此。别有博射 ^{我国古代一种游戏性的习射方式}，弱弓长箭，施于准的 ^{箭靶}，揖让升降 ^{指"博射"的礼节}，以行礼焉。防御寇难，了无所益。乱离之后，此术遂亡。河北文士，率晓兵射，非直 ^只葛洪一箭，已解追兵，三九 ^{三公九卿}燕集，常縻 ^{mí。获得，分得}荣赐。虽然，要 ^{同"邀"，邀击，截击}轻禽、截狡兽，不愿汝辈为之。

弓箭的锋利，可以威震天下，古代帝王用射箭来观察人的德行，选择贤才，同时射箭也是保全自身的紧要事情。江南地区称世上常见的射箭为兵射，士大夫和读书人大多不操习它。另外有一种博射，用软弓长箭，射在箭靶上，讲究揖让进退，以此表达礼节。这种箭用来防御敌寇，一点帮助都没有。战乱之后，这种博射也消亡了。黄河以北地区的文人，都懂得兵射，不但能像葛洪那样，一箭可以射杀追兵，而且在三公九卿的宴会上，常靠射箭获得赏赐。即使这样，用射箭去猎获禽兽这样的事情，我还是不愿你们去做。

　　射箭是古代的六艺之一。读书人学习射箭，不仅能够锻炼自己的体魄，更能在关键时刻保护自己。当然，颜氏家族累世礼佛，颜之推不赞成子孙参加围猎活动也是可以理解的。

卜筮者，圣人之业也，但近世无复佳师，多不能中。古者，卜以决疑，今人生疑于卜，何者？守道信谋，欲行一事，卜得恶卦，反令恄恄_{chì chì。忧惧不安的样子}，此之谓乎！且十中六七，以为上手_{上等手艺}，粗知大意，又不委曲_{指事情的底细和原委}。凡射_{猜度，猜测}奇偶，自然半收，何足赖也。世传云："解阴阳者，为鬼所嫉，坎壈贫穷，多不称泰_{太平，顺畅。}"吾观近古以来，尤精妙者，唯京房_{本姓李，字君明。}_{西汉易学家。善占卜。开创了京氏易学。后被处死}、管辂_{字公明。三国时期魏人。善占卜}、郭璞_{字景纯。晋朝人。通阴阳历算卜筮之术。后被王敦所杀}耳，皆无官位，多或罹灾，此言令人益信。傥值世网_{比喻社会上法律礼教、伦理道德对人的束缚}严密，强

占卜，是圣人从事的事业，只是近代再也没有好的占卜师，所以占卜大多不灵验。古时候，占卜是用来解决疑惑的，现在的人却因占卜产生了疑惑，为什么呢？一个人恪守道义，相信自己的谋划，打算去干一件事，却卜得一个恶卦，反而使他忧惧不安，这就是所说的因占卜而产生疑惑的情况吧！况且今人十次占卜有六七次应验，就被看成占卜高手，实际上也只是粗知大意，并不精通。凡是猜测奇偶，自然有一半猜中的机会，这种占卜术有什么值得信赖的呢？世人传说："懂得阴阳之术的人，会被鬼所妒忌，一生命运坎坷，穷困潦倒，大多不得平安。"我看近古以来，特别精通占卜术的人，只有京房、管辂、郭璞，他们都没有官职，多遭受了灾祸，所以这句话就使人更加相信了。如果碰到世上法

律、礼教严密，勉强地背上善于占卜的名声，就会受到连累，这也是招祸的根源。至于观察天文气象以预测吉凶之事，你们一概不要去做。我曾经学习过《六壬式》，也遇到过社会上的高明术士，搜集到《龙首》《金匮》《玉铃变》《玉历》等十来种占卜的书，研究探讨后发现书中所说的并不应验，随即就因后悔而作罢。阴阳占卜之术，与天地一齐产生，它所昭示的吉凶、施加恩泽和惩罚，不可不相信。但我们距离圣人的时代已经很远，社会上流传的有关阴阳术数的书，大都出自平庸者之手，语言粗鄙肤浅，应验的少，虚妄的多。至于像反支日不宜出行，反而因此遇害；归忌日须寄宿在外，可有人还是不免惨死。因拘泥于这类说法而多禁忌，也是没有什么好处的。

负此名，便有诖误_{贻误，连累。诖 guà}，亦祸源也。及星文风气_{指根据星相、风向等天文气象要素判断吉凶的占卜方法。汉代十分流行}，率不劳为之。吾尝学《六壬式》_{《六壬式经》。六壬式，用阴阳五行之说进行占卜凶吉的方法之一。壬 rén}，亦值世间好匠，聚得《龙首》《金匮》《玉铃 líng 变》《玉历》十许种书，讨求无验，寻亦悔罢。凡阴阳之术，与天地俱生，亦吉凶德刑，不可不信。但去圣既远，世传术书，皆出流俗，言辞鄙浅，验少妄多。至如反支_{古代术数星名之说。以反支日为禁忌之日}不行，竟以遇害；归忌_{阴阳家认为某些日子不宜在家，是为归忌}寄宿，不免凶终。拘而多忌，亦无益也。

颜公告诫子孙后代，一些平庸人士所著的占卜书籍大都不可相信，与生活事实并不相符，而且从事占卜的人也多有生活风险。在今天看来，算命卜卦属于封建迷信，我们应当尊重科学，通过自己的努力坦然面对生活，绝不可以把自己的未来交付于虚妄精神的寄托。

算术也是六艺中很重要的一项,自古以来的学者中,能谈论天文,制定律历的,都要精通算术。但是这门学问可以附带地掌握,不需要专门地学习它。江南地区懂得这门学问的人很少,只有范阳的祖晅精通它,他官至南康太守。北方地区的人大多通晓这门学问。

算术亦是六艺 古代教育学生的六种科目。指礼、乐、射、御、书、数 要事。自古儒士,论天道,定律历者,皆学通之。然可以兼明,不可以专业 专门从事某种学业或职业 。江南此学殊少,唯范阳祖晅 祖晅之。祖冲之的儿子。晅 xuǎn 精之,位至南康太守。北方多晓此术。

评
析

算术这一门学科不可忽视,是六艺的基础,颜公告诫家中孩子要全面发展,不失偏颇。

医方_{行医施药}之事，取妙极难，不劝汝曹以自命也。微解药性，小小_{稍稍}和合_{调和。这里是配药方的意思}，居家得以救急，亦为胜事。皇甫谧、殷仲堪则其人也。

看病开药方的事，要想精准巧妙是很困难的，我不鼓励你们以会看病自诩。稍微懂一点药性，稍微能配点药，日常生活中能够以此救急，也就是一桩好事了。皇甫谧、殷仲堪就是这样的人。

评　析

说明普通人掌握一些基本的药理常识也很有必要。

《礼记·曲礼下》说:"君子无故不撤去琴瑟。"自古以来的名士,大多爱好音乐。到了梁朝初期,如果贵族子弟不懂弹琴鼓瑟,就要被认为有缺憾。大同末年以来,这种风气丧失殆尽。然而音乐和谐美妙,非常雅致,意味无穷!现在的琴曲歌词,虽然从古代演变过来,还是足以让人听了神情舒畅。只是不要以擅长音乐闻名,那样就会被达官贵人所役使,身居下座为人演奏,以讨得残杯剩饭,备受屈辱。戴安道尚且遭遇过这样的事,何况你们呢?

《礼》《礼记·曲礼下》曰:"君子无故不彻 通"撤" 琴瑟。"古来名士,多所爱好。洎于梁初,衣冠子孙,不知琴者,号有所阙 缺。大同以末,斯风顿尽。然而此乐愔愔 yīn yīn。和悦安详的样子 雅致 和谐美妙,有深味哉!今世曲解,虽变于古,犹足以畅神情也。唯不可令有称誉,见役勋贵,处之下坐,以取残杯冷炙之辱。戴安道 戴逵。字安道。东晋美术家、雕塑家,善鼓琴 犹遭之,况尔曹乎!

评
析

作者认为对于音律的喜爱,权当是一种陶冶情操之事,如果将其作为攀附权贵之技,就会使自己陷入尴尬的局面。此处,作者表达了与书法、绘画同样的忧虑,但如今时过境迁,尤其是在市场经济发达的现代社会,已是另外一番风景了。

《家语》_{《孔子家语》}曰："君子不博_{古代一种棋类游戏}，为其兼行恶道故也。"《论语》云："不有博弈者乎？为之，犹贤乎已。"然则圣人不用博弈为教，但以学者不可常精，有时疲倦，则傥为之，犹胜饱食昏睡，兀然_{无知的样子。兀 wù}端坐耳。至如吴太子以为无益，命韦昭论之；王肃_{三国时期经学家}、葛洪、陶侃_{字士行（一作士衡）。东晋时期名将}之徒，不许目观手执，此并勤笃之志也。能尔为佳。古为大博_{指博戏。又称局戏。为古代的一种游戏，六箸十二棋}则六箸_{古代博弈之具。箸 zhù，筷子}，小博则二茕_{qióng。赌具，骰子}，今无晓者。比世所行，一茕十二棋，数术浅短，不足可玩。围棋有手谈、坐隐

《孔子家语》说："君子不参与博戏，是因为它兼有走邪道的缘故。"《论语》说："不是有玩博戏游戏的吗？玩玩这些，也比什么都不干好。"虽然这样，但是圣人不教人玩博戏、围棋之艺。只是认为读书人不可能总是专心治学，有时疲倦，偶尔玩玩，比吃饱了饭整天昏睡，或呆呆地坐着要好。至于像吴太子认为下围棋没什么好处，叫韦昭写文章论述它的害处；王肃、葛洪、陶侃等人从不玩博弈，也不观战。这大概是为了鞭策和坚定他们的志向吧，能够这样当然好。古时候玩大博用六根竹棍，小博用两个骰子，现在已经没有懂得这种玩法的人了。现在流行的玩法，是用一个骰子十二个棋子，路数玩法浅显简单，不值得一玩。围棋有手谈、坐隐等名目，是一种

颇为高雅的游戏。但是会使人沉溺其中，旷废丧失的事确实太多，不可经常玩。

都是下围棋的别称之目，颇为雅戏。但令人耽愤沉迷昏愤，废丧实多，不可常也。

评析　对于娱乐活动，我们要抱着调节身心的目的，不能一味沉迷而荒废了学业与人生。

投 壶 古代宴会礼制，也是娱乐活动。宾主依次用箭投向盛酒的壶口，以投中多少决胜负，负者饮酒 之礼，近世愈精。古者，实以小豆，为其矢之跃也。今则唯欲其骁 xiāo。古代投壶游戏，箭从壶中跳出，用手接住再投，屡投屡跃，箭不坠地，称之为"骁"，益多益喜，乃有倚竿、带剑、狼壶、豹尾、龙首之名。其尤妙者，有莲花骁 投壶招式。汝南周璝 guī，弘正之子。会稽贺徽，贺革之子，并能一箭四十余骁。贺又尝为小障，置壶其外，隔障投之，无所失也。至邺以来，亦见广宁、兰陵诸王 皆为北齐文襄帝之子，有此校具，举国遂无投得一骁者。弹棋亦近世雅戏，消愁释愦 排遣苦闷与忧愁。愦 kuì，昏乱，糊涂 ，时可为之。

投壶的游戏，近来越玩越精。古时候，要在壶中装满小豆子，以防止箭跳出来。现在人玩投壶却要求箭跳出来。跳出的次数越多越高兴，于是就有了倚竿、带剑、狼壶、豹尾、龙首等各种招式名目。其中，最精彩的是莲花骁。汝南人周璝，是周弘正的儿子，会稽人贺徽，是贺革的儿子，他们都能用一支箭连投跳跃四十多个来回。贺徽还曾经设了屏风，把壶放在屏风外面，隔着屏风投壶，没有投不准的。自从我到邺城以来，也见到广宁王、兰陵王等诸多王侯，有投壶器具。可是，全国上下也没人能投出一骁。弹棋也是近代一种高雅的游戏，能够排遣苦闷，偶尔也可以玩玩。

评
析

投壶是从先秦延续至清末的汉民族传统礼仪和宴饮游戏，投壶礼来源于射礼。作者在此回顾了投壶游戏的历史发展。

终制第二十

《终制》篇是家训的完结篇。所谓"终制"，就是送终的礼制。是作者就送终一事对子孙所做的交代，相当于现在的遗嘱。作者在身体状况欠佳的情况下对自己一生的遭遇深有感慨，他向自己的子孙嘱托了自己的后事，要求子女丧事一切从简，不要厚葬。另外，作者还告诫子孙后代要以事业前程为重，不要因为过度伤悲、怀念自己而耽误了前程。

死者，人之常分_{定分。指命中注定的事情}，不可免也。吾年十九，值梁家丧乱_{指梁武帝死于侯景之乱一事}，其间与白刃_{指锋利的刀}为伍者，亦常数辈_次。幸承余福，得至于今。古人云："五十不为夭。"吾已六十余，故心坦然，不以残年_{人将尽的岁月。指晚年}为念。先有风气_{病名}之疾，常疑奄然_{死亡}，聊书素怀，以为汝诫。

人总是要死的，这是命中注定的事情，不可避免。在我十九岁的时候，恰逢梁朝动荡不安，其间有很多次在刀光剑影中度过。幸亏承蒙祖上的福荫，我才活到了今天。古人所说的："活到五十岁就不算短命了。"我已经有六十多岁了，内心平和坦荡，不因剩下的时日不多而顾虑。以前我患有风气病，常疑心自己会死去，因此姑且在这里记下我平时的一些想法，作为我对你们的嘱咐。

俗话说知足者常乐，作者的生死观值得今人学习。既然人终有一死，那么就要心态平和，坦然面对。

评
析

人有祸患
不可生喜
幸心

人有祸患
不可生喜
幸心

先君先夫人皆未还建邺^旧山^{旧茔}，旅葬江陵东郭。承圣^{梁简文帝萧纲年号}末，已启求扬都^{南朝首都建邺}，欲营迁厝^{迁葬。厝cuò，把棺材停放待葬，或浅埋以待改葬。}。蒙诏赐银百两，已于扬州小郊北地烧砖。便值本朝^{古人称自己曾任职的王朝}沦没，流离如此，数十年间，绝于还望。今虽混一，家道鏊穷^{荡然无存}，何由办此奉营资费？且扬都污毁，无复孑遗^{经过灾难后剩下来的人或物。孑jié，遗留。}。还被下湿，未为得计。自咎自责，贯心刻髓。计吾兄弟，不当仕进，但以门衰，骨肉单弱，五服^{本指古代以亲疏为差等的五种丧服。这里指远近亲戚}之内，傍无一人，播越^{逃亡，流离失所}他乡，无复资荫^{凭先代的勋功或官爵而得到授官封爵。}使汝等沈沦厮役，以为先世之

我的亡父与亡母的灵柩都没能送回建邺祖坟，暂时葬在江陵城的东郊。承圣末年，已启奏要求回扬都，着手准备迁葬事宜。承蒙圣上下诏赐银百两，我已在扬州近郊北边烧制墓砖。却赶上梁朝灭亡，我流离失所到了这里，几十年来，对迁葬扬都已不抱什么希望了。现今虽然天下统一，只是家道衰落，哪里有能力支付这营葬造墓的费用？况且扬都已被破坏，什么也没有残存下来。加上坟地被淹，土地低洼潮湿，也没办法迁葬。只有自己责备自己，愧疚之情刻骨铭心。想来我们兄弟不应该再求官任职，但是由于家道败落，骨肉单薄，亲戚至亲之中，也没有一人可依靠，背井离乡，再也不能借助门第或者原有资历来庇护。如果使你们沦落到给人做杂役的地步，那就

是先辈的耻辱了。所以，我只有厚着脸皮混迹于官场，不敢出什么差错。再加上北朝的纪律法规都很严格，根本不允许官员隐退的缘故。

耻；故腼冒 差惭冒昧。
腼 miǎn 人间，不敢坠失 失去，废弛。兼以北方政教严切，全无隐退者故也。

评析　　此处显示了颜公对家眷提出的孝顺慈爱要求，对于双亲无法迁回祖坟而对自己责备不已。

原文

导读

今年老疾侵，傥然_{倘若}奄忽，岂求备礼乎？一日放臂_{指人死亡}，沐浴而已，不劳复魄_{古丧礼}，殓_{liàn。给死者穿衣入棺}以常衣。先夫人弃背之时，属世荒馑，家涂空迫，兄弟幼弱，棺器率_{草率，简陋}薄，藏_{zàng。墓穴}内无砖。吾当松棺二寸，衣帽已外，一不得自随，床上唯施七星板_{旧时停尸床上及棺内放置的木板。板上凿七孔，斜凿规槽一道，使七孔相连，入殓时纳入棺内}。至如蜡弩牙_{蜡制的弩弓}、玉豚_{猪形玉器}、锡人之属，并须停省。粮罂_{盛粮的陶器。大肚小口。罂yīng}明器_{古代陪葬的器物}，故不得营，碑志_{碑记。刻在碑上的纪念文字}旒旐_{liú zhào。指铭旌。竖在灵柩前标志死者官职和姓名的旗幡}，弥在言外。载以鳖甲车_{一种简陋的运载灵柩的车辆}，衬土而下，平地无坟。若惧拜扫不知兆域

我现在身体老迈体弱多病，如果突然逝去，难道还要求丧事一定要礼仪完备么？哪一天我死了，只要求为我沐浴，不劳你们举行招魂之礼，入殓时身上只需穿着普通的衣服。你们的祖母去世的时候，正碰上连年闹饥荒，家中贫穷匮乏，我们几兄弟都还年幼力弱，你们祖母的棺木很粗糙单薄，墓内连砖也没有一块。因此，埋葬我时只用二寸厚的松木棺材，除了衣服帽子以外，什么都不要放进去，棺材底部只需放一块七星板。至于像蜡弩牙、玉豚、锡人这类陪葬品，都撤掉不用。装粮食的瓮罂等各种明器，本来就不应置办，更不用说碑志铭旌了。棺木用鳖甲车运送，墓底用土衬垫就可下葬，墓顶与地面平齐，不要垒坟。如果你们担心拜祭墓

坟时认不准墓地，可以在墓地的前后左右修筑一堵矮墙，随便做一些标记就行了。灵床上不要设置坐卧的用具，每逢朔日、望日及祥日、禫日的祭奠，只需用白粥、清水、干枣等物，不许用酒肉、糕点、水果作祭品。亲友们来奠祭的，一概谢绝。你们如果违反了我的心愿，营葬的规格高于你们的祖母，那就是陷你们的父亲于不孝，这样你们会心安吗？举办佛教道场，可量力而行，不要因此而耗尽资财，使你们受冻挨饿。

一年四季对先辈行祭祀之礼，这是周公、孔子所教化的事，是希望人们不要忘记他们死去的亲人，不要忘记孝道。按佛经的观点看，那是没有用处的。如果宰杀生灵来进行祭祀，反而会增加我们的罪过。如若你们要报答父母无尽之恩，表达追思之情，除了有时候设斋供奉，到每年七月十五

当筑一堵低墙于左右前后，随为私记耳。灵筵勿设枕几，朔望、祥禫丧祭名。《礼记·杂记下》："期之丧，十一月而练，十三月而祥，十五月而禫。"禫dàn，唯下白粥清水干枣，不得有酒肉饼果之祭。亲友来餟酹zhuì lèi。祭奠。餟、酹，都是以酒浇地，表示祭奠者，一皆拒之。汝曹若违吾心，有加先妣，则陷父不孝，在汝安乎？其内典功德，随力所至，勿刳kū。挖，挖空竭生资，使冻馁也。四时祭祀，周、孔所教，欲人勿死其亲，不忘孝道也。求诸内典，则无益焉。杀生为之，翻增罪累。若报罔极无尽之德，霜露追思父母悲痛之情之悲，有时斋供，及七月半盂兰

墓地四周的疆界，亦称墓地

盆 梵语，译作"救倒悬"。佛法认为于农历七月十五日
置百味五果，供养三宝，可解救已逝去父母、亡亲在
饿鬼道中所
受倒悬之苦，**望于汝也。**

的盂兰盆节，盼望能得到你们的
斋供。

颜公将孝顺恭敬的原则贯
彻于祭奠仪式中，从"自己葬礼
规格不能高于祖母"就可看出。
同时我们应当借鉴的是：对于丧
葬文化的正确认识，要礼数周全
但又要量力而行，不铺张浪费。

孔子在安葬亲人的时候说："古时候，只筑墓而不垒坟。我孔丘是东西南北漂泊不定之人，墓上不可以没有标识。"于是就垒了四尺高的坟。这样看来，君子顺应世事，有所作为，也有不能守着坟墓的时候，何况是为情势所逼迫呢！我现在滞留异乡，好似浮云一般漂泊不定，都不知道哪里是我的葬身之地，只要在我断气以后，随地埋葬就行了。你们应当把传承祖业、远播家族名声作为使命，不可因顾念留恋我的葬身之地，而埋没了自己的前程。

孔子之葬亲也，云："古者，墓而不坟_{不起坟堆}。丘东西南北之人_{指到处漂泊，居无定所的人}也，不可以弗识_{zhì。做标志，留记号}也。"于是封_{积土为坟}之崇_{高度。从下向上的距离}四尺。然则君子应世_{应付世事}行道_{实践自己的主张}，亦有不守坟墓之时，况为事际_{情势}所逼也！吾今羁旅，身若浮云，竟未知何乡是吾葬地，唯当气绝便埋之耳。汝曹宜以传业扬名为务，不可顾恋朽壤_{腐土。此指坟墓}，以取埋没_{埋没。堙 yān，同"湮"}也。

这段话启示我们，不能拘泥于身后无谓之事，而应志在千里，将传承事业作为己任。

历代名家点评

旧本题北齐黄门侍郎颜之推撰。考陆法言《切韵序》作于隋仁寿中，所列同定八人，之推与焉，则实终于隋。旧本所题，盖据作书之时也。陈振孙《书录解题》云，古今家训，以此为祖。然李翱所称《太公家教》，虽属伪书，至杜预《家诫》之类，则在前久矣。特之推所撰，卷帙较多耳。晁公武《读书志》云，之推本梁人，所著凡二十篇。述立身治家之法，辨正时俗之谬，以训世人。今观其书，大抵于世故人情，深明利害，而能文之以经训，故《唐志》《宋志》俱列之儒家。然其中《归心》等篇，深明因果，不出当时好佛之习。又兼论字画音训，并考正典故，品第文艺，曼衍旁涉，不专为一家之言。今特退之杂家，从其类焉。又是书《隋志》不著录，《唐志》《宋志》俱作七卷，今本止二卷。钱曾《读书敏求记》载有宋钞淳熙七年嘉兴沈揆本七卷，以阁本、蜀本及天台谢氏所校五代和凝本参定，末附考证二十三条，别为一卷，且力斥流俗并为二卷之非。今沈本不可复见，无由知其分卷之旧，姑从明人刊本录之。然其文既无异同，则卷帙分合，亦为细故，惟《考证》一卷佚之可惜耳。

——《四库全书总目提要》卷一一七

《颜氏家训》二卷。隋颜之推撰。旧作北齐人者，误也。其书凡二十篇，多辨正世俗之失，以戒子孙。大抵于世故人情深明利害，而能文之以经训，故《唐志》《宋志》俱列儒家。然其《归心》等篇，深明佛法，非专以儒理立言，故今退置于杂家。

——《四库全书简明目录》卷十三

家训七卷。右北齐颜之推撰，之推本梁人，所著凡二十篇，述立身治家之法，辨正时俗之谬，以训诸子孙。

——〔宋〕晁公武《郡斋读书志》卷三

《颜氏家训》七卷。北齐黄门侍郎琅邪颜之推撰。古今家训，以此为祖，而其书崇尚释氏，故不列儒家。

——〔宋〕陈振孙《直斋书录解题》卷十

颜黄门学殊精博，此书虽辞质义直，然皆本之孝弟，推以事君上，处朋友乡党之间，其归要不悖六经，而旁贯百氏。至辨析援证，咸有根据；自当启悟来世，不但可训思鲁、愍楚辈（按：指颜之推之子辈）而已。

——〔南宋〕沈揆（宋本沈跋）

书靡范，曷书也？言靡范，曷言也？言书靡范，虽联篇缕章，赘焉亡补。乃北齐颜黄门《家训》，质而明，详而要，平而不诡。盖《序致》至终篇，罔不折衷今古，会理道焉，是可范矣。

——〔明〕张璧《刻颜氏家训序》

乃若书之传，以裋身，以范俗，为今代人文风化之助，则不独颜氏一家之训乎尔。

——〔明〕张璧《明嘉靖甲申傅太平刻本序》

古今家训，以此为祖。

——〔明〕王三聘辑《古今事物考》

六朝颜之推家法最正，相传最远。

——〔明〕袁衮等《庭帏杂录》

《颜氏家训》二十篇，黄门侍郎颜公之推所撰也。公阅天下义理多，以此式谷诸子，后世学士大夫亟称述焉。意其家庭之所教诏，父子之所告语，必有至训焉，而今不及闻矣。不然，何其家之同心慕谊如此邪？嗣后渊源所渐，代有名德，是知家训虽成于公，而颜氏之有训，则非自公始也。乃公当梁、齐、隋易代之际，身婴世难，间关南北，故幽思极意而作此编，上称周、鲁，下道近代，中述汉、晋，以刺世事。其识该，其辞微，其心危，其虑详，其称名小而其指大，举类迩而见义远。其心危，故其防患深；其虑详，故繁而不容自已。推此志也，虽与内则诸篇并传可也。或因其稍崇极释典，不能无疑。盖公尝北面萧氏，饫其余风；且义主讽劝，无嫌曲证，读者当得其作训大旨，兹固可略云。余由此信颜氏之裔，无复有失礼，而足为四方观矣。传不云乎"国之本在家""人人亲其亲、长其长而天下平"，若是，则家训之作，又未始无益于国也。

——〔明〕张一桂《重刻颜氏家训序》

《颜氏家训》二卷，隋颜之推撰，汉魏本，高安全书本。知不足斋仿宋七卷，附考证一卷。抱经堂刊本七卷。赵曦明注，卢文弨补注佳。宋本在汪阆源处，目录后有琴式碑牌。宋抄淳熙七年台州公库本七卷，每半页十二行，行十八字，后附吴兴沈揆考证一卷，凡三册，曾藏黄荛圃家。明正德戊寅苏州同知颜如環刊二卷。万历戊寅袁志邦又刊。《续颜氏家训》七卷，宋朝请大夫李正公撰，述古有半宋雕半影抄。正德刊《家训序》作董正功。又宋本。

——〔清〕莫友芝《邵亭知见传本书目》卷十

始吾读颜侍郎《家训》，窃意侍郎复圣裔，于非礼勿视、听、言、动之义庶有合，可为后世训矣，岂惟颜氏宝之已哉？及览《养生》《归心》等篇，又怪二氏树吾道敌，方攻之不暇，而附会之，侍郎实忝厥祖，欲以垂训可乎？虽然，著书必择而后言，读书又言无不择。轼不自量，敢以臆见，逐一评校，以涤瑕著媺，使读者黜其不可为训而宝其可为训，则侍郎之为功于后学不少矣。

——〔清〕朱轼《颜氏家训序》

北齐黄门侍郎颜公，以坚正之士，生秽浊之朝，播迁南北，他不暇念，唯绳祖诒孙之是切，爰运贯穿古今之识，发为布帛菽粟之文，著家训二十篇。虽其中不无疵累，然指陈原委，恺切丁宁，苟非大愚不灵，未有读之而不知兴起者。谓当家置一编，奉为楷式。

——〔清〕赵曦明（卢文弨抱经堂本跋）

故家人有严君也，且传述训辞以为子孙诫勉，贻谋式谷具在是也。余不省所怙，未聆大人训诲，每展阅《温公家范》《颜氏家训》不觉潸然泪下，转思三见三挞为人子不多觏之，遭际之者何幸如之？

——〔清〕赵万全《赵孝子思亲录》，《申报》第2818期，1881年3月9日北齐黄门颜之推《家训》二十篇，篇篇药石，言言龟鉴。凡为人子弟者，可家置一册，奉为明训，不独颜氏。

——〔清〕王钺《读书丛残》

颜氏家训选阅选讲。家训质实平易，不为高谈，针砭末俗，至今可用。惟涉及阶级者宜省。

——章太炎（炳麟）《中学国文书目》

廉台田家。淳熙七年刻台州公使库本《颜氏家训》七卷，见《黄赋注》《黄书录》《钱记》。……德辉按：既是公使库刻，则不应题田家私记，此盖田家翻公使库本，故宋讳缺笔不备。或系南宋末年刻本，若公使库本，则避讳谨严矣。

——叶德辉《书林清话》卷三

道德的正鹄，我们可公认是不欺诈、不嫖、不赌、不贪。但是促进道德的方法，据我看来有两方面：一方面用积极的方法，即把古时的格言嘉谟来感化人家，如《颜氏家训》、宋儒《语录》皆属此类；他一方面是用消极的方法，即大声疾呼，激动人家改过迁善，如杜甫的《石壕吏》、白居易的《长恨歌》，皆带着这种方法的意思；又如西洋剧家易卜生、萧伯纳的戏剧，小说 Bret Harete 及 qanex 的著作，皆用这个法子。

——杨亦曾《对于教育部通俗教育研究会劝告勿再编黑幕小说之意见》，

《新青年》1919 年 4 月 15 日

……我曾经以《论语》《孟子》《颜氏家训》这三部介绍给青年人看看，以为道德的修养。我寻不出一本可以从第一字至末一字完全接受的书来介绍给青年。每一本书都有适宜及不适宜的地方。这三部书，我以为大体上都还可以看看，尤其是《颜氏家训》。颜之推这个人见解并不迂腐，也并非高不可攀的道德家，看他的《家训》总不觉得像看《朱柏庐先生治家格言》那样的苦涩，所以我也希望青年人看看。

—— 施蛰存《突围》，《申报》第 21748 期，1933 年 10 月 29 日

丰先生似乎是个想为儒家争正统的人物，不然何以对于颜之推受佛教影响如此之鄙薄呢？何以对于我自己看一本《释迦传》如此之不满呢？……《颜氏家训》一书之价值是否因《归心篇》而完全可以抹杀？况且颜氏虽然为佛教张目，但他倒并不鼓吹出世，逃避现实，他也不过列举佛家与儒家有可以并行不悖之点，而采佛家报应之说，以补儒家道德教训之不足，这也可以说等于现在人引《圣经》或《可兰经》中的话一样。

—— 施蛰存《突围（续）》，《申报》第 21751 期，1933 年 11 月 1 日

梁启超、胡适之先生们大开研究国学者必读的书目的时候，我还只有十四五岁，不知怎的，那时本来很有研究国学之志，但一看到那些书目，反而被吓倒……至于宋明理学以及别的关于道德的修养的书，可一本也没有读。现在看来，不独我是这样。一般青年在修养方面，几乎全是侧重于文章而忽略了道德。故而人心不古，青年们日趋于浮薄，尤其是做做文章的青年，大部分常欠厚道。最近有人对青年提出了道德的修养，还推荐了作为修养的基础的好书，我以为是很有意思的事情。这比同时提出的怎样作文学的修养的问题，实在重要得多。至少是我自己，很觉得有读这些好书的必要。不过《论

语》《孟子》是曾经不当做道德书而翻过的，只有《颜氏家训》，则因"家训"两字一向使我望而却步，故不曾拜读，现在要读，反要从这一部入手。

——徐懋庸《读颜氏家训》，《申报》第21804期，1933年12月24日

此书涉及范围，比较广泛。那时，河北、江南，风俗各别，豪门庶族，好尚不同。颜氏对佛教之流行，玄风之复扇，鲜卑语之传播，俗文字之兴盛，都作了较为翔实的记录。

——王利器《颜氏家训集解》

（颜之推）是当时南北两朝最通博、最有思想的学者，经历南北两朝，深知南北政治、俗尚的弊病，洞悉南学北学的短长，当时所有大小知识，他几乎都钻研过，并且提出自己的见解。

——范文澜《中国通史简编》（修订本）